高等职业教育"十四五"规划旅游大类精品教材
国家精品在线开放课程配套教材

调酒
技艺与酒吧运营
（第二版）

主　编◎殷开明　陈雪梅　艾佩佩
副主编◎崔　强　唐显峰　杨殿苏　牛若男
参　编◎谈亚军　杜小锋　葛明星　罗　杉　陈　敏　黄晓雪

Cocktail Skills
and Bar Operation (Second Edition)

华中科技大学出版社
http://www.hustp.com
中国·武汉

内容提要

调酒是一门需要不断创新的艺术,调酒技艺的学习有利于培养人们的创新思维,而酒吧运营涉及的是具体企业的运作和管理问题,酒吧运营的学习有利于提高人们的创业能力。为了响应"大众创业、万众创新",我们组织教学一线人员编写了这本《调酒技艺与酒吧运营》(第二版)。

本书按照"项目-任务驱动教学法"对课程内容进行了全新的整合与归纳。全书以"可教、可学、可做"为原则,共分 12 个项目,每一个项目又分解为若干任务。在体例上,每一个项目都安排了项目目标、项目核心、项目导入及知识衔接等模块。全书融理论性、实践性于一体,特别重视实践能力和创新创业能力的培养,致力于为我国培养出一批优秀的调酒行业从业者和酒吧创业者。

图书在版编目(CIP)数据

调酒技艺与酒吧运营/殷开明,陈雪梅,艾佩佩主编. —2 版. —武汉:华中科技大学出版社,2022.8
ISBN 978-7-5680-7845-0

Ⅰ. ①调… Ⅱ. ①殷… ②陈… ③艾… Ⅲ. ①酒-调制技术-高等职业教育-教材 ②酒吧-商业服务-高等职业教育-教材 Ⅳ. ①TS972.19 ②F719.3

中国版本图书馆 CIP 数据核字(2022)第 131465 号

调酒技艺与酒吧运营(第二版)　　　　　　　　　　　殷开明　陈雪梅　艾佩佩　主编
Tiaojiu Jiyi yu Jiuba Yunying(Di-er Ban)

策划编辑:李家乐
责任编辑:刘　烨
封面设计:原色设计
责任校对:李　弋
责任监印:周治超

出版发行:华中科技大学出版社(中国·武汉)　　　电话:(027)81321913
　　　　　武汉市东湖新技术开发区华工科技园　　　邮编:430223

录　　排:华中科技大学惠友文印中心
印　　刷:武汉科源印刷设计有限公司
开　　本:787mm×1092mm　1/16
印　　张:17
字　　数:410 千字
版　　次:2022 年 8 月第 2 版第 1 次印刷
定　　价:59.80 元

本书若有印装质量问题,请向出版社营销中心调换
全国免费服务热线:400-6679-118　竭诚为您服务
版权所有　侵权必究

高等职业教育"十四五"规划旅游大类精品教材
编委会

总主编

马 勇　教育部高等学校旅游管理类专业教学指导委员会副主任
　　　　湖北大学旅游发展研究院院长，教授、博士生导师

编 委（排名不分先后）

朱承强　全国旅游职业教育教学指导委员会委员
　　　　上海杉达学院管理学院、旅游与酒店管理学院院长，教授

郑耀星　全国旅游职业教育教学指导委员会委员
　　　　中国旅游协会理事，福建师范大学教授、博士生导师

王昆欣　全国旅游职业教育教学指导委员会委员
　　　　浙江旅游职业学院党委书记，教授

谢 苏　全国旅游职业教育教学指导委员会委员
　　　　武汉职业技术学院旅游与航空服务学院名誉院长，教授

狄保荣　全国旅游职业教育教学指导委员会委员
　　　　中国旅游协会旅游教育分会副会长，教授

邱 萍　全国旅游职业教育教学指导委员会委员
　　　　四川旅游学院旅游发展研究中心主任，教授

郭 沙　全国旅游职业教育教学指导委员会委员
　　　　武汉职业技术学院旅游副院长，副教授

罗兹柏　中国旅游未来研究会副会长，重庆旅游发展研究中心主任，教授

徐文苑　天津职业大学旅游管理学院教授

叶娅丽　成都纺织高等专科学校旅游教研室主任，教授

赵利民　深圳信息职业技术学院旅游英语专业教研室主任，教授

刘亚轩　河南牧业经济学院旅游管理系副教授

张树坤　湖北职业技术学院旅游与酒店管理学院院长，副教授

熊鹤群　武汉职业技术学院旅游与航空服务学院党委书记，副教授

韩 鹏　武汉职业技术学院旅游与航空服务学院酒店管理教研室主任，副教授

沈晨仕　湖州职业技术学院人文旅游分院副院长，副教授

褚 倍　浙江旅游职业学院人力资源管理专业带头人，教授

孙东亮　天津青年职业学院旅游专业负责人，副教授

闫立媛　天津职业大学旅游管理学院旅游系专业带头人，副教授

殷开明　重庆城市管理职业学院副教授

莫志明　重庆城市管理职业学院副教授

蒋永业　武汉职业技术学院旅游与航空服务学院副院长、副教授

温 燕　浙江旅游职业学院休闲专业教研室主任

总序 Introduction

伴随着我国社会和经济步入新发展阶段,我国的旅游业也进入转型升级与结构调整的重要时期。旅游业将在推动并形成以国内经济大循环为主体、国际国内双循环相互促进的新发展格局中发挥独特的作用。旅游业的大发展在客观上对我国高等旅游教育和人才培养提出了更高的要求,希望高等旅游教育和人才培养能在促进我国旅游业高质量发展中发挥更大更好的作用。以"职教二十条"的发布和"双高计划"的启动为标志,中国旅游职业教育发展进入新阶段。

这些新局面有力推动着我国旅游职业教育在"十四五"期间迈入发展新阶段,高素质旅游职业经理人和应用型人才的需求将十分旺盛。因此,出版一套把握时代新趋势、面向未来的高品质规划教材便成为我国旅游职业教育和人才培养的迫切需要。

基于此,在教育部高等学校旅游管理类专业教学指导委员会和全国旅游职业教育教学指导委员会的大力支持下,教育部直属的全国重点大学出版社——华中科技大学出版社汇聚了全国近百所旅游职业院校的知名教授、学科专业带头人、一线骨干"双师型"教师和"教练型"名师,以及旅游行业专家等参与本套教材的编撰工作,在成功组编出版了"高等职业教育旅游大类'十三五'规划教材"的基础上,再次联合编撰出版"高等职业教育'十四五'规划旅游大类精品教材"。本套教材从选题策划到成稿出版,从编写团队到出版团队,从主题选择到内容创新,均作出积极的创新和突破,具有以下特点:

一、以"新理念"出版并不断沉淀和改版

"高等职业教育旅游大类'十三五'规划教材"在出版后获得全国数百

所高等学校的选用和良好反响。编委会在教材出版后积极收集院校的一线教学反馈,紧扣行业新变化吸纳新知识点,对教材内容及配套教育资源不断地进行更新升级,并紧密把握我国旅游职业教育人才的最新培养目标,借鉴优质高等职业院校骨干专业建设经验,紧密围绕提高旅游专业学生人文素养、职业道德、职业技能和可持续发展能力,尽可能全面地凸显旅游行业的新动态与新热点,进而形成本套"高等职业教育'十四五'规划旅游大类精品教材",以期助力全国高等职业院校旅游师生在创建"双高"工作中拥有优质规划教材的支持。

二、对标"双高计划"和"金课"进行高水平建设

本套教材积极研判"双高计划"对专业课程的建设要求,对标高职院校"金课"建设,进行内容优化与编撰,以期促进广大旅游院校的教学高质量建设与特色化发展。其中《现代酒店营销实务》《酒店客房服务与管理》《调酒技艺与酒吧运营》等教材获评教育部"十三五"职业教育国家规划教材,或成为国家精品在线开放课程(高职)配套教材。

三、以"名团队"为核心组建编委会

本套教材由教育部高等学校旅游管理类专业教学指导委员会副主任、国家"万人计划"教学名师马勇教授担任总主编,由中国旅游教育界的知名专家学者、骨干"双师型"教师和业界精英人士组成编写团队,他们的教学与实践经验丰富,保证了本套教材兼备理论权威性与应用实务性。

四、全面配套教学资源,打造立体化互动教材

华中科技大学出版社为本套教材建设了内容全面的线上教材课程资源服务平台,在横向资源配套上,提供全系列教学计划书、教学课件、习题库、案例库、参考答案、教学视频等配套教学资源;在纵向资源开发上,构建了覆盖课程开发、习题管理、学生评论、班级管理等集开发、使用、管理、评价于一体的教学生态链,打造了线上线下、课内课外的新形态立体化互动教材。

本套教材的组织策划与编写出版,得到了全国旅游业内专家学者和业界精英的大力支持与积极参与,在此一并表示衷心的感谢!编撰一套高质量的教材是一项十分艰巨的任务,本套教材难免存在一些疏忽与缺失,希望广大读者批评指正,以期在教材修订再版时予以补充、完善。希望这套教材能够满足"十四五"时期旅游职业教育发展的新要求,让我们一起为现代旅游职业教育的新发展而共同努力吧!

总主编
2021 年 7 月

前言 Preface

    技能改变命运，劳动创造未来。习近平总书记激励广大青年走技能成才、技能报国之路。调酒是一项技能，调酒技能的学习有利于青年学子改变命运，创造美好未来生活。本教材在第一版的基础上进行了修订，主要特点如下：

    （1）重新调整了项目内容，把原来的十四个项目根据"可教、可学、可做"原则，调整为十二个项目。项目内容更科学、更接地气。

    （2）教材正式成为教育部国家精品在线开放课程的配套教材。该课程的教学课件获教育部第一届旅游管理类主干课程教学课件全国一等奖；其职业岗位能力精品课于2019年获第二十三届全国教师教育教学信息化交流活动高等教育组全国一等奖。

    （3）教材注重立体化建设。本次改版把30多个视频和部分资料以二维码的方式供读者扫描学习，在方便学习者学习的同时，大大提高了学习者的学习兴趣和学习效果。

    （4）本教材是重庆双基地建设的工作成果。校校合作单位、校企合作单位与我们一起完成了本次的改版。第一主编是教育部国家精品在线开放课程主持人、重庆城市管理职业学院殷开明，负责项目一—四；第二主编是重庆璧山职业教育中心陈雪梅，负责框架设计；第三主编是重庆璧山职业教育中心艾佩佩，负责项目七—九；第一副主编是重庆城市管理职业学院崔强，负责项目五—六；第二副主编是重庆机电职业技术大学唐显峰负责项目十一；第三副主编是重庆水利电力职业技术学院杨殿苏，负责项目十二，第四副主编重庆璧山职业教育中心牛若男负责项目十；参编的有重庆君豪大饭店谈亚军、重庆市导游协会杜小锋、重庆城市管理职业学院葛明星、罗杉、陈敏、黄晓雪，他们为本教材的改版提供了行业最新发展资料和大量的帮助。本教材的编写还得到了重庆旅馆业协会会长钟声先生的大力协助,负责全书框架、目录和技术收集。

在编写过程中,本教材还参考了很多专家和学者的研究成果,他们的研究成果为我们提供了很好的思路和材料方面的借鉴,极大地丰富了本书的内容,在此谨向他们表示感谢和敬意。

需要说明的是,由于该课程在国内的建设时间还比较短,加之本人编写能力有限,故书中难免有许多疏漏和不足之处,望广大专家学者和读者不吝赐教。

编　者

2022 年 6 月

目录 Contents

项目**十一**　酒吧营销与安全管理

项目**十二**　酒吧创业管理

二维码资源目录

项目一
认识鸡尾酒与调酒师

项目目标

职业知识目标：

1. 掌握鸡尾酒的定义、鸡尾酒的结构、鸡尾酒的类型。
2. 熟悉鸡尾酒的来源、鸡尾酒的礼仪、鸡尾酒和时尚文化的密切关系。
3. 了解调酒师的职业、调酒技能大赛。

职业能力目标：

1. 运用鸡尾酒的相关知识来判断鸡尾酒的类型。
2. 详细讲解鸡尾酒的起源，熟练运用鸡尾酒的服务礼仪。

职业素质目标：

培养学习者对调酒的兴趣，介绍调酒师职业和岗位，为培养业务素质打下基础。

项目核心

鸡尾酒；礼仪；时尚文化；调酒师；调酒比赛

项目导入：随着我国经济社会的发展和人民生活水平的提高，鸡尾酒越来越受到老百姓的喜爱，成为一种时尚饮料。鸡尾酒是充满想象力的艺术作品。鸡尾酒的本性，决定了它必将是一种不愿受到任何约束的创造性的事物。对照缺乏变化的现实生活，这样的美弥足珍贵。同时，随着鸡尾酒的流行，调酒师也逐渐成为一种新兴、时髦、热门的职业。调酒师到底是怎样工作的？他需要具备哪些技能与素质呢？

任务一　鸡尾酒的定义、类型与结构

　　鸡尾酒已经走进了我们的生活,闲暇时候在酒吧喝杯鸡尾酒慢慢品尝,已经成为一种时尚。鸡尾酒的世界多姿多彩,不同的酒搭配起来,变换出无数种颜色和无数种口感。

一、鸡尾酒的定义

　　鸡尾酒是由两种或两种以上的酒或饮料混合而成的,是有一定营养价值和欣赏价值的饮品。它以朗姆酒、金酒、特基拉酒、伏特加、威士忌等烈酒或葡萄酒、啤酒等发酵酒作为基酒,再配以果汁、蛋清、苦精、牛奶、咖啡、可可、糖等其他辅助材料,加以搅拌或摇匀而调成的一种酒品,最后还可用水果或植物枝叶等作为装饰物。

视频:鸡尾酒
认知

　　今天,鸡尾酒已成为宴会上招待客人时的普遍饮料,在规模较大的招待会上尤其如此。鸡尾酒的酒精含量通常在百分之十几到二十几,它口感清凉爽口,色泽艳丽,盛载考究。一般鸡尾酒都有开胃的作用,所以是一种餐前饮料。鸡尾酒会是一种气氛随和的社交场合,大家或坐或站,不需要太多的喝酒礼仪。但鸡尾酒的调制是很有讲究的,配出一杯味醇色美的鸡尾酒是一门技术。现代鸡尾酒应有如下特点。

　　1. 花样繁多,调法各异

　　用于调酒的原料有很多类型,每种鸡尾酒所用的配料种数也不相同,有两种、三种甚至五种以上的。就算以流行的配料种类确定的鸡尾酒,各配料在分量上也会因地域不同、人的口味各异而有较大变化,从而冠以新的名称。

　　2. 具有刺激性口味

　　鸡尾酒具有明显的刺激性,含有一定的酒精度,因此能使饮用者兴奋。

　　3. 能够增进食欲

　　鸡尾酒可以增进食欲。由于酒中含有的微量调味饮料,如酸味、苦味等饮料,饮用后,饮用者的胃口会有所改善。

　　4. 口味优于单体组分

　　鸡尾酒必须有卓越的口味,并优于单体组分。品尝鸡尾酒时,舌头的味蕾应该充分扩张,这样才能感受到它的刺激。如果过甜、过苦或过香,就会影响舌头品尝风味的能力,降低酒的品质,这是调酒时不能允许的。

　　5. 色泽优美

　　鸡尾酒应具有细致、优雅、匀称、均一的色调。常规的鸡尾酒有澄清型、浑浊型等类型。澄清型鸡尾酒色泽透明,除极少量因鲜果带入固形物外,没有任何其他沉淀物。

6. 盛载考究

鸡尾酒应用式样新颖大方、颜色协调得体、容积大小适当的载杯盛载。装饰品虽非必需,但是它们会锦上添花,使鸡尾酒更有魅力。况且,某些装饰品本身也是调味料。

二、鸡尾酒的类型

(一) 按饮用时间和场合

1. 餐前鸡尾酒

餐前鸡尾酒又称餐前开胃鸡尾酒,主要是在餐前饮用,起生津开胃之妙用。这类鸡尾酒通常含糖分较少,口味或酸或烈,即使是甜型餐前鸡尾酒,口味也不是十分甜腻。常见的餐前鸡尾酒有马天尼、曼哈顿等。

2. 餐后鸡尾酒

餐后鸡尾酒是帮助消化的餐后佐助甜品,口味较甜。这类鸡尾酒中掺杂了诸多药材,饮后能促进消化。常见的餐后鸡尾酒有史丁格、亚历山大等。

3. 晚餐鸡尾酒

晚餐鸡尾酒是晚餐时佐餐用的鸡尾酒,一般口味较辣,酒品色泽鲜艳,且非常注重酒品与菜肴口味的搭配,有些可以作为头盆、汤等的替代品。在一些较正规和高雅的用餐场合,通常以葡萄酒佐餐,较少用鸡尾酒佐餐。

4. 派对鸡尾酒

派对鸡尾酒是在派对场合使用的鸡尾酒,非常注重酒品的口味和色彩搭配,酒精度一般较低。派对鸡尾酒既可以满足人们交际的需要,又可以烘托各种派对的氛围,很受年轻人的喜爱。常见的派对鸡尾酒有特基拉日出、自由古巴、马颈等。

5. 夏日鸡尾酒

夏日鸡尾酒清凉爽口,一般是在热带地区或盛夏酷暑时饮用,味美怡神,香醇可口。如柯林类酒品、庄园宾治、长岛冰茶等。

(二) 按容量和度数

1. 长饮鸡尾酒

长饮鸡尾酒是用烈酒、果汁、汽水等混合调制的,是酒精含量较低的饮料,是一种较为温和的酒品。酒精含量为 7%～18%,容量为 120～220 毫升,可放置 30 分钟不会变味,因消费者可长时间饮用,故称为长饮鸡尾酒。常见的长饮鸡尾酒有蓝色珊瑚礁、蓝色月亮、螺丝刀、夏威夷、蓝精灵、狗鼻等。

2. 短饮

短饮鸡尾酒是一种酒精含量高、分量较少的鸡尾酒,其酒精含量为 18%～45%,容量为 60～120 毫升,饮用时通常可以一饮而尽,一般饮用时间为 10～20 分钟。短饮鸡尾酒中基酒比例通常在 50% 以上,高者可达 80%,因此酒精度很高。常见的短饮鸡尾酒有亚历山大、威士忌酸、曼哈顿、黑色之吻等。

(三) 按饮用温度

(1) 冰镇鸡尾酒:加冰调制饮用。目前大多数经典鸡尾酒都属于这个类型。在很多国

家,冰镇鸡尾酒永远是鸡尾酒中的第一选择。

(2) 常温鸡尾酒:无需加冰调制,在常温下饮用。这类鸡尾酒数量不多。

(3) 热饮鸡尾酒:调制时按照配方加热升温。热饮鸡尾酒饮用温度不宜超过 70 ℃,以免酒精挥发。冬天是热饮鸡尾酒销售的旺季。比如热鸡尾酒 Toddy,把威士忌、柠檬汁、蜂蜜搅拌均匀,最后加入热水,就是既温暖人心又风味绝佳的热鸡尾酒。点这一类酒的时候,你得适当加快你的饮用速度,因为酒凉了以后味道就变了。

（四）按鸡尾酒成品的状态

(1) 瓶装鸡尾酒:如同单一酒品,生产商精选一些经典、状态稳定的鸡尾酒配方调制装瓶而成;瓶装鸡尾酒开瓶后即可饮用,比如卡波纳鸡尾酒。

(2) 调制鸡尾酒:根据一定的配方调制而成的鸡尾酒。

(3) 冲调鸡尾酒(速溶鸡尾酒):生产商将鸡尾酒的成分浓缩成可溶性的固体粉末,一小袋为一杯的分量,在杯中或摇酒器中加入冰块、粉末,用酒以及其他软饮料冲调而成;冲调鸡尾酒以水果风味的热带鸡尾酒居多。

（五）按调制的基酒

(1) 以金酒为基酒的鸡尾酒,如金菲士、阿拉斯加、新加坡司令等。

(2) 以威士忌为基酒的鸡尾酒,如老式鸡尾酒、罗伯罗伊、纽约等。

(3) 以白兰地为基酒的鸡尾酒,如亚历山大、阿拉巴马、白兰地酸等。

(4) 以朗姆酒为基酒的鸡尾酒,如百加得鸡尾酒、得其利、迈泰等。

(5) 以伏特加为基酒的鸡尾酒,如黑俄罗斯、血腥玛丽、螺丝刀等。

(6) 以中国白酒为基酒的鸡尾酒,如青草、梦幻洋河等。

（六）按综合分类法

综合分类法是目前世界上流行的一种分类方法,它将上千种鸡尾酒按照调制后的成品特色和调制材料的构成等分成了 30 余类。

(1) 霸克类(Bucks):用烈酒加干姜水、冰块,采用直接注入法调配而成,饰以柠檬,使用高杯。

(2) 考伯乐类(Cobblers):长饮类饮料,可用白兰地等烈性酒加橙皮甜酒或糖浆,或摇或搅拌而成,再饰以水果。这类酒酒精含量较少,是广受人们喜爱的饮料,尤其是在酷热的天气。

(3) 柯林类(Collins):一种酒精含量较低的长饮类饮料,通常以威士忌、金酒等烈性酒,加柠檬汁、糖浆或苏打水兑和而成。

(4) 奶油类(Creams):以烈性酒加一至两种利口酒摇制而成,口味较甜,柔顺可口,餐后饮用效果颇佳,深受女士们的青睐,如青草蜢、白兰地亚历山大等。

(5) 杯饮类(Cups):通常以烈性酒加橙皮甜酒、水果等调制而成,但目前以葡萄酒为基酒调制已成为时尚,该类酒一般用高脚杯或大杯装载。

(6) 冷饮类(Coolers):一种清凉饮料,以烈酒兑和干姜水或苏打水、红石榴糖浆等调制而成,与柯林类饮料同属一类,但通常用一条切成螺旋状的果皮作装饰。

(7) 克拉斯特类(Crustar):用各类烈性酒如金酒、朗姆酒、白兰地等加冰霜稀释而成,属于短饮类鸡尾酒。

（8）得其利类（Daiquris）：属于酸酒类饮料，它是以朗姆酒为基酒，加上柠檬汁和糖配制而成的冰镇饮料，调成的酒品非常清新，需立即饮用，因为时间放长材料容易分层。

（9）黛西类（Daisy）：以烈酒如金酒、威士忌、白兰地等为基酒，加糖浆、柠檬汁或苏打水等调制而成，属于酒精含量较高的短饮类鸡尾酒。

（10）蛋诺类（Egg Nogs）：一种酒精含量较低的长饮类饮料，通常用烈性酒，如威士忌、朗姆酒等加入牛奶、鸡蛋、糖、豆蔻粉等调制而成，装入高杯或异形鸡尾酒杯内饮用。

（11）菲克斯类（Fixes）：一种以烈性酒为基酒，加入柠檬、糖和水等兑和而成的长饮类鸡尾酒，常以高杯作载杯。

（12）菲士类（Fizz）：一种以烈性酒如金酒为基酒，加入鸡蛋清、糖浆、苏打水等调配而成的长饮类鸡尾酒，因最后兑入苏打水时有一种"嘶嘶"的声音而得名。如金菲士等。

（13）菲力普类（Flips）：通常以烈性酒如金酒、威士忌、白兰地、朗姆酒等为基酒，加糖浆、鸡蛋和豆蔻粉等调配而成，采用摇和的方法调制，以葡萄酒杯为载杯。如白兰地菲力普。

（14）弗来培类（Frappes）：一种以烈性酒为基酒，加各类利口酒和碎冰调制而成的短饮类鸡尾酒，它也可以只用利口酒加碎冰调制，最常见的是薄荷酒加碎冰。

（15）高杯类（Highball）：一种常见的混合饮料，它通常是以烈性酒如金酒、威士忌、伏特加、朗姆酒等为基酒，兑以苏打水、汤尼水或干姜水，并以高杯作为载杯，因而得名。

（16）热托蒂（Hot Toddy）：它是以烈性酒如白兰地、朗姆酒为基酒，兑以糖浆和开水，并缀以丁香、柠檬皮等材料制成的一种热饮，适宜冬季饮用。

（17）热饮类（Hot Drinks）：与热托蒂相同，同属于热饮类鸡尾酒，通常以烈性酒为基酒，以鸡蛋、糖、热牛奶等辅料调制而成，并用带把杯为载杯，具有暖胃、滋养等功效。

（18）朱莉普类（Juleps）：俗称薄荷酒，常以烈性酒如白兰地、朗姆酒等为基酒，加入刨冰、水、糖粉、薄荷叶等材料制成，并用糖圈装饰。

（19）马天尼类（Martini）：用金酒和味美思等材料调制而成的短饮类鸡尾酒，也是当今最流行的传统鸡尾酒，它分甜型、干型和中型三种，其中以干马天尼最为流行，由金酒加干味美思调制而成，并以柠檬皮作装饰，酒液芳香，深受饮酒者喜爱。

（20）曼哈顿类（Manhattan）：与马天尼同属短饮类，是由黑麦威士忌加味美思调配而成。尤以甜曼哈顿最为著名，其名来自美国纽约哈德逊河口的曼哈顿岛，其配方经过了多次演变，日趋简单。甜曼哈顿通常用樱桃装饰，干曼哈顿则用橄榄装饰。

（21）老式酒类（Old Fashioned）：又称古典鸡尾酒，是一种传统的鸡尾酒，调制的原材料包括烈性酒，主要是波旁威士忌、白兰地等，再加上糖、苦精、水及各种水果等，采用直接注入法调制而成，并用正宗的老式杯装载酒品，故称为老式鸡尾酒。

（22）宾治类（Punch）：宾治分为含酒精与不含酒精两种，即使含酒精，其酒精含量也很低。调制的主要材料是烈性酒、葡萄酒和各类果汁。宾治酒变化多端，有浓、淡、香、甜、冷、热、滋养等特点呈现，适合各种场合饮用。

（23）彩虹类（Pousse Cafe）：又称彩虹酒，它是以白兰地、利口酒、红石榴糖浆等多种含糖量不同的材料按比重不同依次兑入高脚甜酒杯中而制成，制作工艺不复杂，但技术要求较高，尤其是要了解各种材料的比重。

（24）瑞克类（Rickeys）：一种以烈性酒为基酒，加入苏打水、青柠汁等调配而成的长饮类饮料，与柯林类饮料同类。

（25）珊格瑞类（Sangaree）：不仅可以用烈性酒配制，而且还可以用葡萄酒和其他基酒配制，属于短饮类饮料。

（26）思迈斯类（Smashes）：一种较淡的饮料，是用烈性酒、薄荷、糖等材料调制而成，加碎冰饮用。

（27）司令类（Slings）：司令是以烈性酒如金酒等为基酒，加入利口酒、果汁等调制，并兑以苏打水混合而成，这类饮料酒精含量较低，清凉爽口，很适宜在热带地区或夏季饮用，如新加坡司令等。

（28）酸酒类（Sours）：可分为短饮酸酒和长饮酸酒两类，酸酒类饮料是以烈性酒为基酒，如威士忌、金酒、白兰地等，以柠檬汁或青柠汁和适量糖粉为辅料。长饮类酸酒通过兑以苏打水来降低酒品的酸度。酸酒通常以特制的酸酒杯为载杯，以柠檬块装饰。常见的酒品有威士忌酸酒、白兰地酸酒等。

（29）双料鸡尾酒类（Two Liquor Drinks）：以一种烈性酒与另一种酒精饮料调配而成的鸡尾酒，这类鸡尾酒口味偏甜，最初主要用作餐后甜酒，但现在任何时候都可以饮用，著名的酒品有生锈钉、黑俄罗斯等。

（30）赞比类（Zombie）：俗称蛇神酒，是一种以朗姆酒等为基酒，兑以果汁、水果、水等调制而成的长饮类饮料，其酒精含量一般较低。

此外，还有漂浮类（Float）、提神类（Pick-me-up）、斯威泽类（Swizzle）、无酒精类、赞明类（Zoom）等。

三、鸡尾酒的结构

鸡尾酒种类款式繁多，调制方法各异，但任何一款鸡尾酒的基本结构都有共同之处，即由基酒、辅料和装饰物三部分组成。

（一）基酒

基酒也称酒基，又称为鸡尾酒的酒底，是构成鸡尾酒的主体，决定了鸡尾酒的酒品风格和特色。鸡尾酒的基酒主要包括各类烈性酒，如金酒、白兰地、伏特加、威士忌、朗姆酒、特基拉、中国白酒等。葡萄酒、葡萄汽酒、配制酒等亦可作为鸡尾酒的基酒，无酒精的鸡尾酒则以软饮料为基酒调制而成。

（二）辅料

辅料是为鸡尾酒调味、调香、调色所需材料的总称。它们能与基酒充分混合，降低基酒的酒精含量，缓冲基酒强烈的刺激感。其中调香、调色、调味材料使鸡尾酒具有了色、香、味俱佳的艺术化特征，使鸡尾酒的世界瑰丽灿烂，风情万种。鸡尾酒辅料主要有以下几大类。

（1）碳酸类饮料。包括雪碧、可乐、七喜、苏打水、汤力水、干姜水等。

（2）果蔬汁。包括各种罐装、瓶装和现榨的果蔬汁，如橙汁、柠檬汁、青柠汁、苹果汁、西柚汁、芒果汁、西瓜汁、椰汁、菠萝汁、番茄汁、西芹汁、胡萝卜汁、混合果蔬汁等。

（3）水。包括凉开水、矿泉水、蒸馏水、纯净水等。

（4）提香增味材料。以各类利口酒为主，如蓝色的柑香酒、绿色的薄荷酒、黄色的香草利口酒、白色的奶油酒、咖啡色的甘露酒等。

（5）其他调配料。糖浆、砂糖、鸡蛋、盐、胡椒粉、美国辣椒汁、英国辣酱油、安格斯特拉苦精、丁香、肉桂、豆蔻等香草料，巧克力粉、鲜奶油、牛奶、淡奶、椰浆等。

（6）冰。根据鸡尾酒的成品标准，调制时常见冰的形态有方冰（Cubes）、棱方冰（Counter Cubes）、圆冰（Round Cubes）、薄片冰（Flake Ice）、碎冰（Crushed）、细冰（幼冰）（Cracked）。

（三）装饰物

鸡尾酒的装饰物是鸡尾酒的重要组成部分。巧妙运用装饰物，会起到画龙点睛的效果，使一杯平淡单调的鸡尾酒即刻鲜活生动起来。一杯经过精心装饰的鸡尾酒不仅能捕捉自然生机于杯盏之间，而且也可成为鸡尾酒典型的标志与象征。对于经典的鸡尾酒，其装饰物的构成和制作方法是约定俗成的，应保持原貌，不得随意篡改。而对创新的鸡尾酒，装饰物的修饰和雕琢则不受限制，调酒师可充分发挥想象力和创造力。对于不需装饰的鸡尾酒，加以装饰则是画蛇添足，会破坏酒品的意境。

鸡尾酒常用的装饰材料有：①冰块；②霜状饰物；③橘类饰物；④杂果饰物；⑤花、叶、香草、香料饰物；⑥人工装饰物。

任务二　鸡尾酒来源

一、鸡尾酒的诞生

鸡尾酒诞生的具体时间与发明者已经无法考证了。简单地说，鸡尾酒的出现几乎和酒的历史一样久远。鸡尾酒有着相当漫长的"童年时期"，从酒的诞生至公元16世纪末，历经数千年之久。人们酿造出了美酒，自然会想出多种多样的饮用方法。鸡尾酒出现的内因也许是人们对当时酒品的不满，外因则可能是刹那间的灵光一闪。

鸡尾酒的历史可追溯到古埃及时代。当时古埃及人已会酿造啤酒。古代的酒，原始而粗糙，由于添加了草药和椰子等香料的缘故，喝起来难以入口。于是有些古埃及人通过在啤酒中添加蜂蜜或枣汁，使酒美味可口，这就是最早的鸡尾酒。

欧洲最早的鸡尾酒则起源于古希腊、古罗马时代。在那时，葡萄酒不仅是当时人们最喜爱的饮料，也是海上贸易的重要商品。船只在海上运送葡萄酒时，经常会遇到暴风雨的袭击，在狂风大浪里，雨水和海水会渗进葡萄酒。当时的人饮用了掺水的葡萄酒后，反倒认为味道更甜美。另外，为了改善葡萄酒的品质及增加甜度，需添加糖分。而当时糖的产量极少，只有王公贵族才享用得起，而平民百姓只能以自然界中易得的甜美果汁、蜂蜜作糖的替代品，添加在葡萄酒中饮用，并习以为常。这也算是鸡尾酒最早的雏形了。

早在 2000 年前的先秦时代，当时生活在长江流域的中国人，是已知世界上最早将酒冰镇后饮用的人。湖北随州曾侯乙墓出土的大型冰酒器——冰鉴，便是当时的酒冷却器。唐代，人们已经开始在酒中加奶饮用，这算得上奶类鸡尾酒的鼻祖了。

在中世纪的欧洲，寒冬漫长难熬，所以，热饮鸡尾酒得以流行。同时，蒸馏酒在中世纪诞生并广为传播，因此混合饮料的家族中又多了一支生力军。蒸馏酒的使用，解决了鸡尾酒酒精度不高的问题。

尽管古代鸡尾酒一直在努力发展，但是相对于其他酒类而言，古代鸡尾酒在酒类家族中依旧是毫不起眼的配角，故而鸡尾酒在古代连个名字都没有，直到 18 世纪才真正出现鸡尾酒"Cocktail"这个名字。1748 年，美国出版 *The Square Recipe* 一书，书中的"Cocktail"专指混合饮料，鸡尾酒终于有了专用名称。经过 200 多年的发展，鸡尾酒已不再是若干种酒及乙醇饮料的简单混合物。虽然鸡尾酒种类繁多，配方各异，但都是由调酒师精心设计的佳作，色、香、味兼备，盛载考究，装饰华丽，观色、嗅香，更有享受、快慰之感。

二、鸡尾酒的传说

（一）说法一

美国独立战争时，纽约州有一家用鸡尾羽毛作装饰的酒馆。一天，宴会过后，各种酒都快卖完了，席上剩下不同的酒，有的杯里剩下 1/4，有的杯里剩下 1/3，有的杯里剩下 1/2。这时候，一些军官走进来要买酒喝。一位叫贝特西·弗拉纳根的女侍者，急中生智，便把所有剩酒统统倒在一个大容器里，并随手从一只大公鸡身上拨了一根鸡毛，把酒搅匀后端出来招待客人。军官们看看这酒的成色，品不出是什么酒的味道，就问贝特西，贝特西随口就答："这是鸡尾酒！"一位军官听了这个词，高兴地举杯祝酒，还喊了一声："鸡尾酒万岁！"从此便有了"鸡尾酒"之名。

（二）说法二

1775 年，移居于美国纽约州的彼列斯哥，在闹市中心开了一家药店，制造各种精制酒卖给顾客。一天他把鸡蛋调到药酒中出售，获得一片赞许之声。从此顾客盈门，生意鼎盛。当时当地人多说法语，他们用法国发音称之为"科克车"，后来衍生成英语"鸡尾"。从此，鸡尾酒便成为人们喜爱饮用的混合酒，花式也越来越多。

（三）说法三

19 世纪，美国人克里福德在哈德逊河边经营一间酒店。克里福德家有三件引以为豪的事，人称"克氏三绝"。一是他有一只膘肥体壮、气宇轩昂的大雄鸡，是斗鸡场上的名手；二是据称他的酒库拥有世界上最杰出的美酒；三是他夸耀自己的女儿艾恩米莉是全市第一佳人。市镇上有一个名叫阿金鲁思的年轻男子，每晚到这酒店喝上一杯，他是哈德逊河往来货船的船员。年深月久，他和艾恩米莉坠入了爱河。这小伙子性情好，工作踏实，老克里打心里喜欢他，但又时常提弄他说："小伙子，你想吃天鹅肉？给你个条件吧，你赶快努力当上船长。"小伙子很有恒心，努力学习、工作，几年后终于当上了船长，艾恩米莉自然也就成了他的太太。婚礼上，老头子很高兴，他把酒窖里最好的陈年佳酿全部拿出来，调合成绝代美酒，并在酒杯边饰以雄鸡尾羽。然后举杯祝福女儿和女婿，并且高呼："鸡尾万岁！"自此，鸡尾酒便流传开来。

（四）说法四

相传美国独立战争时期，有一位名叫拜托斯的爱尔兰籍姑娘，在纽约附近开了一间酒店。1779 年，华盛顿军队中的一些美国官员和法国官员经常光顾这家酒店，饮用一种名为"布来索"的混合兴奋饮料。但是，这些人不是平静地饮酒休闲，而是经常拿店主小姐开玩笑，把拜托斯比作一只小母鸡取乐。一天，拜托斯气愤极了，便想出一个办法教训他们。她从农民的鸡窝里找到一根雄鸡尾羽，插在"布来索"杯子中，送给军官们饮用，以诅咒这些男人。客人见状虽很惊讶，但无法理解，只觉得分外漂亮。当时，有一个法国军官随口高声喊道"鸡尾万岁"。从此，插入雄鸡尾的"布来索"就变成了"鸡尾酒"，并且一直流传至今。

（五）说法五

传说许多年前，有一艘英国船停泊在尤卡坦半岛的坎尔杰镇，船员们都到镇上的酒吧饮酒。酒吧内有一个少年用树枝为船员们搅拌制作混合酒。一位船员饮后，感到此酒香醇无比，是有生以来从未喝过的美酒。于是，他走到少年身旁问道："这种酒叫什么名字？"少年以为他问的是树枝的名称，便回答说："可拉捷卡杰。"这是一句西班牙语，即"鸡尾巴"的意思。少年原以树枝类似公鸡尾羽的形状戏谑作答，而船员却误以为是"鸡尾巴酒"。从此，"鸡尾酒"便成了混合酒的别名。

任务三　鸡尾酒礼仪

社交活动中举办的各种鸡尾酒会、宴会、聚会、庆典等，都离不开酒，用鸡尾酒来招待客人，更是时尚和流行的待客方式。说起酒吧，那里是鸡尾酒的舞台。健康优雅的酒吧，已成为现代生活中一道独特的风景线。鸡尾酒因含有酒精而特别容易使饮用者兴奋，这有助于增添聚会的热闹气氛。但一不留神，也会有失大雅。因此，注重礼仪很是必要。鸡尾酒的花色品种虽然数不胜数，但饮用鸡尾酒的基本礼仪是相同的。

一、点鸡尾酒的礼仪

在酒吧点鸡尾酒，没有太多禁忌，图的是高兴，怎么惬意怎么来。酒单上有的鸡尾酒，只要饮用者喜欢，可以尽情点。酒单上没有的鸡尾酒，想点的话应先征询酒吧调酒师的意见。酒吧经营者会尽最大可能来满足顾客需求，但要知道鸡尾酒的数量犹如天上的繁星，不可胜数，强人所难是非常失礼的。

如果是参加正式的社交活动，主办方会通盘考虑并根据来宾的身份、地位、性别准备相应的鸡尾酒。一般男士们选用烈性酒调制的鸡尾酒，女士们则较喜欢选用低度酒调制成的鸡尾酒。鸡尾酒在这里只是增进人与人之间情谊的润滑剂，个人喜好是次要的。最恰当的

表述是"给我来一杯鸡尾酒"。

二、调制鸡尾酒的礼仪

调制鸡尾酒的礼仪：①顾客点的鸡尾酒，应该尽快送到顾客面前。②调制鸡尾酒的过程，严格执行卫生标准，使顾客放心饮用。③调好每一杯鸡尾酒。同一酒吧的鸡尾酒应保持相同的高品质，并以顾客喜爱和满意为标准。④在酒吧为顾客调酒的过程中，应尽量突出调酒的娱乐性，使顾客身心放松。⑤在调酒的过程中，展现鸡尾酒的艺术性和文化内涵。⑥在力所能及的范围内调出顾客想要的鸡尾酒，尽最大可能满足顾客需求。实在无法满足的，说明缘由，争取顾客谅解。

三、鸡尾酒服务的礼仪

迎客鸡尾酒作为一次性大量调制的特饮，应在酒会前几分钟调好，在酒会开始后第一时间送达每位顾客。在宴会中供应鸡尾酒，上酒的顺序是先身份高者、年长者、远道而来者，然后顺时针给每位宾客恭敬奉上。在酒吧，应按先来后到的顺序，给顾客上鸡尾酒。上酒时，最好随杯奉送顾客一片餐巾纸。当然，真诚的微笑和自信的手势也是少不了的。

四、鸡尾酒饮用礼仪

（一）敬酒

宴请中提议举杯的应该是主人。先是男主人，男主人不在时为女主人。宾客应按主人的意愿行事，不要喧宾夺主。主人敬酒后，会饮酒的人应回敬。回敬酒时，被敬者开始饮酒后，敬酒人才能自饮，这与中国白酒先干为敬的做法刚好相反。

男士不应首先提议为女士干杯，晚辈、下级不宜首先提议为长辈、上级干杯。饮用鸡尾酒，不能干杯，碰杯后，啜饮一小口即可。

碰杯的顺序是首先由主人和主宾碰杯，而后主人一一与其他宾客碰杯。在规模较大，宾客较多的宴请中，主人只需要示意干杯而不必逐一与来宾碰杯。无论是主人向宾客敬酒，还是客人之间彼此敬酒，都应保持正确的敬酒姿态，即从座位上站起，双腿站稳，上身挺直，以右手举起酒杯。

（二）姿势

正确的端杯方式是高脚杯用大拇指、食指、中指握杯柄；矮脚大肚杯用手掌托住杯身；直筒杯用大拇指、食指、中指捏住杯身靠近杯底处。喝酒时将酒杯端起，从欣赏酒的颜色开始，再闻一闻香气，然后倾斜杯身，将酒送入口中，轻啜一口，慢慢品味。喝鸡尾酒时不应让他人听到自己的吞咽声，更不应为了显示自己的酒量好而一饮而尽。

饮用鸡尾酒时，正式场合忌猜拳、行酒令和吵闹，大多以聊助兴，饮酒前后可谈论一些愉快的、健康的话题，营造亲切、友好的饮酒气氛。在消遣娱乐场所，可以观看节目，谈天说地，做一些小游戏等以助酒兴。

（三）酒量

鸡尾酒品饮提倡科学饮酒、健康饮酒、艺术饮酒。鉴于酒后容易失言或失礼，在正式社交场合，主客双方都应严格控制酒量。切忌陶醉于美酒中而忘乎所以。

（四）速度

喝鸡尾酒时，客人一般不要先喝完，除非主人特别不胜酒力而关照客人尽情自饮。大多数鸡尾酒属于用高脚杯盛装的礼仪派冷饮鸡尾酒，容量小，不需花费太长时间即可饮完。考虑到冷饮的效果，一般分 3～4 口，在 5～10 分钟喝完为佳。容量大的长饮鸡尾酒属于休闲派，适合休闲娱乐活动中饮用，可根据个人喜好，在认为可口的时候饮完。

（五）劝饮

一般不要向别人劝饮鸡尾酒，尤其对于确实不会喝酒的人不宜劝酒。千万注意，虔诚的、主张禁酒的宗教人士是反对喝酒的。大家一齐干杯时，不要推让，即使不喝，也要将酒杯放在嘴边碰一下，以示礼貌。

（六）拒饮

在正式的社交活动中，不会喝酒或不打算喝酒的人，可以礼貌地谢绝他人敬酒。方法有两种：第一种是主动要一些不含酒精的软饮类鸡尾酒，并说明自己不饮酒的原因；第二种是端着一杯鸡尾酒，只端不喝。在敬酒的过程中，不要东躲西藏，也不要将酒悄悄倒掉或吐在地上，更不要把酒杯倒扣在桌面上，这些都是失礼的行为。

任务四　鸡尾酒与时尚文化

一、鸡尾酒与星座

酒，无论是应酬、派对或是休闲时光，都是现代人必不可少的。而品尝闪耀着梦幻般色彩的鸡尾酒既是时尚的潮流，也是一个人独特个性的体现与张扬。12 星座中每个星座个性不一样，都有与之相应的鸡尾酒，每一种根据星座性格调制出来的鸡尾酒都有各自本身的含义。

（一）摩羯座（12 月 22 日—1 月 19 日）

适合鸡尾酒：黑俄罗斯。据说它会使摩羯座的爱情更加炙热地燃烧，体现无限的浪漫与温情！

（二）水瓶座（1 月 20 日—2 月 18 日）

适合鸡尾酒：环游世界。自由不羁的水瓶座，一听"环游世界"的名字就知道是他们的"菜"啊。

（三）双鱼座（2 月 19 日—3 月 20 日）

适合鸡尾酒：蓝色岛屿。漂亮的蓝色就像蔚蓝的大海，一看就会喜欢，给你一种浪漫情

怀,希望在爱情上也是一样!

(四)白羊座(3月21日—4月19日)

适合鸡尾酒:天使之吻。浪漫迷人的名字,昭示着爱情的甜蜜、动人,告诉你要珍惜来之不易的爱情,一切会更加和谐美好!

(五)金牛座(4月20日—5月20日)

适合鸡尾酒:蜜吻。感情上占有欲强,但容易满足,对自己、对爱人、对爱情都是这样,只要开始恋爱就显出一副心满意足的样子,如此一款甜蜜的鸡尾酒正好烘托出甜蜜的爱情!

(六)双子座(5月21日—6月21日)

适合鸡尾酒:变脸。"变脸"彰显出双子座的人才华横溢的特性和双重性格,衬托出他们的人格魅力,也让他们的爱情更加美满!

(七)巨蟹座(6月22日—7月22日)

适合鸡尾酒:白俄罗斯。"白俄罗斯"温暖醇厚,处处体现出家庭的温暖和甜蜜,对于一个顾家的好男人和温柔的好妻子,都是再恰当不过的!

(八)狮子座(7月23日—8月22日)

适合鸡尾酒:151。75% vol的酒精度,采用最具男性魅力的朗姆酒作为基酒调制而成,是为了彰显狮子的雄伟气势。男士喝了更显男人本色,女士喝了可以感觉到被呵护的温暖!

(九)处女座(8月23日—9月22日)

适合鸡尾酒:朗姆可乐。适合传统的处女座人士,让爱憎分明的人们爱得更深,恨得更透,像刻骨铭心的爱情。其中还夹杂着一点点柠檬的清香,就像是爱情故事中那翻起的一朵小浪花。

(十)天秤座(9月23日—10月23日)

适合鸡尾酒:夏威夷。如此动人心魄的一款鸡尾酒,养目养神,陶冶情操,给你一种浪漫情怀。

(十一)天蝎座(10月24日—11月22日)

适合鸡尾酒:歌姬。神秘的感觉,正适合矜持的天蝎座,它充满热情,正好弥补了这一星座的性格过于沉稳的不足!

(十二)射手座(11月23日—12月21日)

适合鸡尾酒:龙舌兰阳光。鲜明的色彩突出了射手座的人们热情奔放的性格,寓意着射手座的激情和他们永远让生活充满新意的本性!

二、鸡尾酒和生肖

生肖鸡尾酒根据每一个生肖的魅力进行调制,它的美丽不仅在于它连接过去、现在和未来,同时也充满了对生活的热情和对宿命的召唤。

(一)滋滋酒(子鼠)

材料:糖粉1茶匙,酸橙1个,伏特加30毫升,冰镇苏打水80毫升。

调法:在摇酒器中加入少许水,将糖粉溶化,加入 4 块冰块,将酸橙挤汁倒入杯中,再倒入伏特加酒,摇匀,滤入不加冰块的海波杯中,最后加入冰镇苏打水饮用。

（二）竹笛（丑牛）

材料:竹叶青酒 20 毫升,金酒 20 毫升,冰镇雪碧汽水 80 毫升。

调法:在海波酒杯中加入 3 块冰块,倒入竹叶青酒和金酒,用调酒棒拌匀,最后倒入雪碧汽水,杯内放 1 片柠檬片和 1 颗红樱桃。

（三）王者风范（寅虎）

材料:1 个鲜蛋黄,玫瑰露酒 30 毫升,高粱酒 30 毫升。

调法:在摇酒器中放入适量冰块,依次倒入上述材料,快速摇动 1 分钟,然后将酒液滤入鸡尾酒杯中饮用。其颜色金黄,味道刚烈。

（四）天上人间（卯兔）

材料:桂花糖浆 1 茶匙,桂花陈酒 30 毫升,冰镇苏打水 80 毫升。

调法:在海波酒杯中加入 4 块冰块,将桂花糖浆、桂花陈酒和冰镇苏打水依次倒入,用调酒棒轻轻搅拌均匀,杯内放入 1 片甜橙片,插入吸管饮用。

（五）雨中曲（辰龙）

材料:柠檬汁 5 毫升,红葡萄酒 20 毫升,白葡萄酒 20 毫升,白兰地酒 20 毫升。

调法:在摇酒器中放入 4 块冰块,依次倒入上述材料,摇匀滤入鸡尾酒杯中,杯口挂一小串紫葡萄。

（六）冰凉世界（巳蛇）

材料:糖浆 5 毫升,玫瑰露酒 30 毫升,金酒 30 毫升。

调法:玻璃调酒杯中放入 4 块冰块,将糖浆、玫瑰露酒、金酒依次倒入,朝一个方向轻搅 1 分钟,然后将酒液滤入加有冰块的古典杯中,杯内加 1 片柠檬片、1 颗红樱桃。

（七）大草原（午马）

材料:白兰地 10 毫升,竹叶青 20 毫升,椰汁 30 毫升。

调法:在摇酒器中放入适量冰块,依次倒入上述材料,快速摇动 1 分钟,倒入古典杯中,杯中插一片竹叶作为装饰。

（八）暖意（未羊）

材料:鲜牛奶 30 毫升,杏仁露 30 毫升,伏特加 30 毫升。

调法:在摇酒器中依次倒入上述材料,快速摇动 1 分钟,滤入用鸡尾羽装饰的加有冰块的古典杯中。

（九）大圣（申猴）

材料:橙汁 5 毫升,红味美思 5 毫升,柠檬汁 5 毫升,葡萄酒 60 毫升。

调法:在摇酒器中加 4 块冰,倒入橙汁、红味美思和柠檬汁,快速摇动 1 分钟,滤入加有 3 块冰块的海波杯,再将冰镇过的葡萄酒倒入,杯口饰以甜橙片。

（十）日出（酉鸡）

材料:1 个生蛋黄,红酒糖浆 20 毫升,二锅头 20 毫升。

调法：杯中放入生蛋黄，再倒入红酒糖浆，最后轻轻倒入二锅头酒，杯边饰以美丽的雄鸡羽毛。

（十一）忠诚（戌狗）

材料：西柚汁 20 毫升，菠萝汁 20 毫升，威士忌 20 毫升。

调法：摇酒器加入适量冰块，依次倒入上述材料，摇匀，滤入鸡尾酒杯中。在 1 片酸橙片上撒点盐，可尝一口柠檬片饮一口酒。

（十二）达标（亥猪）

材料：桂花酒 10 毫升，玫瑰露酒 10 毫升，可口可乐 80 毫升。

调法：在海波杯中放入冰块，将上述材料依次倒入，搅拌均匀，杯内点缀 1 片柠檬片，插入吸管饮用。

三、鸡尾酒与诞生石

每个月都有诞生石，每种诞生石都有特定的含意。诞生石鸡尾酒对人的心理作用远大于生理作用。与其说诞生石会给人带来好运，不如说是人对自己的期待，对亲情、友情、爱情和事业的向往。

（一）石榴石 VS 畅饮新加坡

1 月的诞生石是石榴石，据说这种宝石可以治疗忧郁症，温暖人心。红色的石榴石象征着"忠实"。1 月的诞生石鸡尾酒是畅饮新加坡，辛辣的金酒、芳香的樱桃利口酒、甘甜的红石榴汁、酸酸的柠檬汁和清爽的苏打水，口感酸甜爽滑，回味悠长。

（二）紫水晶 VS 紫罗兰菲士

2 月的诞生石是紫水晶，据说这种宝石能减轻拥有者的孤独感，带来幸福的爱情。2 月的诞生石鸡尾酒是紫罗兰菲士，甘甜可口的波士紫罗兰利口酒、甘冽的金酒、酸涩的柠檬汁、清凉的苏打水，口感酸酸甜甜如同恋爱的滋味，最适合甜蜜的爱侣共享。

（三）血滴石 VS 樱花

3 月的诞生石是血滴石，据说这种宝石能给人带来勇气和智慧，象征着"互爱"。3 月的诞生石鸡尾酒是樱花，芳香诱人的樱桃利口酒、香醇浓烈的白兰地、甘甜的利口酒、酸涩的柠檬汁、醇甜的红糖浆，这是一种带有水果芳香、火红热烈的鸡尾酒。

（四）钻石 VS 玛格丽特

4 月的诞生石是钻石，这是地球上硬度最高、光泽纯净的宝石，象征着"永恒"。4 月的诞生石鸡尾酒是玛格丽特，火辣的墨西哥烈酒、香甜的利口酒、酸涩的柠檬汁，酸、甜、苦、辣、咸五味协调，饮后余味悠长。这是一款最为经典的爱情鸡尾酒，演绎的是如同《梁祝》般可歌可泣的爱情故事。

（五）翡翠 VS 环游世界

5 月的诞生石是翡翠，这种绿色的宝石很多都有瑕疵，所以它象征着"幸运"。5 月的诞生石鸡尾酒是环游世界,辛辣的金酒、清凉爽口的绿薄荷酒、香甜可口的菠萝汁,是一种让人开怀的鸡尾酒。这款酒教导我们"春有百花秋有月,夏有凉风冬有雪,若无闲事挂心头,便是人间好时节"。

（六）珍珠 VS 边车

6月的诞生石是珍珠,珍珠有"富贵"和"健康"的意思。6月的诞生石鸡尾酒是边车,香醇的白兰地、苦中带甜的白柑橘利口酒、酸涩的柠檬汁、杯口的糖粉,昭示着成功的喜悦。这是一款诞生在战火中的鸡尾酒,就像人的一生,不停地追寻生命中最珍贵的东西。

（七）红宝石 VS 火热的情人

7月的诞生石是红宝石,颜色呈粉色、紫红或红褐色,象征着"热情"。7月的诞生石鸡尾酒是火热的情人,龙舌兰烈酒、香甜的红橙汁、酸涩的柠檬汁、杯口少许的盐霜,娇艳、充满激情,宛如热情燃烧的沙漠。

（八）橄榄石 VS 温柔一击

8月的诞生石是橄榄石,这是一种呈橄榄绿或深绿色的宝石,拥有独特的光泽,含有"恩爱"之意味。8月的诞生石鸡尾酒是温柔一击,香醇华贵的白兰地、清凉爽口的绿薄荷酒,给人以舒畅的感觉。这是一款浪漫的爱情鸡尾酒,如同一幅活色生香的油画,画中有一对相依相伴的爱侣,女孩仿佛被男孩惹恼了,娇嗔连连:"我打你,我打你……"

（九）蓝宝石 VS 蓝色夏威夷

9月的诞生石是蓝宝石,蓝宝石平静、亲善,象征着"贤明"。9月的诞生石鸡尾酒是蓝色夏威夷,热情似火的白朗姆酒、蓝色的香橙利口酒、香甜可口的菠萝汁及柠檬汁,口感甜辣适中。这是一款夏威夷热带鸡尾酒,蓝色让人想起美丽的夏威夷少女。

（十）蛋白石 VS 七彩虹

10月的诞生石是蛋白石,最常见的是闪耀着彩虹色泽的蛋白石。据说蛋白石可以启发智慧,帮助思考,象征着"忍耐"与"真诚"。10月的诞生石鸡尾酒是七彩虹,红色的红石榴糖浆、绿色的薄荷糖浆、紫罗兰利口酒、蓝色的香橙利口酒、黄色的佳莲露利口酒、无色的君度酒、琥珀色的白兰地,像彩虹一般美丽,组合成充满层次感的鸡尾酒。最佳的喝法是点燃最上层的白兰地,饮前先用柠檬片将火焰盖灭,再用一根吸管伸入杯底,用力一吸,一饮而尽。

（十一）黄玉 VS 阿拉斯加

11月的诞生石是黄玉,黄玉较珍贵,象征着"友谊"。11月的诞生石鸡尾酒是阿拉斯加,烈性的金酒、黄色的沙度士酒,口感甜辣适中。君子之交淡如水,真正的友情不需要挂在嘴边,而要常记在心里。

（十二）绿松石 VS 香槟鸡尾酒

12月的诞生石是绿松石,又名土耳其石,含有"成功"之意。据说,绿松石的颜色变化可预示吉凶。12月的诞生石鸡尾酒是香槟鸡尾酒,这款鸡尾酒告诫人们,人生之旅最重要的是旅途的风景和欣赏风景的心情。

任务五　调酒师与调酒比赛

一、调酒师的概念

调酒师是一个非常帅气的职业,许多年轻人都喜欢这种充满活力的工作。在国内,随着酒吧行业的兴旺,调酒师也渐渐成为热门的职业。据有关资料显示,北京、上海、青岛、深圳、广州等大城市,每年调酒师的缺口很大。随着酒吧数量的大大增加,作为酒吧"灵魂"的调酒师的薪酬也水涨船高,基本工资＋服务费＋酒水提成将是未来我国调酒师的薪酬构成。

调酒师是指在酒吧或餐厅专门从事配制酒水、销售酒水工作,并让客人领略酒的文化内涵和风情的人员,英语称为 bartender 或 barman。酒吧调酒师的工作包括酒吧清洁、调制酒水、酒水补充、应酬客人和日常管理等。调酒师要掌握各种酒的产地、特点、口感、制作工艺、品名以及饮用方法,并能够鉴定酒的质量、年份等。此外,客人品尝不同的甜品,需要搭配什么样的酒,也需要调酒师给出合理的推荐。

总的来说,调酒师是一种综合了多种技能的职业——拥有魔幻杂技般的调酒技巧、开朗的性格和热情的待客之道。

二、调酒师的职业素质

(一) 基本职业要求

调酒师的基本职业要求包括身材与容貌、服饰与打扮、仪表、风度等。

1. 身材与容貌

身材与容貌在服务工作中有着较重要的作用。在人际交往中,好的身材和容貌可使人产生舒适感,心理上产生亲切愉悦感。

2. 服饰与打扮

调酒师的服饰与穿着打扮,体现着酒吧的独特风格和精神面貌。服饰体现了个人仪表,影响着客人对整个服务过程的最初和最终印象。打扮是调酒师上岗之前自我修饰、完善仪表的一项必需工作。即使你的身材标准,服装华贵,如不注意修饰打扮,也会给人以美中不足之感。

3. 仪表

仪表即人的外表,注重仪表是调酒师的一项基本素质,酒吧调酒师的仪表直接影响着客人对酒吧的感受,良好的仪表是对宾客的尊重。调酒师整洁、卫生、规范的仪表,能烘托服务气氛,使客人心情舒畅。

4. 风度

风度是指人的言谈、举止、态度。一个人正确的站立姿势、雅致的步态、优美的动作、丰富的表情、甜美的笑容以及适宜的服装打扮,都会关涉风度。要使服务获得良好的效果和评价,使自己的风度端庄、高雅,调酒师的一举一动都要符合美的要求。

(二) 道德素质要求

提高调酒师道德素质是至关重要的。没有良好道德素质的支持,专业知识与技能再娴熟也不能很好地服务他人。

(1) 正直,诚实。缺乏这一要素,就无法尊重自己的职业,无法营建人际的信任,也就无法成为一名为企业做出贡献的合格工作者。

(2) 尊重他人。即尊重人性,尊重众生,不仰视权贵,不欺凌弱小。平等对待每一个人,给予人们同样的尊重。

(3) 持续努力,从不懈怠。不放纵自我,勤奋工作,有持久的责任感,并注重体能付出与思维努力两因素的并用。

(4) 以原则为重。注重公平,对客人服务讲求品质,人际关系贵在诚信。这些都是一个人品格高尚的体现。在这一点上,没有人能达到绝对的高度,但经过不断提高,持续锻炼,就可以达到相当的境界。

(5) 平等待客,以礼待人。酒吧服务的基础是尊重宾客。任何一位客人都有被尊重的需要,都要被以礼相待。

(6) 方便客人,优质服务。酒吧的价值是为客人提供服务。方便客人可以说是酒吧经营和服务的基本出发点。一切为客人的方便着想,提供客人满意的服务,这不仅是高标准服务的标志,更是职业道德的试金石。

(三) 专业素质要求

调酒师的专业素质是指调酒师的服务意识、专业知识及专业技能。

1. 服务意识

(1) 角色意识。酒吧服务给人的第一印象最重要,而调酒师的表现又是给顾客印象好坏的关键。调查表明,酒吧投诉中,服务态度不佳占第一位,其次是没被重视,最后是卫生条件差。因此,为使顾客满意,首先要端正服务态度,而服务态度提高的关键是加强调酒师的角色意识。酒吧调酒师所担任的角色是使顾客在物质和精神上得到满足的服务角色。调酒师一定要以客人的感受、心情、需求为出发点来为客人提供服务。

调酒师的角色包括以下两项内容。一是执行酒吧的规章制度,履行岗位职责。调酒师的一言一行、仪容、仪表、服务程序、服务态度等都会影响酒吧的声誉。酒吧在提供服务产品、情感产品、行为产品和环境软产品时,会受到调酒师的心情和技能的制约。如果工作人员的精神处于最佳状态,会提供使顾客满意的优质服务产品,否则就可能给顾客提供不合格的服务产品,所以调酒师不能把个人的情绪带到服务中来。二是调酒师要站在顾客的角度来服务,即将心比心,提供顾客所需的热情、快捷、高雅的服务。强化服务角色,对调酒师的精神面貌、服饰仪表、服务态度、服务方式、服务技巧、服务项目等方面提出了更高、更严的要

求,对调酒师的素质和服务水准提出了更高的标准。

(2) 宾客意识。调酒师需要有正确的宾客意识,即"顾客即我"。因为工作对象是人,工作是人对人的工作,没有对工作对象的正确理解,就不可能有正确的工作态度,工作方法、工作效果也不可能使顾客满意。所以,调酒师必须意识到顾客是酒吧的财源,有顾客到来,才会有酒吧的生存,才会有酒吧稳定的收益,才会有调酒师自身的工作稳定和经济收入。"顾客就是上帝",他们的需要就是我们服务工作的出发点。不断地服务顾客,为顾客着想,这是服务工作的立足点。增强调酒师的顾客意识,就必须提升调酒师的荣誉心和责任感。而要增强荣誉心,首先就要学会尊重,只有尊重别人,才会赢得别人的尊重。想顾客之所想,做顾客之所需,而且还应向前推进一步,想在顾客所想之前,做在顾客所需之前。

(3) 服务意识。调酒师的服务意识是从事服务自觉性的表现,是树立"顾客就是上帝"意识的表现。服务意识应体现在:①预测并解决或及时解决顾客遇到的问题;②发生情况,按规范化的服务程序解决;③遇到特殊情况,提供专门服务、超长服务,以满足顾客的特殊需要;④不发生不该发生的事故。

2. 专业知识

调酒师必须具备一定的专业知识,才能准确、完美地服务顾客。一般来讲,调酒师应掌握以下十种专业知识。

(1) 酒水知识。掌握各种酒的产地、特点、制作工艺、品名及饮用方法,并能鉴别酒的质量、年份等。

(2) 原料贮藏保管知识。了解原料的特性,以及酒吧原料的领用、保管使用、贮藏方面知识。

(3) 设备、用具知识。掌握酒吧常用设备的使用要求、操作过程及保养方法,以及用具的使用、保管知识。

(4) 酒具知识。掌握酒杯的种类、形状及使用要求、保管知识。

(5) 营养卫生知识。了解饮料营养结构,酒水与菜肴的搭配以及饮料操作的卫生要求。

(6) 安全防火知识。掌握安全操作规范,注意灭火器的使用范围及要领,掌握安全自救的方法。

(7) 酒单知识。掌握酒单的结构,所用酒水的品种、类别、味道特征等。

(8) 酒谱知识。熟练掌握酒谱上每种原料的用量标准、配制方法、用杯及调配程序。

(9) 习俗知识。掌握主要客源国的饮食习俗、宗教信仰和习惯等。

(10) 英语知识。掌握酒吧酒水的英文名称,以及酒吧常用英语。

3. 专业技能

调酒师娴熟的专业技能不仅可以节省时间,使顾客增加信任感和安全感,还是一种无声的广告。熟练操作技能是快速服务的前提。专业技能的提升需要通过专业训练和自我锻炼来完成。

(1) 设备、用具的操作使用技能。正确使用设备和用具,掌握操作程序,不仅可以延长设备、用具的寿命,还能提高服务效率。

(2) 酒具的清洗及准备技能。掌握酒具的冲洗、清洁、消毒等。

（3）装饰物制作及准备技能。掌握装饰物制作的切分、薄厚、造型等方法。

（4）调酒技能。掌握调酒的动作、姿势等方法以保证酒水的质量和口味的一致。

（5）沟通技巧。善于发挥信息传递的作用，进行准确、迅速的沟通。提升自己的口头和书面表达能力，善于与顾客沟通和交谈，能熟练处理顾客的投诉。

（6）解决问题的能力。有较强的经营意识，尤其是对价格、成本毛利和盈亏的分析计算，反应要快。

（7）解决问题的能力。要善于在错综复杂的矛盾中抓住主要矛盾，对紧急事件及顾客投诉有从容不迫的处理能力。

三、调酒师的工作内容

（一）准备工作

（1）姿态的准备。对调酒师来说，首先要有良好的站姿和步态。这是调酒师上岗前必须培训和掌握的内容。

（2）仪表的准备。调酒师每天频繁、密切地接触顾客，他的仪表不仅反映个人的精神面貌，而且代表了酒吧的形象，因此调酒师每日工作前必须对自己的形象进行整理。

（3）个人卫生的准备。调酒师的个人卫生是顾客健康的保障，也是顾客对酒吧信赖程度的标尺。调酒师要定期检查身体，以防止感染疾病。做好个人卫生、养成良好的卫生习惯是对调酒师的基本要求。

（4）酒吧卫生及设备检查。调酒师进入酒吧，首先要检查酒吧间的照明、空调系统工作是否正常；室内温度是否符合标准，空气中有无不良气味。地面、墙壁、窗户、桌椅要打扫、擦拭干净。吧台要擦亮，所有镜子、玻璃应光洁无尘；每天开业前应用毛巾擦拭一遍酒瓶；检查酒杯是否洁净无垢。操作台上酒瓶、酒杯及各种工具、用品是否齐全到位，冷藏设备工作是否正常。如使用饮料配出器，则应检查其压力是否符合标准，如不符合标准，则应做适当校正。水池内应注满清水，洗涤槽内准备好洗杯刷，调配好消毒液，贮冰槽内加足新鲜冰块。

（5）原料的准备。检查各种酒类饮料是否都达到了标准库存量，如有不足，应立即开出领料单去仓库或酒类贮藏室领取。然后检查并补足操作台的原料用酒、冷藏柜中的啤酒、白葡萄酒以及贮藏柜中的各种不需冷藏的酒类、酒吧纸巾、毛巾等原料物品。接着应当准备各种饮料和装饰物，如拿出装腌渍樱桃和橄榄的瓶子，切开柑橘、柠檬和青柠，整理好薄荷叶，削好柠檬皮，准备好各种果汁等。如果条件允许，有些鸡尾酒的配料可以预先调制，如酸甜柠檬汁等。

（6）收款前的准备。在酒吧营业之前，酒吧出纳员须领取足够的找零备现金，认真点数并换成合适面值的零钱。如果使用收银机，那么每个班次必须清点收银机中的钱款，核对收银机记录纸卷上的金额，做到交接清楚。

（二）酒水饮品调制

在完成上述准备工作后，调酒师便可以正式开门迎客，接受顾客点的饮品。酒吧工作人员应掌握酒单上各种饮料的服务标准和要求，并谙熟相当数量的鸡尾酒和其他混合饮料的配制方法，这样才能做到胸有成竹，得心应手。但如果遇到顾客点调酒师比较陌生的酒水，

调酒师应该查阅酒谱,不得胡乱配制。调制酒水的基本原则是严格遵照酒谱要求,做到用料正确、用量精确、点缀装饰合理优美。

（三）吧台工作期间的服务

（1）配料、调酒、倒酒应在顾客面前进行,目的是使顾客欣赏服务过程,让顾客放心。调酒师使用的原料用量应准确无误,操作符合卫生要求。

（2）把调好的酒水端给顾客以后应离开,除非顾客要与调酒师交流,否则不可随便插话。

（3）认真对待、礼貌处理宾客对酒水服务的意见或投诉。酒吧与其他任何服务场所一样,"顾客是正确的"。如果顾客对某种酒水不满意,应立即设法补救。

（4）任何时候都不准对顾客有不耐烦的语言、表情或动作,不要催促顾客点酒、饮酒。不能让顾客感到你在取笑他喝得太多或太少,也不可冷落顾客。

（5）如果在上班时必须接电话,谈话应当轻声、简短。

（6）为了使材料用量准确,应用量杯量取所需基酒。

（7）用过的酒杯应在三格洗涤槽内洗刷消毒,然后倒置在沥水槽架上使其自然干燥,避免用手和毛巾接触酒杯内壁。

（8）除了掌握酒水的标准配方和调制方法外,还应时时注意顾客的习惯和爱好,如有特殊要求,应按照顾客的意见调制。

（9）酒吧一般都免费供应一些佐酒小吃,如咸饼干、花生米等,目的是增加饮酒情趣,提高酒水销量。因此,工作人员应随时注意佐酒小吃的消耗情况,以及时补充。

（10）酒吧工作人员对顾客的态度应该友好、热情,不能随便应付。上班时间不准抽烟,不准喝酒,即使有顾客邀请喝酒,也应婉言谢绝。工作人员不可擅自对某些顾客给予额外照顾,当然也不能擅自为本店同事或同行免费提供酒水,更不能克扣宾客的酒水。

（四）酒吧服务结束后的清理工作

服务结束后的工作是清洁酒吧卫生和清理用具。将顾客用过的杯具清洗后按要求存放;桌椅和工作台表面要清扫干净;搅拌器、果汁机等容器应清洗干净。所有的容器要洗净并擦亮,容易腐烂变质的食品和饮料要妥善贮藏;水壶和冰桶洗净后朝下放好;烟灰缸、咖啡壶、咖啡炉和牛奶容器等应洗干净,鲜花应贮藏在冰箱中。电和煤气的开关应关好;剩余的火柴和一次性消费的餐巾、牙签,还有碟、盘和其他餐具等物品应贮藏好。为了安全,酒吧贮藏室、冷柜、冰箱及后吧柜等都应上锁。酒吧中比较繁重的清扫工作(包括地板的打扫,以及墙壁、窗户的清扫和垃圾的清理)应在营业结束后至下次开业前安排专门人员负责。

四、调酒师的类型

（一）按调酒风格分

1. 英式调酒师

英式调酒师主要是指在星级酒店或古典型酒吧工作的调酒师。英式调酒师很绅士,调酒过程文雅、规范,调酒师通常穿着英式马甲,调酒过程配以古典音乐。

2. 花式调酒师

花式调酒师是指能使用花式动作来完成鸡尾酒调制的调酒师。花式调酒起源于美国的"Friday"（星期五餐厅），在 20 世纪 80 年代开始盛行于欧美各国。在传统的调酒过程中加入一些音乐、舞蹈、杂技等光怪陆离的特技，无疑为喝酒这件事增色不少。花式调酒的特点是在传统的调酒过程中加入一些花样的动作，集音乐、舞蹈、杂技于一体。花式调酒给酒文化注入了时尚元素，起到活跃酒吧气氛、提升娱乐性、融洽与客人关系的作用。花式调酒更适合年轻、身体柔韧性比较好的人学习。

花式调酒常用的基础动作：正抛（正接、反接）；单手侧抛；左右侧抛；左右胯下抛瓶；胯下单手抛瓶正反接；手背上下翻瓶；手掌转瓶（正、反转）；背后接瓶；滑瓶后抛左右手；头顶接；身体侧抛背后接；转身绕头顶翻瓶；杯瓶交换方式；正抛套瓶；侧抛套瓶；后抛套瓶；跨脚套瓶；滑瓶套瓶；背后套瓶；背后二圈套瓶等。

英式调酒师与花式调酒师的区别如下：

（1）所选用的调酒用具有区别。花式调酒有自己特有的调酒用具，英式调酒有自己的传统用具。

（2）调酒技巧的区别。花式调酒师不仅需要掌握多种调酒技法，还要在学习过程中经老师指导用酒嘴控制酒水的标准用量（称为自由式倒酒），以及在最短的时间内调制尽可能多的酒品等。英式调酒一般使用四种调制方法，按规定的方式进行调酒。

（3）创新精神的不同。好的花式调酒师会不断探索创新出高质量的酒水和新奇的花式动作，所以鼓励调酒师们在练习过程中发挥想象，不断创新产品。英式调酒的鸡尾酒调制要求尊重酒单，按照规定进行。

（二）按职业等级分

2016 年 12 月以前，我国调酒师资格认证分为五个层次：初级调酒师（职业等级 5 级）、中级调酒师（职业等级 4 级）、高级调酒师（职业等级 3 级）、技师调酒师（职业等级 2 级）、高级技师调酒师（职业等级 1 级）。

2016 年 12 月，我国取消了调酒师资格认证，现在国内只有人力资源和社会保障部推出的"鸡尾酒及饮品调制专项能力证书"。

五、调酒（师）技能大赛

目前国内各类调酒师比赛很多。主办方主要有四类：一是由院校主办，比如全国旅游院校饭店技能大赛调酒项目；二是由酒店行业主办，比如山东旅游饭店行业服务技能大赛调酒项目；三是由政府主办，比如 2014"王朝杯"天津市调酒师大赛；四是由酒业巨头举办如"百加得传世全球鸡尾酒大赛"。由于主办方不同，所以社会认可度也各不相同。

目前，由国际调酒师协会（International Bartenders Association，IBA）主办的世界杯传统及花式调酒大赛，被公认为全球最具专业性、权威性和影响力的调酒师大赛。IBA 是调酒行业唯一的全球性国际组织，自 1974 年以来，该协会每年在世界范围内举办世界杯国际调酒锦标赛（World Cocktail Championship，WCC），该赛事是全球最权威的国际赛事。2010年中国调酒师协会（Association of Bartenders China，ABC）成为该协会正式会员，负责中国

赛区全国选拔赛的组织工作,优胜选手代表中国参加 IBA 世界杯国际调酒世锦赛决赛。

知识链接：世界上排名前十酒吧榜单

本项目分为"鸡尾酒的定义、类型与结构""鸡尾酒来源""鸡尾酒礼仪""鸡尾酒与时尚文化""调酒师与调酒比赛"五项任务,通过对鸡尾酒概念、类型和结构的学习,掌握鸡尾酒的基本知识,同时通过鸡尾酒来源、礼仪和时尚文化的关系,了解鸡尾酒的魅力所在。最后,通过对调酒师职业、岗位和调酒比赛的介绍,让同学们对调酒的世界充满憧憬和期待。

知识训练

一、复习题

1. 鸡尾酒的类型有哪些?

2. 调酒师的礼仪要求有哪些?

3. 鸡尾酒的传说故事有哪些?

二、思考题

1. 调酒师的必备条件有哪些?

2. 鸡尾酒有哪些魅力?

能力训练

1. 按本节课所讲的基本要求进行自我检查,并将检查结果填到表 1-1 内(请将不合格内容填于备注栏内)。

表 1-1　自我检查

检查内容	合格	不合格	备注
面部			
发型			
手部			

2. 随机分组并自己对小组命名,进行各种服务仪态的练习,再以情境再现的方式进行成果展示、评比。请将你的真实感受填到表 1-2 中。

表 1-2 真实感受

小组名	站姿展示	坐姿展示	走姿展示

项目二
调酒工具、计量与方法

项目目标

职业知识目标：

1. 了解调酒所需要的工具种类，掌握常用调酒工具的识别。

2. 熟悉调酒的各种计量单位，掌握四种常见鸡尾酒的调制方法。

职业能力目标：

1. 熟练使用古典摇酒器和波士顿摇酒器。

2. 熟练掌握四种不同的调酒方法。

3. 准确度量调酒材料的用量。

职业素质目标：

培养学习者在调酒工具、调酒方法方面的业务素质。激发学生对调酒工具的兴趣，培养学生踏实爱学的精神。

项目核心

调酒工具；计量；调酒方法

项目导入：调酒为人们提供了视觉、嗅觉、味觉和精神等方面的享受。调酒是一门技术，也是一门艺术。它作为技术与艺术的结晶，是一项专业性很强的工作。调酒师要用正确的方法、适当的工具、标准的配方调制出一杯杯令人心仪的鸡尾酒。

任务一　调酒用具的识别和使用

一、摇酒器(Shaker)

(一)古典摇酒器(Standard Shaker)

视频:调酒工具的识别

古典摇酒器也称为日式、英式、老式和三段式摇酒器,主要由壶身、过滤器、壶盖三部分组成,如图2-1所示。质地可以是全金属,也可以是部分或全部玻璃,有250毫升、350毫升、550毫升、750毫升几种规格。使用方法有单手摇和双手摇两种。缺点是制作速度慢、开盖困难、清洗不便。目前,古典摇酒器主要用来调制经典鸡尾酒,对于家庭酒吧而言,这种摇酒器也比较适合。

古典摇酒器的使用方法如下。①双手使用:右手大拇指按住顶盖,用中指和无名指夹住摇酒器,食指按住壶身。再用左手中指、无名指按住壶底,食指和小拇指夹住摇酒器,大拇指压住过滤盖。习惯用左手的人在握壶时操作相反。这时还要注意手掌不要和摇酒器贴得太紧,以免热量传递使冰块融化得太快。②单手使用:食指按住壶盖,大拇指和其余三指捏住壶身,手心不能触碰壶身,以手臂方向为轴使摇酒器发生左右摇动,同时,需上下摇动;不论是单手还是双手,摇到接触摇酒器的指尖发冷,壶身表面出现白霜的时候就足够了。

(二)波士顿摇酒器(Boston Shaker)

波士顿摇酒器也称为美式摇酒器或花式摇酒器。波士顿摇酒器为两件式:一件为玻璃摇酒杯;另一件为不锈钢摇酒杯,即金属壶身,也叫"听"(Tin),如图2-2所示。优点是速度快、使用简单。此种设计便于调酒表演,可直接通过玻璃杯看到酒液混合的过程,比中、小型英式摇酒器容量大,且一般只有一种型号,用于花式法调制鸡尾酒,故也称花式摇酒器。当需要快速制作大量鸡尾酒时,一般都使用波士顿摇酒器。世界上大多数酒吧都使用波士顿摇酒器。

图 2-1　古典摇酒器　　　　图 2-2　波士顿摇酒器

波士顿摇酒器适合双手使用。根据配方,材料放在玻璃摇酒杯里,上下摇动,玻璃摇酒杯在下,摇到接触摇酒器的指尖发冷、壶身表面出现白霜的时候就足够了。打开摇酒器时,

需要颠倒玻璃杯和金属杯,使金属杯位于下方,并用力侧敲玻璃杯。最后,把金属杯中的鸡尾酒过滤后倒入准备好的载杯中。

二、量酒器(Jigger)

量酒器由不锈钢制成,形状为窄端相连的两个漏斗形用具,容量一大一小,虽然相互连接却互不相通,如图 2-3 所示。每个量酒器两头均可使用,有 1/2 盎司～1 盎司、1 盎司～3/2 盎司、3/2 盎司～2 盎司三种组合,主要是为了满足调酒师制作鸡尾酒时准确用料的要求。

量酒器的使用方法是:用左手中指、食指和无名指夹起量杯。用这样的方法拿住量酒器时,调酒师的两手还能做别的动作(如取瓶塞、盖瓶盖等),并保证鸡尾酒调制动作流畅,充满美感。

三、吧匙(Bar Spoon)

吧匙由不锈钢制成,一端为匙,另一端为叉,中间部位呈螺旋状(见图 2-4),有大、中、小三个型号。它通常用于制作分层鸡尾酒,以及需要用搅拌法制作的鸡尾酒和取放装饰物。

吧匙的使用方法是握住螺旋状部分进行搅动。用惯用手的中指和无名指夹住吧匙的螺旋状部分,用大拇指和食指握住吧匙的上部。搅动时,用大拇指和中指轻轻地扶住吧匙,以免吧匙倾倒,用中指指腹和无名指背部按顺时针方向转动吧匙。向调酒杯里放入吧匙或取出吧匙的时候,应使吧匙背面朝上;搅拌的时候,应保持吧匙背面朝着调酒杯外侧,以免吧匙碰着冰块,如果是注入法,一般使用吧匙搅拌 2～4 次,如果含有碳酸饮料,搅动一般不超过 2次;如果是搅拌法,一般使用吧匙搅动 20 秒左右。搅动结束后,保持吧匙背面朝上轻轻取出来。

四、鸡尾酒签(Cocktail Pick)

鸡尾酒签是由塑料或不锈钢制成的细短签,颜色、款式可随意定制,如图 2-5 所示。五颜六色的鸡尾酒签在用来穿插鸡尾酒装饰物的同时,也给鸡尾酒增色不少。根据鸡尾酒签的质地,经营者可自行决定是否将其作为一次性用品。

图 2-3　量酒器

图 2-4　吧匙

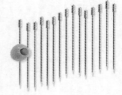

图 2-5　鸡尾酒签

五、吸管(Straw)

吸管用塑料制成,单色或多色可随意定制,如图 2-6 所示。吸管除了供顾客喝饮料使用,还起到一定的装饰作用,为一次性低值易耗品。

六、杯垫(Coaster)

杯垫可选用硬纸、硬塑料、胶皮、布等材料制成,有圆形、方形、三角形等多种形状,如图2-7所示。杯垫除用于垫杯子、吸水,还有宣传之用,各酒水厂商或酒吧可在杯垫上印刷自己的标识,让顾客在饮用的过程中接收到宣传信息,加深顾客的印象。杯垫一般可重复多次使用。

七、开瓶器(Can Opener)

开瓶器由不锈钢制成,造型、颜色多种多样,如图2-8所示。通常一端为扁形钢片,另一端为漏空钢圈,用于开启听装饮料和瓶装啤酒。

图 2-6　吸管

图 2-7　杯垫

图 2-8　开瓶器

八、海马刀(Waiter's Friend)

海马刀由西班牙人发明后,跟风者众多,却没有一个能够超过它,因此被称为"开瓶器之王"。海马刀两级的支点能够使人更方便而且更省力地开启一瓶葡萄酒。海马刀选用优质不锈钢和中碳钢制成,由啤酒开(开啤酒和拔木塞时作为支点)、螺丝钻和带锯齿小刀三个主要部分组成,如图2-9所示。

九、调酒杯(Mixing Glass)

调酒杯一般由玻璃制成,杯壁较厚,杯身较大,成本较高,较容易破损,用于调制、混合鸡尾酒,如图2-10所示。现在也有不锈钢的调酒杯,造型相同,只是材质不同。

图 2-9　海马刀

图 2-10　调酒杯

十、滤冰器(Strainer)

滤冰器由不锈钢制成,器具呈扁平状,上面均匀排列着滤水孔,边缘围有弹簧,如图2-11所示。它主要用于在制作鸡尾酒时截留住冰块,通常与调酒杯配合使用。如果使用波士顿

摇酒器调制鸡尾酒,当需要将调酒杯中调制好的鸡尾酒倒入酒杯时,调酒杯内的冰块往往会随酒液一起滑落到酒杯中,滤冰器就是防止冰块滑落的专用器具。

十一、练习瓶(Flair Bottle)

练习瓶主要供调酒师练习花式调酒的动作,如图 2-12 所示。有些酒吧还有夜光表演瓶,用以在昏暗的灯光下表演花式调酒。

十二、冰夹(Ice Tong)

冰夹由不锈钢或塑料制成,夹冰部位呈齿状,有利于冰块的夹取,如图 2-13 所示。除夹冰块外,冰夹也可用于夹取水果。

图 2-11　滤冰器

图 2-12　练习瓶

图 2-13　冰夹

十三、冰桶(Ice Bucket)

冰桶由不锈钢或玻璃制成,桶口边缘有两个对称把手,如图 2-14 所示。冰桶主要用于盛放冰块或温烫酒类。不锈钢制成的冰桶多为原色或镀金色。玻璃制成的冰桶体积较小,用于盛放少量冰块,满足顾客不断加冰的需要。

十四、冰铲(Ice Container)

冰铲由不锈钢或塑料制成,用于从制冰机或冰桶内铲取冰块,每次取用量比较多,如图 2-15 所示。目前有 12 盎司和 24 盎司等规格。

十五、葡萄酒冰桶(Wine Ice Bucket)

葡萄酒冰桶由不锈钢制成,桶身较大,如图 2-16 所示,主要用于冰镇白葡萄酒、红葡萄酒、香槟酒等,确保酒液的温度不会升高,达到饮用要求。

图 2-14　冰桶

图 2-15　冰铲

图 2-16　葡萄酒冰桶

十六、砧板(Cutting Board)

砧板由有机塑料制成,如图 2-17 所示,用于制作果盘和鸡尾酒装饰物,防止酒吧刀损坏工作台面。

十七、酒吧刀(Bar Knife)

酒吧刀一般由不锈钢制成,体积较小,如图 2-18 所示。酒吧常用的酒吧刀的刀口锋利,主要是为了提升制作装饰物的速度和美观度。

十八、酒嘴(Pour Spot)

酒嘴有不锈钢和塑料两种类型,出酒口向外插入瓶口即可使用,如图 2-19 所示。酒嘴专门为花式调酒所设计,目的是使调酒表演更加连贯、顺畅。

图 2-17　砧板　　　　　图 2-18　酒吧刀　　　　　图 2-19　酒嘴

十九、香槟塞(Champagne Bottle Shutter)

香槟塞常见的有不锈钢和塑料两种类型,如图 2-20 所示。由于大多数香槟瓶容量较大,且价格相对较贵,所以为便于贮存打开后剩余的酒液,设计了此类瓶塞,解决了原装塞打开后不能插回的问题。

二十、柠檬压榨器(Lemon Squeezer)

柠檬压榨器用不锈钢制成,如图 2-21 所示。有很多鸡尾酒需要新鲜的柠檬汁作原料,单一的瓶装柠檬汁已不能满足要求,所以发明了柠檬压榨器。

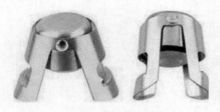　　　　　　

图 2-20　香槟塞　　　　　　　图 2-21　柠檬压榨器

二十一、漏斗(Funnel)

漏斗是用来将酒液或饮料从一个容器倒入另一个容器的工具,如图 2-22 所示,使用目的是快捷、准确、无浪费。为了保证酒的气味及口味的纯正,酒吧多使用不锈钢质地的漏斗。

二十二、口布(Towel)

口布是用来擦拭杯子的清洁用布,以吸水性强的棉质材料为佳,如图 2-23 所示。

图 2-22　漏斗

图 2-23　口布

二十三、酒吧垫(Bar Mats)

酒吧垫一般铺在操作台上,用于放杯子或调酒用具等,如图 2-24 所示。酒吧垫上面有小格,由于刚洗过的杯子还有残水,如果直接放在吧台上会留有水渍,所以把刚洗过的杯子放在酒吧垫上,小格子会保存一定的水,就不会弄得到处都是了。

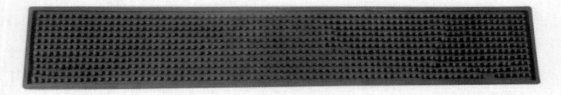

图 2-24　酒吧垫

二十四、红酒倒酒器

红酒倒酒器也叫导酒器或引流器,如图 2-25 所示。红酒倒酒器可以有效防止红酒在倒酒过程中洒出来,同时还能起到醒酒的作用。

图 2-25　红酒倒酒器

任务二　调酒的计量和调酒方法的训练

一、调酒的计量

视频:调酒计量
和调酒方法

1 ounce(oz)≈28 mL	1 美液盎司约等于 28 毫升
1 tsp(bsp)=1/8 oz	1 茶匙(吧匙)等于 1/8 美液盎司
1 tbsp=3/8 oz	1 餐匙等于 3/8 美液盎司
1 jigger=1.5 oz	1 吉格等于 1.5 美液盎司
1 split=6 oz	1 司普力等于 6 美液盎司
1 miniature=2 oz	1 明尼托等于 2 美液盎司
1 pint=16 oz	1 美液品脱等于 16 美液盎司
1 quart=32 oz	1 美液夸脱等于 32 美液盎司
1 gallon=128 oz	1 美加仑等于 128 美液盎司
1 imperial quart=38.4 oz	1 大夸脱等于 38.4 美液盎司
1 drop≈0.1～0.2 mL	1 滴为 0.1～0.2 毫升
1 dash≈0.6 mL	1 点大约为 0.6 毫升

二、调酒的方法

(一) 摇荡法(Shake)

摇荡法是调制鸡尾酒最普遍而简易的方法,将酒类材料及配料冰块等放入雪克壶内,用劲来回摇动,使其充分混合即可。该调制方法能去除酒的辛辣,使酒温和且入口顺畅。鸡尾酒粉红佳人(Pink Lady)就是使用这种调酒方法调制的鸡尾酒(见图 2-26)。

(二) 搅拌法(Stir)

搅拌法是将材料倒入调酒杯中,用调酒匙充分搅拌的一种调酒法。常用在调制烈性加味酒时使用,例如马天尼、曼哈顿等酒味较辛辣、后劲较强的鸡尾酒。曼哈顿(Manhattan)就是使用该类调酒方法的典型代鸡尾酒(见图 2-27)。

图 2-26　粉红佳人

图 2-27　曼哈顿

（三）直调法（Build）

直调法是把材料直接注入酒杯的一种鸡尾酒调制法，方法非常简单。金汤力（Gin Tonic）、血腥玛莉（Bloody Mary）等著名鸡尾酒都是用这种方法调制的。自由古巴（Cuba Libre）就是使用该类调酒方法的典型鸡尾酒（见图2-28）。

（四）电动搅拌法（Blender）

电动搅拌法是用果汁机等机器搅拌的方法，主要用于水果类等不容易混合的块状材料，是目前最流行的一种调酒方法。事先准备细碎冰或刨冰，在果汁机中倒入材料，然后加入碎冰，开动电源混合搅拌约10秒后关掉电源，等马达停止后拿下混合杯，把酒液倒入载杯内即可。冰冻玛格丽特（Frozen Margarita）就是使用该类调酒方法的典型鸡尾酒（见图2-29）。

图 2-28　自由古巴　　　　　　　图 2-29　冰冻玛格丽特

项目小结

本项目分为"调酒用具的识别和使用""调酒计量和调酒方法的训练"两项任务。通过对调酒工具的介绍，我们要掌握识别不同调酒工具的能力，并掌握不同调酒工具的使用方法；同时，通过鸡尾酒计量单位与调制方法的学习，掌握调酒材料的用量控制和鸡尾酒的四大调制方法。

项目训练

知识训练

一、复习题

1. 调酒单位1盎司是多少毫升？

2. 摇酒器有几种？它们之间有什么不同之处？

3. 调酒的常见方法有哪些？

二、思考题

1. 为什么要严格控制鸡尾酒材料用量？

2. 简述鸡尾酒四种调制方法。

能力训练

1. 用摇荡法调制鸡尾酒粉红佳人。
2. 用搅拌法调制鸡尾酒曼哈顿。
3. 用直调法调制鸡尾酒自由古巴。
4. 用电动搅拌法调制鸡尾酒冰冻玛格丽特。

项目三
调酒的载杯和装饰

项目目标

职业知识目标：
1. 掌握不同的调酒载杯。
2. 了解鸡尾酒装饰物的种类，熟悉鸡尾酒装饰的基本规律。

职业能力目标：
1. 掌握鸡尾酒载杯的使用条件。
2. 学会制作常规的鸡尾酒装饰物。

职业素质目标：
培养学生的劳动意识和动手能力，促进学生全面发展。

项目核心

载杯；装饰物

项目导入：鸡尾酒的载杯往往是唯一的。由于不同的鸡尾酒有不同的特性，也有不同的效果，因此不同的鸡尾酒只有用不同的杯子来装载才能得以完美展现！除了载杯以外，鸡尾酒的装饰也具有唯一性。选择什么样的鸡尾酒装饰物是非常有讲究的。鸡尾酒装饰艺术性强，寓意含蓄，常常能起到画龙点睛的作用。

任务一　认识调酒载杯

（1）海波杯（Highball Glass）：平底、直身、圆桶形（见图3-1），常用于盛放软饮料、果汁、鸡尾酒、矿泉水，是酒吧中必备的杯子。

（2）柯林杯（Collin's）：外形与海波杯大致相同，只是杯身略高于海波杯，多用于盛放混合饮料、鸡尾酒及奶昔（见图3-2）。

（3）子弹杯（Shot Glass）：高品质烈性酒专用，厚底，容量小，多为1盎司（见图3-3），用于盛放净饮烈性酒等，可以用来点火。

视频：调酒载杯的识别

图3-1　海波杯

图3-2　柯林杯

图3-3　子弹杯

（4）吉格杯（Jigger）：多用于烈性酒的纯饮，又称烈酒纯饮杯（见图3-4）。

（5）利口酒杯（Liqueur）：形状小，盛放净饮利口酒（见图3-5）。

（6）甜酒杯（Pony）：多用来盛载利口酒和甜酒（见图3-6）。

图3-4　吉格杯

图3-5　利口酒杯

图3-6　甜酒杯

（7）鸡尾酒杯（Cocktail Glass）：呈倒三角形，又叫马天尼酒杯，用于盛放如马天尼等鸡尾酒（见图3-7）。

（8）威士忌酸酒杯（Sour Glass）：与三角形鸡尾酒杯形状相似，杯身较鸡尾酒杯深，容量略大（见图3-8），用于盛载酸味鸡尾酒和部分短饮鸡尾酒。

（9）古典杯（Old Fashioned Glass）：厚底，矮身，多用于盛放加冰饮用的烈酒，也叫冰杯（见图3-9）。

（10）白兰地杯（Brandy Glass）：矮脚、小口、大肚酒杯，只适用于盛放白兰地（见图3-10）。

（11）大号白兰地杯（Brandy Snifter）：形状与白兰地杯相同，容量稍大，更易于白兰地香

图 3-7   鸡尾酒杯

图 3-8   酸威士忌酒杯

图 3-9   古典杯

气的散发(见图 3-11)。

(12) 郁金香形香槟杯(Champagne Tulip Glass):高脚,瘦长杯身,用于盛放香槟酒(见图 3-12)。

图 3-10   白兰地杯

图 3-11   大号白兰地杯

图 3-12   郁金香形香槟杯

(13) 碟形香槟杯(Champagne Saucer Glass):高脚,浅身,阔口,用于码放香槟塔(见图 3-13)。

(14) 笛形香槟杯(Flute Glass):主要用于盛载香槟和香槟鸡尾酒(见图 3-14)。

(15) 红葡萄酒杯(Red Wine Glass):高脚,大肚,用于盛放红葡萄酒(见图 3-15)。

图 3-13   碟形香槟杯

图 3-14   笛形香槟杯

图 3-15   红葡萄酒杯

(16) 白葡萄酒杯(White Wine Glass):高脚,大肚,用于盛放白葡萄酒和红葡萄酒,容量比红葡萄酒杯略小(见图 3-16)。

(17) 水杯(Water Glass):与红葡萄酒杯形状相同,容量略大。常用于喝酒之前帮人清口(见图 3-17)。

(18) 调酒杯(Mixing Glass):高身,阔口,壁厚,用于调制鸡尾酒(见图 3-18)。

图 3-16   白葡萄酒杯

图 3-17   水杯

图 3-18   调酒杯

（19）玛格丽特杯（Margarita Glass）：高脚，阔口，浅型，碟身，专用于盛放玛格丽特鸡尾酒（见图 3-19）。

（20）高脚水杯（Goblet）：多见于豪华西餐厅，主要用于盛载矿泉水及冰水（见图 3-20）。

（21）坦布勒杯（Tumbler）：无脚平底玻璃杯，多用于盛载长饮酒或软饮料（见图 3-21）。

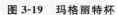

图 3-19　玛格丽特杯　　　　　图 3-20　高脚水杯　　　　　图 3-21　坦布勒杯

（22）带柄啤酒杯（Mug）：用于盛放鲜啤酒，俗称扎啤杯（见图 3-22）。

（23）皮尔森啤酒杯（Pilsner）：用于盛载皮尔森啤酒（见图 3-23）。

（24）坦卡德啤酒杯（Tankard）：这是一种带手把的大圆柱体啤酒杯，通常用木材、银、锡和玻璃制成（见图 3-24）。木质酒杯在 17 世纪时是嗜酒者的最爱。

图 3-22　带柄啤酒杯　　　　　图 3-23　皮尔森啤酒杯　　　　　图 3-24　坦卡德啤酒杯

（25）品脱杯（Pint）：品脱杯是一种可以承载约一品脱的啤酒杯的统称，大概有 568 毫升（见图 3-25、图 3-26）。

图 3-25　品脱杯　　　　　　　　　图 3-26　不碎品脱杯

（26）雪利酒杯（Sherry Glass）：矮脚，小容量，专用于盛放雪利酒（见图 3-27）。

（27）波特酒杯（Port Glass）：形状与雪利酒杯相同，专用于盛放波特酒（见图 3-28）。

（28）滤酒杯（Decanter）：主要用于酒的澄清，也可作为追水杯使用（见图 3-29）。

（29）潘趣酒缸（Punch）：又名宾治盆，用于调制潘趣（宾治）酒（见图 3-30）。

（30）果冻杯（Sherbet）：多用于盛载冰激凌和果冻（见图 3-31）。

（31）飓风杯（Hurricane Glass）：这是一种新式鸡尾酒杯，多用于盛载热带果汁鸡尾酒和冰冻鸡尾酒，容量一般为 12～16 盎司（见图 3-32）。

图 3-27   雪利酒杯

图 3-28   波特酒杯

图 3-29   滤酒杯

图 3-30   潘趣酒缸

图 3-31   果冻杯

图 3-32   飓风杯

（32）爱尔兰咖啡杯（Irish Coffee Glass）：爱尔兰咖啡特定专用的爱尔兰咖啡杯（见图3-33），杯子的玻璃上有三条细线，第一线的底层是爱尔兰威士忌，第二线和三线之间是曼特宁咖啡，第三线以上（杯的表层）是奶油。

（33）郁金香波可杯（Tulip Wave Glass）：杯体透明度好，适合用来装冰沙、果汁之类，也可以用来装啤酒、奶茶和热带鸡尾酒特饮，又名热带鸡尾酒特饮杯（见图3-34）。

图 3-33   爱尔兰咖啡杯

图 3-34   郁金香波可杯

任务二   装饰物的选择和制作

一、装饰物的种类

（一）冰块

很多鸡尾酒在饮用的时候需要适当的冰度，因此，冰块便变得很重要。无论是与其他原料一起被摇匀再隔离,还是直接加进饮品内,冰块都可以有很多花样(见图3-35)。作为鸡尾酒装饰的冰块可以有不同的形状、味道和颜色。

图3-35　冰块

(二) 霜状饰物

霜状饰物是用来给鸡尾酒"造霜"的。"造霜"就是将一种带甜或咸的味道的东西粘在酒杯的边缘。很多材料都可以用来"造霜"。用食盐和香芹盐"造霜"时,要用柠檬汁或青柠汁润湿边缘,而用糖"造霜"时要用稍微搅拌过的蛋白。此外也可以将咖啡粉、朱古力粉或桂皮与糖混合来"造霜"。咸狗和玛格丽特等有盐霜的鸡尾酒,饮用时要连盐霜一起喝下。普通糖霜只用于装饰,所以饮用的时候可用吸管。

用盐"造霜"的方法:彻底洗净和擦干玻璃杯,倒一些食盐或粗盐在一个较杯直径大的碟或碗中,紧握倒转的酒杯,将湿润的杯边蘸上盐,使盐均匀地粘在杯边。若盐霜不均匀,多蘸几次即可。

(三) 橘类饰物

点缀鸡尾酒,橘类水果是不可缺少的装饰材料。比如一片水果、螺旋水果皮等。要选结实、皮薄、完好和未"打蜡"的水果。预备制作装饰物的时候,一定要先将水果洗净。

(四) 杂果饰物

除了橘类水果外,还有很多水果可以作为鸡尾酒的装饰物,我们统一称呼它们为杂果饰物。比如一串新鲜红醋栗的简单挂杯,或者一小束蘸了糖霜的葡萄。一般来说,选择鸡尾酒装饰物时,较保守的做法是尽量让人觉得简单一点。否则,这杯饮品便会让人没有亲切感,甚至有生人勿近的感觉。

(五) 花、叶、香草、香料饰物

我们可以用很多不同方式将植物的花和叶制成鸡尾酒的装饰物,比如一朵兰花或者一朵玫瑰。血腥玛莉就是一款用香芹秆作装饰的世界知名鸡尾酒。

二、鸡尾酒装饰规律

(一) 应依照鸡尾酒酒品原味选择与其相协调的装饰物

鸡尾酒装饰既要求味道和香气须与酒品原有的味道和香气相吻合,又要求能更加突出该款鸡尾酒的特色。例如,当制作一款以柠檬等酸甜口味的果汁为主要辅料的鸡尾酒时,一般选用柠檬片、柠檬角之类带酸味的东西来装饰。

(二) 应使酒品特点更加突出

对于新创造的酒种,则应考虑顾客的口味和审美偏好。

(三) 保持传统习惯,搭配固定装饰物

这类情况在传统标准的鸡尾酒配方中尤为显著。例如,在菲士酒类中,常以一片柠檬和一颗红色樱桃作装饰,马天尼一般都以橄榄或一片柠檬作为装饰。

(四) 色彩搭配,传情达意

五彩缤纷的颜色固然是鸡尾酒装饰的一大特点,但是在颜色使用上也不能随意选取。

色彩本身体现着一定的内涵。例如,红色是热烈而兴奋的,黄色是明朗而欢乐的,蓝色是抑郁而悲哀的,绿色是平静而稳定的。灵活地使用颜色可以体现调酒师在创作鸡尾酒作品时想要表达的情感。

（五）象征性的造型更能突出主题

制作出象征性的装饰物往往能表达出一个鲜明的主题和深邃的内涵。特基拉日出鸡尾酒杯上那颗红樱桃,从颜色到形状都能让人联想到灿烂的天边冉冉升起的一轮红日;而马颈鸡尾酒杯中盘旋而下的柠檬长条又让人联想到骏马那美丽而细长的脖颈。

（六）形状与杯型的协调统一

装饰物形状与杯型二者在创造鸡尾酒外形美上是一对密不可分的要素。用平底直身杯或高大矮脚杯,如卡伦杯时,常常少不了吸管、调酒棒这些实用型装饰物。而且常用大型的果片、果皮或复杂的花形来装饰,体现出一种挺拔秀气的美感。在此基础上,可以用樱桃等小型果实作复合辅助装饰,以增添新的色彩。用古典杯时,常常是将果皮、果实或一些蔬菜直接投入酒水中,使人感觉稳重、厚实、纯正。有时也加放短吸管或调酒棒等来辅助装饰。用高脚小型杯(主要指鸡尾酒杯和香槟杯)时,常常配以樱桃、橘瓣之类小型水果,果瓣或直接缀于杯边或用鸡尾酒签串起来悬于杯上,表现出小巧玲珑又丰富多彩的特色。

（七）注意传统规律,切忌画蛇添足

装饰对于鸡尾酒的制作来说确实是个重要环节,但是并不等于每杯鸡尾酒都需要配上装饰物,有以下几种情况是不需要装饰的。

（1）表面有浓乳的酒品。这类酒品除按配方可撒些豆蔻粉之类的调味品外,一般情况下不需要任何装饰,因为那飘若浮云的白色浓乳本身就是最好的装饰。

（2）彩虹酒(分层酒)。在彩虹酒杯中兑入不同颜色的酒品,使其形成色彩各异的分层鸡尾酒。这种酒不需要装饰是因为那五彩缤纷的酒色已经充分体现出美感。

另外,在鸡尾酒装饰过程中,调酒师还习惯把酒液浑浊的鸡尾酒的装饰物挂在杯边或杯外,把酒液透明的鸡尾酒的装饰物放在杯中。

三、装饰物的制作

视频:调酒装饰
物制作

（一）柠檬片(柳橙片)的制作(见图3-36)

材料准备:圆盘2个、水果夹、水果刀、砧板、柠檬或柳橙。

（二）柠檬片(柳橙片)和红樱桃的制作(见图3-37)

材料准备:圆盘2个、水果夹、水果刀、砧板、剑叉、红樱桃、柠檬或柳橙。

（三）苹果片和红樱桃的制作(见图3-38)

材料准备:圆盘2个、水果夹、水果刀、砧板、剑叉、苹果、红樱桃。

（四）柠檬皮的制作(见图3-39)

材料准备:圆盘2个、水果夹、水果刀、砧板、柠檬。

清洗、擦干柠檬（柳橙），切去蒂头。

柠檬片厚度约0.3厘米；柳橙片厚度约0.5厘米。

在柠檬（柳橙）片上切一刀（挂杯口用）。

成品

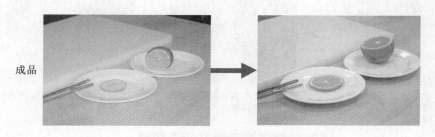

图 3-36　柠檬片（柳橙片）的制作

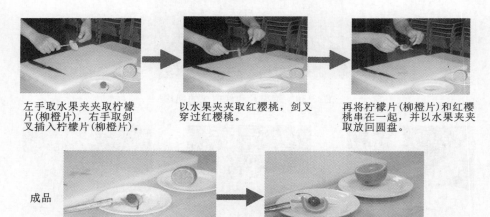

左手取水果夹夹取柠檬片（柳橙片），右手取剑叉插入柠檬片（柳橙片）。

以水果夹夹取红樱桃，剑叉穿过红樱桃。

再将柠檬片（柳橙片）和红樱桃串在一起，并以水果夹取放回圆盘。

成品

图 3-37　柠檬片（柳橙片）和红樱桃的制作

（五）螺旋形柠檬皮的制作（见图3-40）

材料准备：圆盘、水果刀、砧板、柠檬。

（六）柠檬角的制作（见图3-41）

材料准备：圆盘2个、水果夹、水果刀、砧板、柠檬。

（七）盐口杯的制作（见图3-42）

材料准备：圆盘2个、水果夹、水果刀、砧板、柠檬、鸡尾酒杯、盐巴。

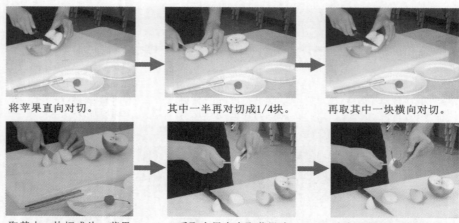

将苹果直向对切。　　其中一半再对切成1/4块。　　再取其中一块横向对切。

取其中一块切成片,苹果片厚度约0.5厘米,若切到核,则去核。　　一手取水果夹夹取苹果片,另一只手取剑叉叉入苹果片。　　夹起红樱桃,将苹果片和红樱桃串在一起。

成品

图 3-38　苹果片和红樱桃的制作

清洗擦干柠檬,切去蒂头,切一片柠檬片,厚度约1厘米。　　将柠檬片对半切。　　以水果刀去除半片柠檬片之果肉及果囊部分。

成品

图 3-39　柠檬皮的制作

一手拿柠檬，另一只手持水果刀将柠檬
削成一螺旋形长条状的柠檬皮。　　　　　　　　成品

图 3-40　螺旋形柠檬皮的制作

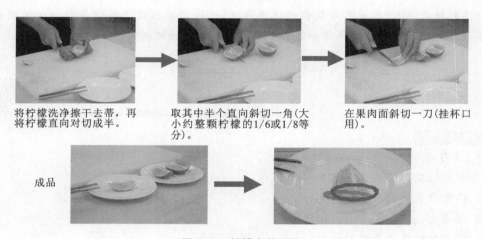

将柠檬洗净擦干去蒂，再　　取其中半个直向斜切一角(大　　在果肉面斜切一刀(挂杯口
将柠檬直向对切成半。　　　小约整颗柠檬的1/6或1/8等　　用)。
　　　　　　　　　　　　　分)。

成品

图 3-41　柠檬角的制作

清洗并擦干柠檬，切去　　用水果夹夹取柠檬片抹湿　　手指持杯脚部分，杯口
蒂头，切一片柠檬片。　　杯口，完毕将柠檬片丢弃。　　沾圆盘上之细盐，即成。

成品

图 3-42　盐口杯的制作

知识链接：世界上最大的啤酒杯

项目小结

　　本项目分为"认识调酒载杯""装饰物的选择和制作"两项任务。通过载杯的介绍，学生能识别不同的载杯，并掌握不同载杯的使用情况；通过鸡尾酒装饰物的介绍和现场制作，让学生掌握装饰物制作的材料选择和学会常规鸡尾酒装饰物的制作。

项目训练

知识训练

一、复习题

1. 常见的鸡尾酒载杯有哪些？

2. 鸡尾酒装饰的基本原则是什么？

二、思考题

1. 载杯对鸡尾酒有哪些作用？

2. 自创鸡尾酒装饰需要考虑哪些因素？

能力训练

1. 在调酒台上放置若干不同的载杯，请同学们在1分钟内，找出鸡尾酒红粉佳人、黑俄罗斯、特基拉日出、自由古巴所对应的载杯。

2. 在3分钟内，每位同学都要完成一次盐口杯的制作。

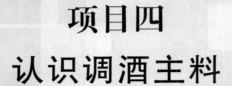

项目四
认识调酒主料

项目目标

职业知识目标：

1. 了解金酒、白兰地等六大基酒的含义、起源、主要产地、生产工艺，掌握六大基酒的名品。

2. 了解中国白酒的基础知识，掌握中国白酒的主要类型。

3. 熟悉葡萄酒的含义和类型，了解葡萄酒的发展和新旧葡萄酒世界的区别。

4. 了解啤酒的含义和酿造过程，掌握世界著名的啤酒品牌。

职业能力目标：

1. 能识别六大基酒中的品牌。

2. 能鉴别不同的葡萄酒商标。

3. 能熟练鉴别白酒、啤酒。

职业素质目标：

培养学生对酒文化的学习兴趣，完善学生的知识结构，提升学生适应社会的能力。

项目核心

金酒；特基拉；伏特加酒；朗姆酒；威士忌；白兰地；中国白酒；葡萄酒；啤酒

项目导入：基酒又名酒基、底料、主料，在鸡尾酒中起决定性作用，是鸡尾酒中的核心要素。完美的鸡尾酒需要基酒有广阔的胸怀，能容纳各种加香、呈味、调色的材料。选择基酒的首要标准是酒的品质、风格、特性，其次是价格。用品质优良、价格适中的酒作基酒，既能保证利润空间，又能调出令人满意的酒。选择什么样的酒来作基酒，需要一定的经验和技巧。

任务一　认识金酒

一、金酒的含义

金酒又称毡酒、琴酒、杜松子酒,是以谷物为原料,经过糖化发酵后,加入杜松子蒸馏而成。金酒不用陈酿,但也有厂家将原酒放入橡木桶中陈酿,使酒液略带金黄色。金酒的酒精度一般在 35％ vol～55％ vol,酒精度越高,往往质量越好。比较著名的有荷式金酒、英式金酒和美国金酒。

视频:金酒认识

二、金酒的起源

金酒的原产地在荷兰。金酒是 17 世纪荷兰莱登大学教授 Sylvius 为了预防移民罹患热带疾病,将杜松子浸在纯酒精中蒸馏而成的药酒,具有健胃、解热、利尿的功效。因为金酒口味诱人,逐渐超越医疗界限,变成市民喜欢的饮品。由于它散发着清新的松脂香,形成了让人不可抗拒的独特风格。金酒在鸡尾酒世界里占有重要的地位。据说,1689 年流亡荷兰的威廉三世回到英国继承王位,于是金酒传入英国,英文名叫 Gin,受到人们的欢迎。1702—1704 年,当政的安妮女王对从法国进口的葡萄酒和白兰地课以重税,对本国的蒸馏酒降低税收。金酒因此成为英国平民百姓的廉价蒸馏酒。

三、金酒的生产工艺

只要具备蒸馏设备、谷物和相应的草本香料植物,金酒就可以在世界上任何一个地方生产。一般来说,金酒的生产方法主要有以下三种。

(1) 中性酒精与杜松子等植物添加辅料一同蒸馏;

(2) 中性酒精与一定比例的蒸馏浓缩金酒直接混合调制;

(3) 中性酒精与一定比例的杜松子香精和其他调酒香料直接混合调制。

四、金酒的风格

金酒按口味风格可分为辣味金酒(干金酒)、老汤姆金酒(加甜金酒)、荷兰金酒和芳香金酒四种。辣味金酒质地较淡、清凉爽口、略带辣味,酒精度为 40％ vol～47％ vol;老汤姆金酒是在辣味金酒中加入 2％的糖分,使其带有怡人的甜辣味;荷兰金酒除具有浓烈的杜松子气味外,还具有麦芽的芬芳,酒精度通常为 50％ vol～55％ vol;芳香金酒是在干金酒中加入了成熟的水果和香料,如柑橘金酒、柠檬金酒、姜汁金酒等。

五、金酒的主要产地

(一) 荷兰

荷式金酒产于荷兰,主要产区集中在斯希丹一带,是荷兰人的国酒。荷式金酒透明清亮,酒香味突出,香料味浓重,辣中带甜,风格独特。无论是纯饮或加冰都很爽口,酒精度为52% vol左右。因香味过重,荷式金酒只适于纯饮,不宜作混合酒的基酒。

(二) 英国

英式金酒又称伦敦干金酒,属淡体金酒,味不甜,不带原体味,比较淡雅。英式金酒的生产过程较荷式金酒简单,它用食用酒糟和杜松子及其他香料共同蒸馏而成。由于干金酒酒液无色透明,气味奇异清香,口感醇美爽适,既可单饮,又可与其他酒混合配制,所以深受世人的喜爱。

(三) 美国

美国金酒为淡金黄色,因为它在橡木桶中陈酿了一段时间。美国金酒主要有蒸馏金酒(Distilled Gin)和混合金酒(Mixed Gin)两大类。通常情况下,美国的蒸馏金酒瓶底部有"D"字,这是美国蒸馏金酒的特殊标志。混合金酒由食用酒精和杜松子简单混合而成,很少用作单饮,多用于调制鸡尾酒。

(四) 其他国家

金酒的主要产地除荷兰、英国、美国以外,还有德国、法国、比利时等。比较常见和有名的金酒有德国的辛肯哈根、德国的西利西特、比利时的菲利埃斯、德国的多享卡特。

六、著名金酒

1. 添加利金酒(Tanqueray Gin)

1898年,哥顿公司与查尔斯·添加利合作,成立添加利哥顿公司。添加利金酒是金酒中的极品名酿,口味浑厚甘冽,具有杜松子和其他香草配料的独特香味,现为美国最著名的进口金酒,广受世界各地人士赞誉(见图4-1)。

2. 孟买蓝宝石金酒(Bombay Dry Gin)

孟买蓝宝石金酒被认为是全球最优质、最高档的金酒,与用4~5种草药浸泡而成的普通金酒相比,孟买蓝宝石金酒将酒蒸馏汽化,通过10种从世界各地采集而来的草药精酿而成(见图4-2)。如此独特的工艺,赋予了孟买蓝宝石金酒与众不同的口感。凭借精致绝伦的外观和口感,孟买蓝宝石金酒在引领全球时尚的城市如纽约、巴黎、伦敦等掀起热潮。

3. 哥顿金酒(Gordon's Dry Gin)

金酒是英国的国饮(见图4-3)。1769年,亚历山大·哥顿在伦敦创办金酒厂,开发并完善了不含糖的金酒,将多重蒸馏的酒精配以杜松子、芫荽种子及多种香草,调制出香味独特的哥顿金酒。哥顿金酒于1925年获颁皇家特许状。哥顿金酒的出口量为英国金酒之冠军;在世界市场上,销量极高。

4. 必富达金酒(Beefeater Gin)

必富达金酒使用优质配料并采用珍贵的传统专业酿酒工艺酿造而成(见图4-4)。自19

图 4-1　添加利金酒

图 4-2　孟买蓝宝石金酒

图 4-3　哥顿金酒

世纪以来,必富达金酒结合了野生杜松子和芫荽的美味以及天使酒的微甜味、塞维利亚柑橘的特殊香味,口味醇美,回味悠长。必富达金酒独特的酿酒配方对外严格保密,其保护程度绝不亚于由护卫队保护的伦敦塔。

　　5. 海曼老汤姆金酒(Hayman's Old Tom Gin)

　　海曼老汤姆金酒香草味浓郁且略带甜味,较其他风格的金酒口感更丰富和均衡,海曼老汤姆金酒是 19 世纪最流行的金酒(见图4-5)。海曼老汤姆金酒是伦敦制的甜金酒,有好几个关于此酒的传说。其中以金鲁斯爵士在书中的记载比较合乎逻辑,他相信老汤姆原是英国政府的间谍,在伦敦租了间房子,钉了一个猫形的招牌来卖酒,有两条管子连接着他的房子。行人想买酒时,可把钱丢进上面猫嘴里的粗管内,口中念念有词,然后下面的细管就可以有酒流出来,买的人可以对着管子喝。

图 4-4　必富达金酒

图 4-5　海曼老汤姆金酒

七、金酒的饮用和保存

(一) 金酒的饮用

1. 净饮

先将 1 盎司(约 28 毫升)的金酒加少量冰块搅匀,滤入鸡尾酒杯,加一片柠檬。

2. 加冰

在古典杯中加冰块和 1 盎司金酒,加一片柠檬。

3. 混合饮用

金酒可与苏打水、汤力水兑和饮用。

（二）金酒的保存

保存的时候将金酒直立放置在凉爽处，需要注意避光、避高温。如果已经开启，则要把瓶盖旋紧或将木塞压实，可以分多次喝完。

任务二　认识特基拉

一、特基拉的含义

特基拉，又称龙舌兰酒，是墨西哥的特产，被称为"墨西哥的灵魂"。特基拉是墨西哥的一个小镇，特基拉这种酒以产地得名。特基拉是以龙舌兰为原料，经过发酵、蒸馏得到的烈性酒。

视频：特基拉认知

二、特基拉的起源

特基拉的起源可溯及阿兹特克人，他们酿造了一种名叫 Pulque 的酒，原料来自植物 Mezcal（龙舌兰的一种），是龙舌兰酒的前身。16 世纪时，西班牙人把蒸馏技术引进墨西哥，龙舌兰酒的前身 Pulque 的酒精含量得到提高就是此时发生的。在西班牙征服者们喝光了自己的白兰地后，他们就开始蒸馏这种龙舌兰饮料，生产出北美洲第一种土产蒸馏烈酒。蒸馏后的 Pulque 取名为麦斯卡尔酒，又叫龙舌兰酒。再经过进化，就有了现在的特基拉。特基拉的原料龙舌兰，有很多不同的品种，其中品质最佳的叫 Blue Agave，主要栽培在哈利斯科州的特基拉（Tequila）镇一带。墨西哥政府有明文规定，只有以该地所生产的特种龙舌兰为原料制成的酒，才允许冠以 Tequila 之名出售。因此所有的特基拉都是龙舌兰酒，但并非所有的龙舌兰酒都可称为特基拉。

三、特基拉的生产工艺

特基拉在制法上不同于其他蒸馏酒。经过 10 年的栽培后，在龙舌兰长满叶子的根部会形成大菠萝状茎块，将叶子全部切除，把含有甘甜汁液的茎块切割后放入糖化专用锅内煮大约 12 个小时，待糖化过程完成之后，将其榨汁注入发酵罐中，加入酵母和上次的部分发酵汁。有时，为了补充糖分，还得加入适量的糖。发酵结束后，发酵汁除留下一部分作下一次发酵的配料之外，其余的在单式蒸馏器中蒸馏两次。第一次蒸馏后，将会获得一种酒精含量约 25% 的液体；而第二次蒸馏，在经过去除首馏和尾馏的工序之后，将会获得一种酒精含量大约为 55% 的可直接饮用的烈性酒。因此特基拉的酒精含量在 25%～55%。我们通常见到的无色特基拉为非陈年特基拉；金黄色特基拉为短期陈酿；在木桶中陈酿 1～15 年的，被称为老特基拉。也就是说，我们可以根据成熟度，将特基拉分为无色特基拉（没有成熟）、金黄色特基拉（2 个月以上成熟）和老特基拉（一年以上成熟）。

四、特基拉的等级

特基拉除了颜色有金色和银色（透明）之分，产品等级也有差异。虽然，各家酒厂通常会根据自己的产品定位，创造发明一些自有的产品款式，但是下面四种分级是有法律保障的、属于不可滥用的官方标准。

（一）Blanco 或 Plata

Blanco 与 Plata 在西班牙文里面是"白色"与"银色"的意思，它可以被视为一种未陈酿酒款，不需要放入橡木桶中陈酿。在此类特基拉里面，有些款式是直接在蒸馏完成后就装瓶，有些则是放入不锈钢容器中贮存，但也有些酒厂为了让产品更为顺口还是选择短暂地放入橡木桶中贮存。通常，酒类产品都会规定橡木桶陈酿时间的下限，Blanco 等级的特基拉规定的却是上限，最多为 30 日。

（二）Joven abocado

Joven abocado 在西班牙文里面意指"年轻且顺口的"，此等级的酒也常被称为 Oro（金色的）。金色特基拉相比白色特基拉，只不过加入了调色料与调味料（包括酒用焦糖与橡木萃取液，不超过总量的 1%），这使其看起来有点像陈年的产品。

（三）Reposado

Reposado 在西班牙文里意指"休息过的"，表示此等级的酒经过一定时间的橡木桶陈放，在木桶中存放通常会让特基拉的口味变得比较浓厚、复杂。因为酒会吸收部分橡木桶的风味和颜色，时间越长颜色越深。Reposado 的陈放时间一般为两个月到一年，目前此等级的酒在墨西哥本土特基拉销售市场中占六成。

（四）Anejo

Anejo 在西班牙文里原意是"陈年过的"。橡木桶陈放的时间为一年以上的酒，都属于此等级。不过有别于之前三种等级，陈年特基拉受到严格的政府管制，它们必须使用容量不超过 350 升的橡木桶封存，由政府官员贴上封条，虽然规定上只要超过一年的都可称为 Anejo，但有少数非常稀有的高价产品，例如马蹄铁特基拉（Tequila Herradura）的顶级酒款 Seleccion Suprema，就是陈酿超过四年的超高价产品，其市场行情不输给一瓶陈酿三十年的苏格兰威士忌。一般来说，专家们都认为特基拉适合的陈酿期限是四到五年，超过期限桶内的酒精会挥发过多。

除了以上四种官方认可的等级分法外，酒厂也可能以这些基本类别的名称为依据做一些调整，甚至自创一些等级和名称来促销产品，但这些不同的命名全是各酒厂在行销上的技巧，只有上述四种才具有官方认可的。

五、特基拉名品

1. 奥美加金特基拉（Olmeca Tequila）

奥美加金特基拉源自神秘的远古时代，秉承 3000 年的西班牙酿酒文化，延续丰富的甘醇酒味（见图 4-6）。将采摘自墨西哥高原的龙舌兰，经过二次蒸馏工艺，提炼成奥美加金特基拉,蕴含黄金般柔和的色泽和新鲜的柠檬清香,尽享精致优雅与品位。

2. 金快活特基拉(Jose Cuervo Tequila)

来自墨西哥的金快活特基拉以其卓越的品质和醇厚的口感风行全世界。金快活是世界上最古老的特基拉畅销品牌,它的酿造历史可追溯至1758年。1889年,因品质卓越,金快活特基拉被墨西哥总统授予第一块金牌。长久以来金快活特基拉一直是消费者心目中特基拉的第一品牌,目前是世界十大受欢迎烈酒品牌之一(见图4-7)。

3. 懒虫金特基拉(Camino Tequila)

该酒起源于墨西哥的Tequila地区,选用天然优质的墨西哥龙舌兰酿制而成(见图4-8)。它缤纷的色彩和个性化的包装,显示了不可抵挡的浪漫和激情。更为神奇的是,别看它色泽透明清澈,如果加入橙汁和糖浆,就会产生彩虹般的奇幻色彩。

图4-6 奥美加金特基拉　　　图4-7 金快活特基拉　　　图4-8 懒虫金特基拉

4. 白金武士特基拉(Conquistador Silver Tequila)

白金武士特基拉以墨西哥特产龙舌兰为原料酿制,是墨西哥享誉国际的佳酿(见图4-9)。

5. 希玛窦(El Jimador)

希玛窦产于龙舌兰产量丰富的Amatitan和Jalisco。1994年该品牌推出后,短短几年间已成为墨西哥销售第一的特基拉。"El Jimador"在西班牙文中的意思是种植与收割龙舌兰植物的农人,以此作为品牌名来纪念这些努力工作的人。(见图4-10)

图4-9 白金武士特基拉　　　　　图4-10 希玛窦

六、特基拉的饮用和贮存

(一) 特基拉的饮用

(1)加橙汁,再加入三四滴红石榴糖浆。这款酒叫墨西哥日出。

（2）纯饮，喝的时候先在手的虎口处洒点盐，备好柠檬片。先用舌尖舔盐，然后一口喝掉特基拉，最后咬一口柠檬片。

（3）加入雪碧，盖上杯盖，将杯子朝下面的桌上磕一下，然后迅速拿掉盖子，一口喝完。这款酒叫特基拉碰。

（二）特基拉的贮存

该酒开瓶后可以在常温下贮存，但是时间长了口感会变差，香气也会减弱。贮存方法为避光贮存，恒温恒湿。

任务三　认识伏特加

一、伏特加的定义

伏特加是以多种谷物（马铃薯、玉米）为原料，用重复蒸馏、精炼过滤的方法，除去酒精中所含毒素和其他异物的一种纯净的高酒精度饮料。伏特加口味烈，劲大冲鼻，除了与软饮料混合使之变得甘洌，也可与烈性酒混合使之变得更烈。

视频：伏特加
认知

二、伏特加的起源

伏特加是俄罗斯的国酒，是北欧寒冷国家十分流行的烈性饮料。俄罗斯民间认为伏特加最早是由 15 世纪晚期克里姆林宫修道院里的修道士所酿。僧侣们酿出这种液体本是用作消毒液的，却不知哪个好饮的僧人偷喝了第一口"消毒水"，此后 500 年间伏特加便一发不可收拾，成为俄罗斯的"第一饮料"。

三、伏特加的生产工艺

伏特加的主要原料是谷物（大麦、小麦、裸麦、玉米）及甜菜、马铃薯，以连续蒸馏的方式制成酒精度为 95% vol 的烈酒，再加水稀释至酒精度为 40% vol～60% vol。酒精度极高的伏特加，有两项特殊的制造程序：①蒸馏出的酒在流入收集器时，要经过木炭过滤，每加仑酒至少要用一磅半的木炭；②过滤时间不少于 8 小时，每 40 小时要更换 10% 以上的木炭。正是这两个程序，让伏特加拥有了自身的特质。

四、伏特加的主要产地

（一）俄罗斯

俄罗斯伏特加最初以大麦为原料，之后逐渐改用含淀粉的马铃薯和玉米。制造酒醪和蒸馏原酒并无特殊之处，只是过滤时将精馏而得的原酒，注入白桦活性炭过滤槽中，使精馏液与活性炭分子充分接触而净化，将原酒中的油类、酸类、醛类、酯类及其他微量元素去除，得到非常纯净的伏特加。俄罗斯伏特加酒液透明，除酒香外，几乎没有其他香味，口味浓烈，劲大冲鼻，火一般刺激，名品有波士伏特加、苏联红牌、苏联绿牌、柠檬那亚、斯大卡、俄国卡亚、哥丽尔卡等。

（二）波兰

波兰伏特加的酿造工艺与俄罗斯相似，区别是波兰人会在酿造过程中，加入一些植物花卉、植物果实等调香原料，所以波兰伏特加比俄罗斯伏特加酒体丰富，更富韵味，名品有兰牛、维波罗瓦红牌等。

（三）瑞典

虽然伏特加酒起源于俄罗斯，但在"福布斯奢侈品牌排行榜"上，位居前列的绝对伏特加却是来自瑞典的佳酿，它产自瑞典南部小镇阿赫斯。1879 年，瑞典实业家 Lars Olsson Smith（拉斯·奥尔松·史密斯）采用一种新型酿酒工艺，通过多组蒸馏柱将杂质（包括小麦渣滓、水中杂质等）去掉，酿出润泽、纯净的酒，并将其命名为"绝对纯净的伏特加"，他本人也因此获得"伏特加之王"的称号。

（四）其他国家和地区的伏特加

（1）英国：哥萨克、夫拉地法特、西尔弗拉多。

（2）美国：皇冠伏特加、沙莫瓦、菲士曼伏特加。

（3）芬兰：芬兰地亚。

（4）法国：卡林斯卡亚、弗劳斯卡亚。

（5）加拿大：西豪维特。

五、伏特加名品

（一）皇冠伏特加（Smirnoff）——三次蒸馏，绝对纯净

皇冠伏特加又叫宝狮伏特加（见图 4-11）。1860 年，莫斯科建立了皇冠伏特加酒厂，1930 年，其配方被带到美国，在美国也建立了皇冠伏特加酒厂，现在是英国帝亚吉欧公司旗下品牌之一。皇冠伏特加是目前普遍接受的伏特加之一，在全球上百个国家销售，堪称"全球第一伏特加"，在烈酒销量中排名第二位。皇冠伏特加酒液透明、无色，除了有酒精特有的香味外，无其他香味，口味甘洌、劲大冲鼻，是调制鸡尾酒不可缺少的原料。世界著名的鸡尾酒如血腥玛丽、螺丝刀都以此酒为基酒。

（二）绝对伏特加（Absolut Vodka）——绝对艺术

源于 1879 年的绝对伏特加，每一瓶都产于瑞典南部的阿赫斯，它拥有 400 多年的酿造传统，是世界知名的伏特加品牌（见图 4-12）。绝对伏特加家族拥有了同样优质的一系列产品，包括绝对伏特加（辣椒味）（Absolut Peppar）、绝对伏特加（柠檬味）（Absolut Citron）、绝对伏特加（黑加仑子味）（Absolut Kurant）、绝对伏特加（柑橘味）（Absolut Mandrin）、绝对伏特加（香草味）（Absolut Vanilia），以及绝对伏特加（红莓味）（Absolut Raspberry）。

图 4-11   皇冠伏特加   图 4-12   绝对伏特加

（三）蓝天原味伏特加（Skyy Vodka）——独一无二的蓝

蓝天原味伏特加原产地是美国。创始于 1992 年的蓝天原味伏特加一直引领着伏特加领域的改革。四次蒸馏，三次过滤，加上自身独特而先进的酿制工艺，使它成为世界上伏特加品牌中最纯的酒精饮料（见图 4-13）。值得一提的是蓝天原味伏特加除了拥有高度纯净的口感外，还有着一件独一无二的蓝色"外衣"，是畅销的伏特加产品。

（四）维波罗瓦（Wyborowa）——最古老的伏特加品牌

维波罗瓦来自"伏特加故乡"波兰，是世界上最古老的伏特加（见图 4-14）。维波罗瓦自 1823 年诞生以来，以其清爽纯正的特点迅速在世界各地流行，成为波兰伏特加的一面旗帜。

（五）法国灰雁（Grey goose）——最佳口感

法国灰雁是百加得洋酒集团旗下的高端伏特加品牌（见图 4-15），被誉为"全球最佳口感伏特加"。诞生于 1996 年的法国灰雁，来自土地丰饶、历史悠远的酿酒圣地——法国干邑区，该区一直是鸡尾酒文化的先行者与倡导者。法国灰雁于 2006 年登陆我国市场后，受到时尚人士的热烈追捧。

图 4-13   蓝天原味伏特加   图 4-14   维波罗瓦   图 4-15   法国灰雁

（六）苏联红牌伏特加（Stolichnaya Vodka）

苏联红牌伏特加也叫"斯托利"（见图 4-16），原产地为拉脱维亚。苏联红牌伏特加的历史可以追溯到 1901 年，是俄罗斯获奖最多的伏特加品牌。

（七）苏联绿牌伏特加（Moskovskaya Vodka）

苏联绿牌伏特加的原产地为拉脱维亚，可以净饮（配鱼子酱），也可以调成鸡尾酒（见图4-17）。

（八）AK-47伏特加

AK-47伏特加被誉为"中国伏特加领导品牌"，也是首个出口欧洲和北美的中国伏特加品牌（见图4-18）。AK-47伏特加是在俄罗斯经典酿造工艺的基础上，选用70%的优质东北大米和30%的优质东北玉米酿造而成，其纯净程度惊人——几乎不导电。

图 4-16　苏联红牌伏特加　　　　图 4-17　苏联绿牌伏特加　　　　图 4-18　AK-47 伏特加

六、伏特加的饮用和保存

（一）伏特加的饮用

（1）净饮。可常温饮用，使用利口杯，配一杯冰水；也可以冰镇后饮用，使用利口杯，一口一杯，效果更佳。

（2）加冰。伏特加可加冰饮用。在古典杯中放少量冰块，与伏特加混合，另外加一片柠檬。标准饮用量是每份40毫升。

（3）兑饮。可加苏打水、果汁饮料和番茄汁，或用于调制鸡尾酒。伏特加纯正、没有杂味，使它具有容易和各种饮料混合的特性，故很适宜作为调制鸡尾酒的基酒，比较著名的有黑俄罗斯、螺丝刀。

（4）杯具。以利口杯或古典杯饮用。

（5）标准分量。伏特加的标准饮用量为每位客人40毫升。

（二）伏特加的贮存

伏特加属于烈酒，在常温常态下可以长久保存。伏特加是一种特别怕氧化的酒，即使放在冰箱里，再好的伏特加开瓶一周没喝完，也会因氧化而变得苦而辣，越好的伏特加这种变化越明显，因此购买时尽量选择小瓶装的。

任务四 认识朗姆酒

一、朗姆酒的含义

视频:朗姆酒
认知

朗姆酒(Rum)又称火酒、糖酒、兰姆酒,绰号"海盗之酒",因为过去在加勒比海地区横行的海盗都喜欢喝朗姆酒。朗姆酒产于盛产甘蔗和蔗糖的地区,如牙买加、古巴、海地、多米尼加、波多黎各、圭亚那等加勒比海国家,其中,牙买加、古巴生产的朗姆酒较为有名。

二、朗姆酒的起源

关于朗姆酒的起源,有众多说法,有的说是来源于英国海军,他们航行海上,许多人患了维生素 C 缺乏病,意外发现一种西印度群岛的酒精饮料可以治愈维生素 C 缺乏病,于是开始流行朗姆酒;有的说是源于哥伦布第二次航行美洲,来到古巴,带来了甘蔗的根茎,甘蔗开始在古巴种植,人们挤压出甘蔗汁进行发酵蒸馏,成了朗姆酒。

无论哪一种起源,都与大海、航行有关。事实上,最早接受朗姆酒的人是那些横行加勒比海的海盗们以及寻找新大陆的冒险家们,海盗们用它驱散寒气,战斗前喝上几口可以壮胆,受伤时能为伤口消毒,有些船长还用它作工资的代替物。

三、朗姆酒的生产工艺

朗姆酒以甘蔗为原料,经榨汁、煮汁得到浓缩的糖,澄清后得到稠蜜糖,经过除糖程序,得到约含糖 5% 的蜜糖,发酵、蒸馏后得到酒精度为 65% vol～75% vol 的无色烈性酒,经木桶熟化后,具有香气,最后勾兑成不同颜色和酒精度的朗姆酒。

(1) 酒体轻盈、酒味极干的朗姆酒。

这类朗姆酒主要由西印度群岛属西班牙语系的国家生产,如古巴、波多黎各、维尔克群岛、多米尼加、墨西哥、委内瑞拉等,其中以古巴朗姆酒最具盛名。

(2) 酒体丰厚、酒味浓烈的朗姆酒。

这类朗姆酒多为古巴、牙买加和马提尼克酿造的。这种酒一般在木桶中陈酿的时间为 5～7 年,有的甚至有 15 年。还有些朗姆酒要在酒液中加焦糖调色剂(如古巴朗姆酒),因此其色泽金黄、深红。

(3) 酒体轻盈、酒味芳香的朗姆酒。

这类朗姆酒主要是古巴、爪哇岛的产品,其持久香气来自芳香类药材。芳香朗姆酒一般要贮存 10 年左右。混血姑娘朗姆酒是其中的典型代表。

四、朗姆酒的类型

(一) 按口味划分

(1) 淡朗姆酒。

无色,味道清淡,在鸡尾酒中经常用作基酒。

(2) 中性朗姆酒。

生产过程中,加水和蜜糖使其发酵,然后仅取出浮在上面的澄清汁液蒸馏、陈化,出售前用淡朗姆酒或浓朗姆酒兑和至合适程度。

(3) 浓朗姆酒。

在生产过程中,先让糖蜜放 2~3 天发酵,加入上次蒸馏留下的残渣或甘蔗渣,使其发酵,甚至加入其他香料汁液,放在单式蒸馏器中,蒸馏出来后,注入内侧烤过的橡木桶陈化数年。

(二) 按颜色划分

(1) 白朗姆酒。

又叫银朗姆酒,无色或淡色,制造时将入桶陈化的原酒,经过活性炭过滤,去除杂味。

(2) 金朗姆酒。

介于白朗姆酒和黑朗姆酒之间,通常是这两种酒混合而成。

(3) 黑朗姆酒。

深褐色,多产自牙买加,通常用于制作点心,属于浓朗姆酒。

五、朗姆酒的主要产地

朗姆酒的原产地在古巴。现在朗姆酒的产地是西半球的西印度群岛,以及美国、墨西哥、古巴、牙买加、海地、多米尼加、特立尼达和多巴哥、圭亚那、巴西等国家,其中以牙买加、古巴出产的朗姆酒较负有盛名。

(一) 古巴

朗姆酒是古巴人的一种传统酒,古巴朗姆酒由酿酒大师把甘蔗蜜糖制得的甘蔗烧酒装进白色的橡木桶,经过多年精心酿制而成,其口味独特、无与伦比。朗姆酒的质量由陈酿时间决定,有一年的也有几十年的。市面上销售的通常为三年和七年的,它们的酒精度分别为38% vol 和 40% vol。

(二) 牙买加

牙买加朗姆酒的历史精彩而有趣,它是世界上较为古老、用途较多的烈酒之一。牙买加朗姆酒以浓烈、独特、用途广泛和品质卓越闻名于世。由牙买加引进国际市场的陈年朗姆酒产品正越来越受到人们的欢迎。牙买加为其成为世界最佳朗姆酒的供应国而自豪。

六、著名的朗姆酒

1. 百加得(Bacardi)

1862 年唐·法卡多·百加得·马修在古巴购置了一个锡皮屋顶的酿酒小厂,以自己的

名字——"百加得"命名,并以夫人玛利亚创作的蝙蝠图像作为商标,从此开始了百加得朗姆酒的成名之路。百加得朗姆酒以口感柔和、清淡爽滑的独特风味和蝙蝠这一极具灵性的标志迅速深入人心,并成为最受人们青睐的朗姆酒(见图4-19)。1888年起,百加得成为西班牙王室用酒,赢得了"王者的朗姆,朗姆中的王者"的美誉。

2. 哈瓦那俱乐部(Havana Club)

哈瓦那俱乐部酒厂设在哈瓦那附近的一座小镇上。作为古巴朗姆酒的杰出代表,哈瓦那俱乐部是古巴历史和文化不可或缺的一部分,它也是世界上发展最快的朗姆酒(见图4-20)。

3. 美雅士(Myers's)

美雅士是牙买加最上等的朗姆酒,曾获优质金章奖。美雅士酒味浓郁丰富,一般选用陈酿五年以上、品质最出众的朗姆酒调配而成,与汽水或柑橘酒混饮,搭配完美(见图4-21)。

图4-19　百加得　　　　　图4-20　哈瓦那俱乐部　　　　图4-21　美雅士

4. 摩根船长(Captain Morgan)

摩根船长朗姆酒以传奇人物亨利·摩根命名,用以突出此酒的特质——适合追求刺激、冒险及乐趣的人品尝(见图4-22)。摩根船长朗姆酒有三款,各具特色:①摩根船长金朗姆酒,酒味香甜;②摩根船长白朗姆酒,以软化闻名;③摩根船长黑朗姆酒,醇厚馥郁。

5. 混血姑娘(Mulata)

混血姑娘由古巴维亚克拉拉圣菲朗姆酒公司生产(见图4-23)。混血姑娘是西班牙白色人种和非洲黑色人种生育的"姑娘",西班牙人的浪漫与多情和非洲人的热烈与奔放,欧洲人特有的细腻和温柔与非洲原住民的大胆和狂野,在混血姑娘身上得到完美体现。

图4-22　摩根船长　　　　　图4-23　混血姑娘

七、朗姆酒的饮用和保存

（一）朗姆酒饮用

1. 净饮

陈年浓香型朗姆酒可作为餐后酒纯饮。朗姆酒也可加冰饮用。朗姆酒加冰饮用时可用古典杯。朗姆酒的标准饮用量为每份 40 毫升。

2. 兑饮

朗姆酒可用来兑果汁饮料、碳酸饮料，并加冰块。朗姆酒和可乐的搭配十分受欢迎。

（二）朗姆酒的保存

朗姆酒属于烈酒，在常温常态下可以长久保存。

任务五   认识威士忌

一、威士忌的含义

视频：威士忌
认知

威士忌（苏格兰与加拿大产的威士忌拼法为 Whisky，而美国与爱尔兰产的威士忌在拼写上稍有不同，称为 Whiskey）是一种使用大麦、黑麦、玉米等谷物为原料，经发酵、蒸馏后放入橡木桶中进行酵化而成的含酒精饮料，属于蒸馏酒类。

二、威士忌的起源

公元 12 世纪，爱尔兰岛已有一种以大麦作为基本原料生产的蒸馏酒，其蒸馏方法是从西班牙传入爱尔兰的。公元 1171 年，这种酒的酿造技术被带到了苏格兰。当时的盖尔人称这种酒为"生命之水"。这种"生命之水"即早期威士忌的雏形。

三、威士忌的生产工艺

威士忌的生产工艺可分为以下七个步骤。

（一）发芽

首先将去除杂质后的麦类或谷类浸泡在热水中使其发芽，所需的时间根据麦类或谷类品种的不同而有所差异，但一般需一周至两周的时间来进行发芽，发芽后再将其烘干或使用泥煤熏干，等冷却后再存放大约一个月的时间，发芽的过程即算完成。

值得一提的是，在所有的威士忌中，只有苏格兰地区所生产的威士忌使用泥煤熏干发芽过的麦类或谷类，这就赋予了苏格兰威士忌一种独特的风味，即泥煤的烟熏味，这是其他种

类的威士忌所没有的。

（二）磨碎

将存放一个月后的发芽麦类或谷类放入特制的不锈钢槽中加以捣碎并煮熟成汁，所需要的时间为 8 至 12 个小时。在磨碎的过程中，温度及时间的控制相当重要，过高的温度或过长的时间都将会影响到麦芽汁(或谷类的汁)的品质。

（三）发酵

将冷却后的麦芽汁加入酵母菌进行发酵。由于酵母能将麦芽汁中的相关成分转化成酒精，因此完成发酵过程后会产生酒精度为 5% vol～6% vol 的液体，此时的液体被称之为 Wash 或 Beer。由于酵母的种类很多，对于发酵过程的影响又不尽相同，因此各个不同的威士忌品牌都将其使用的酵母种类及数量视为商业机密，不轻易告诉外人。一般在发酵过程中，威士忌厂会使用两种以上不同品种的酵母来进行发酵，最多可使用十几种不同品种的酵母混合在一起来进行发酵。

（四）蒸馏

一般而言，蒸馏具有浓缩的作用，因此当麦类或谷类经发酵形成低酒精度的 Beer 后，还需要经过蒸馏才能形成威士忌，这时的威士忌酒精度为 60% vol～70% vol，被称为新酒。麦类与谷类原料所使用的蒸馏方式有所不同，由麦类制成的麦芽威士忌是采取单一蒸馏法，即以单一蒸馏容器进行二次蒸馏，并在第二次蒸馏后，将冷凝流出的酒掐"头"去"尾"，只取中间的"酒心"部分来酿造威士忌新酒。另外，由谷类制成的威士忌则是采取连续式的蒸馏方法，使用两个蒸馏容器以串联方式一次连续进行两个阶段的蒸馏。基本上各个酒厂在筛选"酒心"的量上，并无统一的比例标准，完全依各酒厂的酒品要求自行决定，取"酒心"的比例一般为所有蒸馏酒的 60%～70%，也有的酒厂为制造高品质的威士忌酒，取其纯度最高的部分。如享誉全球的麦卡伦单一麦芽威士忌只取 17% 的"酒心"作酿制威士忌酒的新酒使用。

（五）陈酿

蒸馏过后的新酒必须经过在橡木桶中的陈酿来吸收植物的天然香气，并生成漂亮的琥珀色，同时亦可逐渐降低高浓度酒精的强烈刺激感。目前苏格兰地区有相关的法令来规范陈酿的酒龄，即每一种酒所标示的酒龄都必须是真实无误的。苏格兰威士忌酒要在木酒桶中陈酿 3 年以上，才能上市销售。陈酿有了严格的规定，一方面可保障消费者的权益，另一方面帮助苏格兰地区出产的威士忌在全世界建立起了高品质的形象。

（六）混配

由于麦类及谷类原料的品种众多，因此威士忌酒也存在着各不相同的风味，这时就靠各个酒厂的调酒大师依其经验和本品牌酒质的要求，按照一定的比例调配出不同口味的威士忌，也因此各个品牌的混配过程及内容都被视为绝对的机密，而混配后的威士忌品质的好坏就完全由品酒专家及消费者来判定了。需要说明的是"混配"包含两种含义：谷类与麦类原酒的混配；不同陈酿年代原酒的勾兑混配。

（七）装瓶

在混配之后，就是装瓶了，但是在装瓶之前先要将混配好的威士忌再过滤一次，去掉杂质,再由自动化的装瓶机器将威士忌按固定的容量分装至每一个酒瓶当中,贴上各自厂家的商标后即可装箱出售。

四、威士忌的主要产地

(一)苏格兰

苏格兰威士忌在苏格兰有四个生产区域,即高地、低地、康倍尔镇和伊莱,这四个区域生产的产品各有特点。苏格兰威士忌必须贮存 5 年以上才可饮用,普通的成品酒需贮存 7~8 年,醇美的威士忌需贮存 10 年以上,通常贮存 15~20 年的威士忌最优质,这时的酒色、香味均属上乘。贮存超过 20 年的威士忌,酒质会逐渐变坏,但装瓶以后,则可保持酒质不变。苏格兰威士忌分为单一麦芽威士忌、调和威士忌和纯麦威士忌。其中单一麦芽威士忌是指百分之百以大麦芽酿造,并由同一家酒厂酿制,必须全程使用最传统的蒸馏器,不得添加任何其他酒厂的产品,其香气最重,口感最复杂,是最纯净的威士忌,价格也最贵。调和威士忌是使用一种或多种谷物威士忌作为基底,并且混合一到多种麦芽威士忌之后调制而成的威士忌。纯麦威士忌是百分之百以大麦芽酿造的,由数家酒厂的单一麦芽威士忌调制而成,香气较重,价格较贵。

(二)爱尔兰

爱尔兰威士忌是以 80% 的大麦为主要原料,混以小麦、黑麦、燕麦、玉米等配料,制作程序与苏格兰威士忌大致相同,但不像苏格兰威士忌那样要进行复杂的勾兑。另外,爱尔兰威士忌在口味上没有泥煤味道,是因为在熏麦芽时,所用的不是泥煤而是无烟煤。爱尔兰威士忌陈酿时间一般为 8~15 年,成熟度也较高,因此口味绵柔圆润,并略带甜味。

(三)美国

美国威士忌称为波本威士忌。波本是位于美国肯塔基州的一个县城,是美国最早使用玉米作原料酿造威士忌的地方。虽然,现在波本威士忌的产地已扩大到马里兰州、印第安纳州、伊利诺伊州等地,但一半以上的波本威士忌仍然产于肯塔基州。波本威士忌酒精含量一般为 40%~50%,玉米含量为 51%~75%。波本威士忌的口味与苏格兰威士忌有很大的区别。由于波本威士忌被蕴藏于烘烤过的橡木桶内,其产生了一种独特的香味。波本威士忌中的佼佼者是占边和杰克丹尼。

(四)加拿大

加拿大生产威士忌已有 200 多年的历史,著名产品是裸麦(黑麦)威士忌酒和混合威士忌酒。加拿大于 8 世纪中叶开始生产威士忌,那时只生产裸麦威士忌,酒性较烈。裸麦威士忌酒中的裸麦是主要原料,占 51% 以上,再配以大麦芽及其他谷类组成,此酒经发酵、蒸馏、勾兑等工艺,并在白橡木桶中陈酿 3 年以上(一般为 4~6 年)才能出品。19 世纪以后,加拿大从英国引进连续式蒸馏器,开始生产由大量玉米制成的威士忌,但口味较清淡。20 世纪后,美国实施禁酒令,很多美国酒厂迁往加拿大,因此加拿大威士忌生产得到了蓬勃发展。总体来说,加拿大威士忌在原料、酿造方法及酒体风格等方面与美国威士忌比较相似,口味细腻,酒体轻盈淡雅,酒精度一般在 40% vol 以上,特别适宜作为混合酒的基酒使用。

（五）日本

日本威士忌种类很多,其酒味近似苏格兰威士忌,只是少了泥煤味。日本威士忌起源于公元1871年,是明治维新运动的成果之一,而日本最早量产的威士忌Suntory(三多利)是其最具代表性的品牌。

五、著名威士忌酒

（1）麦卡伦纯麦威士忌(Macallan)。

麦卡伦纯麦威士忌是世界上最珍贵的威士忌(见图4-24)。它的出品地麦卡伦酒厂创立于1824年,是苏格兰高地斯贝塞地区早期获得许可的酿酒厂之一,其产品酿造历史已经超过300年。麦卡伦纯麦威士忌是世界上较为畅销的麦芽威士忌,有"麦芽威士忌中的劳斯莱斯"之称。

（2）格兰菲迪威士忌(Glenfiddich)。

格兰菲迪酒厂由威廉格兰先生于1886年秋天在苏格兰斯贝塞地区创建。时至今日,格兰菲迪威士忌行销全球200多个国家,是较受世人欢迎的单一纯麦威士忌(见图4-25)。这种威士忌于新橡木桶中陈酿12年,有一种新鲜的、带有洋梨味的芳香;其浓郁水果味的口感时而散发出精致松木和泥煤味,独特且匀称。

（3）芝华士威士忌(Chivas Regal)。

芝华士产自苏格兰斯贝塞地区。芝华士12年威士忌借助其首席酿酒大师Colin Scott的调和艺术,将谷物和麦芽威士忌进行调和,更有弥足珍贵的麦芽威士忌Strathisla(斯特拉塞斯拉)作为原料基酒,足以保证口味的纯正和品质的完美无瑕(见图4-26)。

图4-24　麦卡伦纯麦威士忌　　　　图4-25　格兰菲迪威士忌　　　　图4-26　芝华士威士忌

（4）尊美醇爱尔兰威士忌(Jameson)。

尊美醇爱尔兰威士忌口感柔滑,产于爱尔兰,储藏于优质的西班牙甜雪利酒桶和美国波本酒桶,长达7年的成熟期,经过三次蒸馏制成(见图4-27)。1780年,创始人约翰·尊美醇在爱尔兰都柏林建立了都柏林蒸馏厂,驰名世界的尊美醇爱尔兰威士忌就此诞生。

（5）杰克丹尼威士忌(Jack Daniel's)。

杰克丹尼威士忌(见图4-28),自1904年至1980年,先后获得六届国际酒类比赛冠军。它是美国最畅销的波本威士忌。它的酒精度为45% vol,喝的时候一般加入冰块。

（6）占边波本威士忌(Jim Beam)。

从1795年至今,占边波本威士忌由Beam家族世代相传,其独特的酿造手法不断精进。

占边波本威士忌出产于美国肯塔基州波本镇,酒液中与生俱来渗透着美国精神(见图4-29)。

图4-27　尊美醇爱尔兰威士忌　　　图4-28　杰克丹尼威士忌　　　图4-29　占边波本威士忌

(7)加拿大俱乐部威士忌(Canadian Club)。

加拿大俱乐部是来自加拿大的威士忌品牌,俗称为CC,加拿大俱乐部于1858年开始生产。1898年加拿大俱乐部成为英国维多利亚女王皇室御用酒,并畅销美国(见图4-30)。

(8)噶玛兰单一麦芽威士忌(Kavalan)。

我国台湾地区生产威士忌的历史开始于1984年。但当时,台湾人是对苏格兰进口原酒进行调和。直到2006年,台湾地区才开始生产本土威士忌。"噶玛兰"取自过去生活在宜兰平原的原住民噶玛兰族(Kavalan)。长立方瓶身设计的灵感则取自台北101大厦(见图4-31)。

(9)角瓶威士忌(Suntory Whisky)。

三得利创始人鸟井信治郎亲传配方的角瓶威士忌自诞生以来,凭借其标志性的黄色方瓶、龟甲刻纹,以及货真价实的优良品质,长期受到消费者的青睐(见图4-32)。角瓶是以象征长寿福禄的传统龟壳纹样作为瓶身设计的基础。角代表四方,瓶代表酒瓶。如今,"角瓶"这一名词在日本已经成为威士忌的代名词。

图4-30　加拿大俱乐部威士忌　　　图4-31　噶玛兰单一麦芽威士忌　　　图4-32　角瓶威士忌

六、威士忌的饮用与保存

(一) 饮用

(1)直接纯饮。

纯饮能品尝到最浓郁的威士忌,也最能体现威士忌特色。

(2)威士忌鸡尾酒。

刚接触威士忌的人可先品尝柠檬威士忌，慢慢习惯威士忌的味道，再尝试带有较浓威士忌味道的曼哈顿鸡尾酒或教父鸡尾酒等。

（3）加冰饮法。

又称 On The Rock，可降低酒精刺激，然而，威士忌加冰块虽能抑制酒精味道，但也会因温度降低而让部分香气闭锁，难以品尝出威士忌原有的风味特色。

（4）加水饮法。

加水饮法堪称全世界最普及的威士忌饮用方式，即使在苏格兰，加水饮用也大行其道。加水的主要目的是降低酒精的刺激度。一般而言，1∶1 的比例最适用于 12 年威士忌；低于 12 年，水量要增加；高于 12 年，水量要减少；如果是高于 25 年的威士忌，建议适当加点水即可。

（二）保存

威士忌属于蒸馏烈酒，没有保质期的限制，所以只要保存得当，就可以一直保存。保存的时候需要注意避光、避高温。未开封的威士忌至少可以保存 10 年，不过瓶中的酒还是会有少量蒸发。烈酒喝完以后，如果酒塞是木塞，可以清洗干净后留下来，作为备用酒塞使用。酒塞为木塞的威士忌不能像葡萄酒一样平放，否则酒精会腐蚀木塞。但直立放置的酒瓶又会使木塞因长期干燥而容易断裂，所以需要随时替换备用酒塞。

任务六　认识白兰地

一、白兰地的含义

白兰地有广义和狭义之分。从广义上讲，所有以水果为原料发酵蒸馏而成的酒都称为白兰地。但现在已经习惯把以葡萄为原料，经发酵、蒸馏、贮存、调配而成的酒称作白兰地。若以其他水果为原料制成的蒸馏酒，则在白兰地前面冠以水果的名称，例如苹果白兰地、樱桃白兰地等。

视频：白兰地
认知

二、白兰地的起源

白兰地起源于法国南部的干邑。干邑盛产葡萄和葡萄酒。早在公元 12 世纪，干邑生产的葡萄酒就已经销往欧洲各国，外国商船也常来滨海夏朗德省口岸购买葡萄酒。约在 16 世纪中叶，为便于葡萄酒的出口、减少海运的船舱占用空间及降低大批出口所需缴纳的税金，同时也为避免因长途运输而发生葡萄酒变质现象，干邑的酒商把葡萄酒加以蒸馏浓缩后出口，然后输入国的厂家再按比例兑水稀释出售。这种把葡萄酒加以蒸馏后制成的酒即为早期的法国白兰地。

公元 17 世纪初,法国其他地区已开始效仿干邑的制作办法蒸馏葡萄酒,并由法国逐渐传播到整个欧洲乃至世界各地。公元 1701 年,法国卷入了西班牙王位继承战争,法国白兰地也遭到禁运。酒商们不得不将白兰地妥善贮藏起来,以待时机。他们用干邑镇盛产的橡木做成橡木桶,把白兰地贮藏在木桶中。1704 年战争结束,酒商们意外地发现,本来无色的白兰地竟然变成了美丽的琥珀色,酒没有变质,而且香味更浓。于是从那时起,用橡木桶陈酿就成为干邑白兰地的重要制作程序。这种制作程序也很快流传到世界各地。

公元 1887 年以后,法国改变了出口外销白兰地的包装,从只有单一的木桶装演变成木桶装和瓶装两种。随着产品外包装的改进,干邑白兰地的身价也随之提高,销售量稳步上升。法国白兰地可分为干邑和雅邑两大产地。由于干邑的产量比较多,所以有人就以干邑来代称法国白兰地。

三、白兰地的生产工艺

白兰地作为一种高贵典雅的蒸馏酒,生产工艺可谓独到而精湛,其工艺流程如图 4-33 所示。

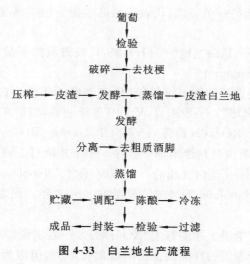

图 4-33　白兰地生产流程

白兰地是蒸馏酒,用来蒸馏的葡萄酒叫白兰地原酒。白兰地原酒的生产工艺与酿造白葡萄酒的传统生产工艺基本相同,但酿制中无须澄清和添加二氧化硫。白兰地的酿制设备至今仍普遍使用传统的夏朗德壶式蒸馏器,用其他设备得到的白兰地品质都比不上此设备。

蒸馏分两次进行,第二次蒸馏所得,掐"头"去"尾",只留"酒心"的精华部分,酒精度可达 69% vol 至 72% vol,酒质细腻透明,被称为原白兰地。原白兰地注入橡木桶中陈酿,时间从数年到十年不等,陈酿时间越长,酒质越好,等级也越高。经多年陈酿的白兰地呈深金黄色。最后勾兑和调配成成品。成品酒的酒精度一般在 40% vol 左右。

四、白兰地的等级

法国政府为保证酒质,制定了严格的监督管理措施,曾经将白兰地分为三级。第一级为 VS,也称三星级,酒龄至少两年半。这种三星白兰地曾经盛行一时,但由于星星的多少,无

法代表贮存年份，当星的个数从 1 颗发展到 5 颗后，就不得不停止加星。由于竞争激烈，各酒厂都想方设法不断提高质量，增加桶贮年份，这就需要寻找一种新的表示方法。到 20 世纪 70 年代，法国开始使用字母来辨别酒质。例如 E 代表 Especial（特别的），F 代表 Fine（好），O 代表 Old（老的），S 代表 Superior（上好的），P 代表 Pale（淡的），X 代表 Extra（格外的），C 代表 Cognac（干邑）。因此第二级都是用法文的大写字母来代表酒质优劣，例如 VSOP 意思是 Very Superior Old Pale，年龄不少于 4 年半。第三级为 Napoleon（拿破仑），酒龄不少于 6 年半。凡是大于 6 年半酒龄的称 XO，意思是特醇；凡是大于 20 年的称 Paradis（顶级）或称 Louis XIII（路易十三）。需要说明的是，以上等级标志仅仅标志每个等级中酒的最低年龄，至于参与混配的酒之最高年龄，在标志上看不出来。也就是说，一瓶 XO 级的白兰地，用以混配的每种蒸馏葡萄酒，在橡木桶中的存贮期都必须在 6 年以上，其中贮存年份最长久的，可能在 20 年以上，也可能是 40～50 年，由各厂自行掌握。一瓶酒的年份及价值，除了等级标志，还同时从商标上反映出来，因为只有老牌子的酒厂才会有贮存年份很久的老龄酒，酒厂要保持自己的老牌子，也只有通过保证质量来赢得顾客的信任。目前，法国白兰地的分类大概有以下几种[①]：

（1）VS：VS 是白兰地的一个等级，代表着酒的年份。白兰地至少要在橡木桶中储存两年半才能打上"VS"。

（2）Superior：Superior 是白兰地的一个等级，代表着酒的年份，白兰地至少要在橡木桶中贮存 3 年半才能打上"Superior"。

（3）VSOP：VSOP 是白兰地的一个等级，代表着酒的年份。白兰地至少要在橡木桶中贮存 4 年半才能打上"VSOP"。一般来说，VSOP 等级的酒，酒龄在 5～8 年。

（4）VVSOP/Grande Reserve（特陈）：VVSOP/Grande Reserve 是白兰地的一个等级，代表着酒的年份，白兰地至少要在橡木桶中贮存 5 年半才能打上该标志。

（5）Napoleon：Napoleon 是白兰地的一个等级，标上"Napoleon"说明该白兰地的酒龄有 6 年半以上。一般来说，Napoleon 等级的酒酒龄在 8～12 年。而拿破仑等级的酒常常是代表着公司独具特色的酒。

（6）XO：酒龄在 6 年半以上才能打上"XO"标志。一般来说，XO 等级的酒，酒龄在 12～15 年。在样品酒中，这个等级的样品酒推出的数量并不少，但因为酒龄较高，价格也就居高不下。

（7）Extra/Royal/Or：Extra/Royal/Or 等级的白兰地酒龄在 15～20 年。此等级的白兰地已经开始用水晶瓶装瓶，所以其收藏价值可以说是更上一层楼。

（8）Collection：此等级是白兰地的最高等级，酒龄都在 20 年以上，有些甚至高达 50 年之久，如人头马路易十三，标榜着 50 年的典藏，价值非凡。

值得注意的是，大部分著名品牌的 VS 标志表示瓶中所盛酒的中等酒龄为 4～6 年，VSOP 等级的中等酒龄为 7～12 年，Napoleon 等级的酒龄约为 15 年，XO 约为 25 年，Extra/Royal/Or 约为 35 年，而 Collection 特级白兰地为 50～60 年。

---

① 以放在橡木桶中熟成的时间为标准。

五、白兰地的主要产地

(一) 法国

法国出产的白兰地堪称"世界白兰地之最"。其中干邑和雅邑两地所产的白兰地最优质，干邑和雅邑出产的白兰地都以其地名命名，"法国干邑""法国雅邑"就成为这两地出产的白兰地的代名词。

1. 干邑地区

干邑地区共分 6 个种植区，所产酒的品质亦各有高低。按顺序排列为以下六级。

大香槟区——Grande Champagne	1 级
小香槟区——Petite Champagne	2 级
边林区——Borderies	3 级
优质植林区——Fine Bois	4 级
良质植林区——Bons Bois	5 级
一般植林区——Bois Ordinaires	6 级

2. 雅邑地区

雅邑地区位于法国南部，靠近比利牛斯山。冬天时，从比利牛斯山会吹来刺骨的寒风，夏天时，又有很强的阳光，和温暖的干邑地区相比，无论是在气候还是水土方面都大不相同，因此这里出产的雅邑白兰地，自然和干邑白兰地有着许多不同之处。相比于干邑白兰地，干邑更加醇厚遒劲，而雅邑则清淡怡人，因此有"雅邑——女士风采；干邑——男士风范"的说法。

1909 年，法国政府颁布法令，规定只有雅邑的下雅邑区、拿瑞兹区、上雅邑区这三个地区才能生产雅邑白兰地。

(二) 中国

在中国，白兰地的生产历史悠久，《本草纲目》记载了中国古代制作白兰地的方法。现代意义上的中国白兰地最初是由中国第一个民族葡萄酒企业——张裕酿酒公司生产。一百多年前，张弼士看中与法国波尔多地区同纬度的烟台，1892 年斥巨资在烟台创办了张裕葡萄酿酒公司，成为以工业方式在中国酿造葡萄酒的第一人。1915 年张裕葡萄酿酒公司出产的可雅白兰地在巴拿马太平洋万国博览会上获得金奖，从此中国有了自己品牌的优质白兰地，可雅白兰地也更名为"金奖白兰地"，开中国白兰地之先河。

(三) 意大利

意大利的白兰地有着悠久的历史，据说，早在 12 世纪，意大利半岛上就已经出现了蒸馏酒，其生产白兰地的历史应该比法国还要早。意大利的葡萄蒸馏酒原来称为"干邑"，1948 年改用"白兰地"，并且实行了与法国白兰地相统一的标准。意大利白兰地的生产主要在北部的三个地区：艾米利亚-罗马涅、威尼托和皮埃蒙特。

(四) 希腊

希腊白兰地也颇负盛名，希腊是生产白兰地历史悠久的国家之一。希腊的白兰地生产

比较普遍,无论是本土还是爱琴海诸岛都有生产。Metaxa(梅塔莎)是希腊最有名的白兰地,由 S. E. A. Metaxa 酒厂制造。该厂建于 1888 年,以厂名定酒名。在它的标签上还有一个特别之处,那就是用七颗五角星表示陈酿的久远,这在世界其他国家是不多见的。希腊白兰地口味清美而甜润,用焦糖着色,因此酒色较深。

（五）西班牙

单就酒的品质而言,西班牙白兰地仅次于法国,称得上是"世界亚军"。西班牙白兰地的制造方式是采用连续式的蒸馏器生产。西班牙人将雪利酒作为原料酒来生产白兰地,将雪利酒蒸馏后,再用曾经盛装过雪利酒的橡木桶贮存,酿制出来的白兰地的口味与法国干邑白兰地和雅邑白兰地大不相同,具有较显著的甜味和土壤气息。

（六）日本

日本出产白兰地的历史有一百多年。由于日本人比较喜欢饮用威士忌,所以对白兰地并不十分重视,但日本出产的白兰地的品质还是很不错的,较为著名的品种有大黑天白兰地、三得利 VSOP、三得利 XO 等。

（七）葡萄牙

葡萄牙白兰地也是用雪利酒蒸馏而成的,与西班牙白兰地十分相似。葡萄牙最初生产的白兰地是为甜葡萄酒的生产服务的。后来,葡萄牙政府制定了一项法令:生产甜葡萄酒的产区不准生产白兰地,白兰地由专门产地生产。专门生产的白兰地高产质优,深受欢迎。

（八）南非

南非已经成为世界第五大白兰地生产国,白兰地已成为南非的国酒之一,其白兰地产区从好望角东北方 70 里开始,一直延续到中部地区。KWV 白兰地之家的 Van Ryn Brandy 酒窖是世界上最大的白兰地酒窖。

（九）秘鲁

秘鲁生产白兰地的历史较为悠久。在秘鲁,白兰地被称为"Pisco",是以秘鲁南方的一个港口名命名,它是采用皮斯科港口附近的伊卡尔山谷中栽培的葡萄为原料,酿成白葡萄酒后再蒸馏而成。

（十）美国

美国生产白兰地已有两百多年的历史,属于轻淡类型的风味。在美国酒类市场上,白兰地的销售量占第三位。美国产的白兰地中,以加利福尼亚州出产的最多,占全美总产量的4/5。单就白兰地的产量而言,加利福尼亚州出产的白兰地比法国的产量还要多。美国最著名的白兰地是邑爵(E&J)。

六、著名的白兰地

目前比较有名的白兰地有人头马系列、轩尼诗系列、马爹利系列、拿破仑系列、卡慕系列。

（1）人头马 VSOP(Remy Martin VSOP)。

人头马 VSOP 来自法国干邑区中政府首肯的大香槟区和小香槟区,是全球最受欢迎、独尊"特优香槟干邑"的 VSOP 白兰地(见图 4-34)。

(2) 轩尼诗 VSOP(Hennessy VSOP)。

轩尼诗 VSOP 由 60 余种出自法国干邑地区四大顶级葡萄产区的"生命之水"调和而成,于 19 世纪末成为整个干邑世界的品质标准(见图 4-35)。轩尼诗 VSOP 拥有和谐而含蓄的滋味,酒质细腻,散发着高雅成熟的魅力。

(3) 蓝带马爹利(Martell Cordon Blue)。

蓝带马爹利由两百余种"生命之水"精心淬炼而成,醉人的紫罗兰芬芳,无双的醇厚口感,演绎"独具慧眼、领悟非凡"的卓然个性(见图 4-36)。

图 4-34　人头马 VSOP　　　　图 4-35　轩尼诗 VSOP　　　　图 4-36　蓝带马爹利

(4) 拿破仑 VSOP(Courvoisier Cognac VSOP)。

拿破仑 VSOP 是比较年轻的白兰地,充满现代感、高雅摩登的瓶身设计给人与众不同的感觉(见图 4-37)。它是法国干邑区名酿,产品销售到世界 160 多个国家,并获得许多奖牌。

(5) 卡慕 VSOP(Camus VSOP)。

卡慕 VSOP 属于陈年干邑白兰地(见图 4-38),融合 50 多种来自主要分区的干邑白兰地,在橡木桶内贮存年份比法定要求更长,酒味芳香醇厚,入口圆润顺滑,曾获得"国王的最爱"雅号。

图 4-37　拿破仑 VSOP　　　　　　图 4-38　卡慕 VSOP

七、白兰地的饮用与保存

(一) 饮用

1. 净饮

适用于陈年上佳的白兰地,越是高等的白兰地越是如此。用白兰地杯倒些白兰地。另

外用水杯配一杯冰水，喝时用手掌握住盛白兰地的酒杯杯身，让手掌的温度经过酒杯稍微加热一下白兰地，让其香味得以挥发。每喝一小口白兰地，喝一口冰水，能使下一口白兰地的口感更香醇。当深呼一口气的时候，白兰地的芬芳久久停留在嘴里。

2. 混合饮用

饮用一般品质的白兰地，可以加水或加冰。中国人多喜欢加冰。许多女士喜欢把酒与饮料混合饮用。混饮中比较多见的有白兰地加可乐。用一个酒杯，放半杯冰块、少量的白兰地、比酒多些的可乐，用小匙搅拌一下。白兰地还可以与其他饮料混合调制鸡尾酒。

3. 杯具

饮用白兰地的酒杯，最好是郁金香形白兰地杯。这种杯形能使白兰地的芳香缓缓上升。

4. 标准用量

白兰地的标准用量是每份 25～30 毫升。

（二）白兰地的保存

白兰地与一般葡萄酒不一样，它在入瓶以后就成为定型产品，所以存放白兰地比存放葡萄酒要方便和简单得多，只要贮存时注意避光，保持低温，不泄漏，即可长期保存。

任务七　认识中国白酒

一、白酒的含义

白酒是以曲类、酒母为糖化发酵剂，利用淀粉质（糖质）原料，经蒸煮、糖化、发酵、蒸馏、陈酿和勾兑而酿制的烈性酒，又称烧酒、老白干、烧刀子等。中国白酒从黄酒演化而来，虽然中国早已利用酒曲及酒药酿酒，但在蒸馏器具出现以前还只能酿造酒精度较低的黄酒。

视频：中国白酒
认知

蒸馏器具出现以后，用酒曲及酒药酿出的酒再经过蒸馏，可以得到酒精度较高的蒸馏酒，即中国白酒。

中国白酒酒液清澈透明，质地纯净、无混浊，口味芳香浓郁、醇和柔绵、刺激性较强，饮后余香回味悠长。中国各地区均有生产，以山西、四川及贵州等地的产品最为著名。不同地区的名酒各有其独特风格。

二、白酒的成分

白酒的主要成分是乙醇和水，而溶于其中的酸、酯、醇、醛等（占总量的 1%～2%）不仅是白酒的呈香呈味物质，还决定着白酒的风格和质量。

（一）乙醇

酒精的学名是乙醇，乙醇是白酒中除水之外含量最多的，呈微甜味。乙醇含量的高低决定了酒的度数，含量越高，酒度越高，酒性越烈。

（二）酸类

酸类是白酒中的重要呈味物质，它与其他香味物质共同组成白酒特有的芳香。含酸量少的酒，酒味寡淡，后味短；如含酸量多，则酒味粗糙。适量的酸在酒中能起到缓冲作用，可消除饮后上头、口味不协调等现象。因此，我国规定白酒含酸量最高为 0.1％。优质白酒一般酸的含量较高。

（三）酯类

白酒中的香味物质数量最多，对其影响最大的是酯类。一般优质白酒的酯类含量都比较高，为 0.2％～0.6％，而普通白酒在 0.1％以下，所以优质白酒的香味比普通白酒浓郁。

（四）醛类

白酒中的醛类包括甲醛、乙醛、糠醛、丁醛和戊醛等。少量的乙醛是白酒中有益的香气成分。一般优质白酒每百毫升含乙醛超过 20 毫克。

三、白酒的分类

新中国成立后，用"白酒"这一名称代替了以前使用的"烧酒"或"高粱酒"等名称。由于酿酒原料多种多样，酿造方法也各有特色，酒的香气各有千秋，故白酒分类方法有很多。

（一）按酒的香型分类

1. 清香型

典型代表：

（1）大曲清香：山西汾酒，名酒中还有河南宝丰酒、武汉黄鹤楼酒。

（2）麸曲清香：北京牛栏山二锅头、红星二锅头。

（3）小曲清香：重庆江津酒、云南玉林泉。

感官特征：无色透明、清香纯正、醇甜柔和、自然协调、余味净爽。

2. 浓香型

典型代表：四川泸州老窖特曲、五粮液、洋河大曲等。

感官特征：清澈透明、窖香浓郁、陈香优雅、绵甜甘洌、香味协调、尾净爽口、风格典型。

3. 酱香型

典型代表：贵州茅台酒、四川郎酒。

感官特征：微黄透明、酱香突出、幽雅细腻、醇厚丰满、回味悠长。

4. 米香型

典型代表：桂林三花酒。

感官特征：无色透明、蜜香清雅、入口绵柔、落口爽净、回味怡畅。

5. 凤香型

典型代表：陕西西凤酒。

感官特征:无色透明、醇香秀雅、醇厚丰满、酸味适中、香味协调、尾净悠长。

6. 药香型

典型代表:董酒。

感官特征:清澈透明、药香舒适、香气典雅、酸味适中、香味协调、尾净余长。

7. 豉香型

典型代表:广东玉冰烧酒。

感官特征:玉洁冰清、豉香独特、醇和甘润、余味净爽。

8. 芝麻香型

典型代表:山东景芝白干、扳倒井。

感官特征:清澈(微黄)透明,芝麻香突出、幽雅醇厚、甘爽协调、尾净爽口,具有芝麻香型,风格独特。

9. 特型

典型代表:四特酒。

感官特征:酒色清凉、酒香芬芳、酒味醇正、酒体柔和、诸味协调、香味悠长。

10. 兼香型

典型代表:

(1)兼香型之酱兼浓:湖北白云边。

感官特征:清澈(微黄)透明,芳香、幽雅、舒适细腻、丰满、酱浓协调、余味净爽、回味悠长。

(2)兼香型之浓兼酱:安徽口子窖。

感官特征:清澈(微黄)透明、浓香带酱香、诸味协调、口味细腻、余味净爽。

11. 老白干香型

典型代表:老白干。

感官特征:清澈透明、醇香清雅、甘洌清爽、丰满柔顺、回味悠长、风格典型。

12. 馥郁香型

典型代表:湖南酒鬼酒。

感官特征:清凉透明、芳香秀雅、绵柔甘洌、醇厚细腻、后味怡畅、香味馥郁、酒体净爽。

(二) 按酒的质量分类

1. 国家名酒

白酒的国家级评比共进行过5次。茅台酒、汾酒、泸州老窖、五粮液等酒在历次国家评酒会上都被评为名酒。

2. 国家级优质酒

国家级优质酒的评比与国家级名酒的评比同时进行。

3. 各省、部评比的名优酒

4. 一般白酒

占酒产量的大多数,价格实惠,为百姓广泛接受。这种白酒大多是用液态法生产的。

（三）按酒精度的高低分类

（1）高度白酒。这是我国传统生产方法所形成的白酒，酒精度多在 55% vol 以上，一般不超过 65% vol。

（2）低度白酒。采用了降度工艺，酒精度一般为 38% vol。

四、白酒的命名

1. 以地名或地方特征命名

以一个地名（省、市、县）或地方名胜或地方的美丽传说来命名，如贵州茅台酒、山西汾酒、泸州老窖酒、双沟大曲酒、苏酒、皖酒、京酒、黄鹤楼酒、孔府家酒、赤水河酒、杏花村酒、趵突泉酒、板城烧锅酒等。

2. 以生产原料和曲种命名

以生产白酒所用的粮食原料及曲种来命名，如五粮液、双沟大曲、浏阳河小曲、高粱酒、沧州薯干白酒、小高粱酒等。

3. 以生产方式命名

主要是以"坊""窖""池"等作酒名，让人感受到酒的悠久历史，有信任感。如泸州老窖酒、水井坊酒、千年酒坊、伊力老窖、国坊老窖、月池酒等。

4. 以诗词歌赋、历史故事命名

如蒙古王酒、杏花人家酒、杏花村酒、大宅门酒、十面埋伏酒、精武门酒、兵马俑酒等。

5. 以帝王将相、才子佳人命名

如将相和酒、曹操酒、宋太祖酒、百年诸葛酒、华佗酒、秦始皇酒、君临天下酒、太白酒、关公坊酒、文君井酒、屈原大曲酒等。

6. 以佛教道教、神仙鬼怪命名

如老子酒、庄子酒、八卦鸳鸯酒、小糊涂仙酒、酒妖酒、酒鬼酒等。

7. 以历史年代命名

如 1573 酒、1915 酒、百年香江酒、八百岁酒、道光廿五酒、百年皖酒、六百岁酒、1952 晋原酒、清宫酒、永隆弦酒、千秋汾酒等。

8. 以时代特征和场所命名

如剑南国宴酒、国典酒、国藏汾酒、国宾酒、国壮酒、中华鼎酒、国粹酒、中南海酒、钓鱼台酒、人民大会堂酒、蓝色经典酒、神舟酒、世纪金酒、秦邮娇子酒等。

9. 以动、植物命名

如桂花酒、古鹤松酒、红杉树酒、牡丹酒、小狮子酒、小豹子酒、醉猿酒、真龙酒、锦花龙酒、熊猫酒、金狮子酒、红骏马酒等。

10. 以情感命名

以情、缘等情感作酒名，如今世缘酒、情缘酒、同心结酒、塞北情酒、一饮相思酒、和酒、岁寒三友酒、西部风情酒、随缘酒，等等；以祝福作酒名，如千家福酒、喜年喜酒、锦上添花酒、金满人间酒、金六福酒、好日子酒、红双喜酒等。

五、白酒的鉴别方法

(一) 看包装

好的白酒印刷的标签是十分讲究的:纸质精良白净、字体规范清晰、色泽鲜艳均匀、图案套色准确、油墨线条不重叠。真品包装的边缘接缝齐整严密,没有松紧不均、留缝隙的现象。比如五粮液的商标和颈标粘贴采用意大利高温烤标技术,同时采用金膏边线,使包装更加牢固。

(二) 看瓶盖

目前,我国白酒的瓶盖多使用铝质金属防盗盖,其特点是盖体光滑、形状统一、开启方便,盖上图案及文字整齐清楚、对口严密。若是假冒产品,倒过来时往往易于滴漏,盖口不易扭断,而且图案、文字模糊不清。

(三) 看酒瓶

若是无色透明玻璃瓶包装,把酒瓶拿在手中,慢慢地倒置过来,对着光观察瓶的底部,如果有下沉的物质或有云雾状的物质,说明酒中杂质较多;如果酒液不失光、不浑浊,没有悬浮物,说明酒的质量比较好。从色泽上看,除酱香型酒外,一般白酒应该是无色透明的。若酒是瓷瓶或带色玻璃瓶包装,可稍微摇动后开启,观其颜色和沉淀物。

(四) 闻香辨味

闻其香气,用鼻子贴近杯口,辨别香气的浓淡和特点;品其味,喝少量酒并在舌面上铺开,分辨味感的厚薄及酸、甜、甘、辣是否协调,有无余味。低档劣质白酒一般用质量差或发霉的粮食作原料,工艺粗糙,喝着呛嗓、上头。

(五) 酒暖生气、油滴沉底

方法一:取几滴白酒在手心,然后合掌使两手心接触用力摩擦几下,如酒生热后发出的气味清香,则为优质酒;如气味发甜,则为中档酒;如气味苦臭,则为劣质酒。

方法二:在酒中加一滴食用油,看油在酒中的运动情况,如果油在酒中的扩散比较均匀,并且均匀下沉,则酒的质量较好;如果油在酒中呈不规则扩散状态,且下沉速度变化明显,则可以肯定酒的质量有问题。

六、中国白酒代表

1. 茅台酒

茅台酒已有800多年的历史。1915年在巴拿马万国博览会上荣获金质奖章、奖状。新中国成立后,茅台酒又多次获奖,远销世界各地,被誉为"世界名酒、祖国之光"。

2. 五粮液

五粮液是浓香型大曲酒的典型代表,精选优质高粱、糯米、大米、小麦和玉米五种粮食酿制而成,具有香气悠久、滋味醇厚、入口甘美、入喉净爽、各味谐调、恰到好处的独特风格,是当今酒类产品中出类拔萃的精品。

3. 剑南春

剑南春是我国传统名酒,产于四川省绵竹市,因绵竹在唐代属剑南道,故称"剑南春"。其前身当属唐代名酒"剑南烧春"。2002 年,剑南春佳酿被中国历史博物馆正式收藏,这是历史博物馆继国酒茅台后收藏的另一历史名酒,并宣布收藏剑南春后将不再收藏任何其他白酒。

4. 西凤酒

西凤酒产于陕西省凤翔县柳林镇西凤酒厂。西凤酒共有高中低度、高中低档 100 多个品种,满足了不同地区、不同口味、不同档次消费者的需求。

5. 洋河大曲

洋河大曲产于江苏省泗阳县洋河酒厂。洋河酒历史悠久,起源于两汉而兴于唐宋。如今,洋河大曲的主要品种有洋河大曲、低度洋河大曲(酒精度 38% vol)和洋河蓝色经典梦之蓝、天之蓝、海之蓝等。

6. 郎酒

郎酒始于 1903 年,产自有"中国美酒河"之称的赤水河畔,已有 100 多年的悠久历史。郎酒在酿造流程上,采取分两次投料、反复发酵蒸馏、七次取酒的传统工艺,一次生产周期为9 个月,酒质香甜。

7. 泸州老窖特曲

泸州老窖特曲于 1952 年被国家确定为浓香型白酒的典型代表,1996 年,其明代古窖池群被国务院确定为我国白酒行业中唯一的全国重点保护文物,誉为"国宝窖池"。

8. 汾酒

汾酒是我国清香型白酒的典型代表,以其清香、纯正的独特风格受到大众的广泛喜爱。

9. 董酒

董酒产于贵州董酒厂,1963 年第一次被评为国家名酒,1979 年后又多次被评为国家名酒。董酒的香型既不同于浓香型,也不同于酱香型。

10. 劲酒

劲牌公司始创于 1953 年,主营产品劲酒成为中国保健酒第一品牌。中国劲酒是湖北黄石市大冶市地方特产之一。劲酒加冰——适量的劲酒、半杯冰块,这是适合任何时候饮用的最为经典的方法。

七、白酒的饮用和保存

(一) 白酒饮用

白酒饮用时,如同时摄入脂肪、牛奶、甜饮料,则其吸收速度会降低,但如同时饮用碳酸饮料,则会加速乙醇吸收。所以合理饮酒应做到:①每日可饮白酒 2 两,低度酒控制在 3 两以内;②不要空腹饮酒;③宜饮低度酒;④饮酒应吃菜;⑤饮白酒时不要同时饮碳酸饮料(如苏打水、可乐、雪碧等)。

(二) 白酒保存

瓶装白酒应选择较为干燥、清洁、光亮和通风的地方贮存,相对湿度在 70% 左右为宜,湿

度过高则瓶盖易霉烂;温度不宜超过 30 ℃,严禁靠近烟火。容器封口要严密,防止漏酒和"跑度"。

任务八　认识葡萄酒

一、葡萄酒的含义

葡萄酒是用葡萄果肉或葡萄汁发酵酿制而成的含酒精饮料。在水果中,由于葡萄中的葡萄糖含量较高,贮存一段时间就会发出酒味,因此常常以葡萄酿酒。葡萄酒是目前世界上产量最大、普及最广的单糖酿造酒。

视频:葡萄酒的
分类及特征

葡萄酒的酒性在很大程度上受到土壤、气候以及酿酒技巧等因素的影响,但是酒的风味取决于酿酒葡萄的品种。葡萄原产于黑海与里海之间的外高加索地区,直到西汉张骞出使西域才传到中国。世界上大部分葡萄种植区位于南北纬 30°到 50°之间,这里的气候较为均衡,冷热适中,有足够的日照和适量的降雨,可以酿造出相当优质的葡萄酒。

二、葡萄酒的起源

但最早的有关葡萄酒的考古证据是在大概公元前一万年,在一个黏土罐里发现的。据说当年波斯国王将葡萄存放在壶里摆入地窖,葡萄发酵后散发的一氧化碳使看守地窖的奴隶不舒服,葡萄发酵产生的液体被认为有毒,于是一个不得宠的妃子喝该液体准备寻死,无意中寻死不成却发现了口感甘洌爽口。自此,国王宣布以后宫中宴会要饮用该液体,即葡萄酒。

关于葡萄酒的最早记载由闪族人以象形文铭刻在泥板上。大概公元前三千年,当时的闪族人居住在美索不达米亚南部,并且闪族人有司葡萄酒的女神。闪族人又称闪米特人或塞姆人,是起源于阿拉伯半岛的游牧民族,相传诺亚的儿子闪为其祖先。

三、葡萄酒的分类

(一) 按颜色分类

1. 红葡萄酒

用皮红肉白或皮肉皆红的葡萄带皮发酵而成,酒液中含有果皮或果肉中的有色物质,使之成为以红色调为主的葡萄酒。这类葡萄酒的颜色一般为深宝石红色、宝石红色、紫红色、深红色、棕红色等。

2. 白葡萄酒

用白皮白肉或红皮白肉的葡萄去皮发酵而成,这类酒的颜色以黄色调为主,主要有近似无色、微黄带绿、浅黄色、禾秆黄色、金黄色等。

3.桃红葡萄酒

用带色葡萄部分浸出有色物质发酵而成,它的颜色介于红葡萄酒和白葡萄酒之间,主要有桃红色、浅红色、淡玫瑰红色等。

(二)按含二氧化碳压力分类

1.平静葡萄酒

也称静止葡萄酒或静酒,是指不含二氧化碳或含少量二氧化碳,在 20 ℃时二氧化碳的压力小于 0.05 MPa 的葡萄酒。

2.起泡葡萄酒

葡萄酒经密闭二次发酵产生二氧化碳或者人工添加二氧化碳,在 20 ℃时二氧化碳的压力大于或等于 0.05 MPa 的葡萄酒。

(三)按含糖量分类

1.平静葡萄酒

(1)干葡萄酒。干葡萄酒是指含糖量(以葡萄糖计,下同)小于或等于每升 4.0 克的葡萄酒。由于颜色的不同,又分为干红葡萄酒、干白葡萄酒、干桃红葡萄酒。

(2)半干葡萄酒。半干葡萄酒是指含糖量为每升 4.1～12.0 克的葡萄酒。由于颜色的不同,又分为半干红葡萄酒、半干白葡萄酒、半干桃红葡萄酒。

(3)半甜葡萄酒。半甜葡萄酒是指含糖量为每升 12.1～50.0 克的葡萄酒。由于颜色的不同,又分为半甜红葡萄酒、半甜白葡萄酒、半甜桃红葡萄酒。

(4)甜葡萄酒。甜葡萄酒是指每升含糖量大于或等于 50.1 克的葡萄酒。由于颜色的不同,又分为甜红葡萄酒、甜白葡萄酒、甜桃红葡萄酒。

2.起泡葡萄酒

(1)天然起泡葡萄酒:每升含糖量小于或等于 12.0 克的起泡葡萄酒。

(2)绝干起泡葡萄酒:每升含糖量为 12.1～20.0 克的起泡葡萄酒。

(3)干起泡葡萄酒:每升含糖量为 20.1～35.0 克的起泡葡萄酒。

(4)半干起泡葡萄酒:每升含糖量为 35.1～50.0 克的起泡葡萄酒。

(5)甜起泡葡萄酒:每升含糖量大于或等于 50.1 克的起泡葡萄酒。

(四)按酿造方法分类

1.天然葡萄酒

完全以葡萄为原料发酵而成,不添加糖分、酒精及香料的葡萄酒。

2.特种葡萄酒

特种葡萄酒是指新鲜葡萄或葡萄汁在采摘或酿造过程中使用特种方法酿成的葡萄酒。它又分为以下四种。

(1)强化葡萄酒:在天然葡萄酒中加入白兰地、食用精馏酒精或葡萄酒精等,酒精度为 15% vol～22% vol 的葡萄酒即强化葡萄酒。

(2) 加香葡萄酒:以葡萄原酒为基酒,经浸泡芳香植物或加入芳香植物的浸出液(或蒸馏液)而制成的葡萄酒即加香葡萄酒。

(3) 冰葡萄酒:推迟采收葡萄,当气温低到－7 ℃时,让葡萄在树上保持一定时间,等结冰后采收、带冰压榨,用此葡萄汁酿成的葡萄酒,即冰葡萄酒。

(4) 贵腐葡萄酒:在葡萄成熟后期,葡萄果实感染了贵腐菌,使果实的成分发生了明显的变化,用这种葡萄酿造的葡萄酒即贵腐葡萄酒。

(五) 按饮用方式分类

(1) 开胃葡萄酒:在餐前饮用的主要是加香葡萄酒,酒精度一般在 18% vol 以上,我国常见的开胃酒有味美思。

(2) 佐餐葡萄酒:同正餐一起饮用的葡萄酒,主要是干型葡萄酒,如干红葡萄酒、干白葡萄酒等。

(3) 餐后葡萄酒:在餐后饮用,主要是加强的浓甜葡萄酒。

(六) 按酿酒历史分类

(1) 新世界葡萄酒:指产酒历史较短的美国、澳大利亚、新西兰、智利、阿根廷、南非等国生产的葡萄酒。

(2) 旧世界葡萄酒:指法国、意大利、德国、西班牙、葡萄牙等葡萄酒生产国生产的葡萄酒。

四、新旧葡萄酒世界

葡萄酒世界分为新世界葡萄酒和旧世界葡萄酒。旧世界葡萄酒讲究"血统",突出传统酿造工艺,越是手工酿造的酒越珍贵,注重葡萄酒的本味,更具有细致的口感;新世界葡萄酒大量运用现代化的生产工艺,产量大,味道更加香醇,通过现代化的手段最大限度地突出果香味。新世界的葡萄酒大多简单清新,比传统的葡萄酒更易于理解与接受。新旧葡萄酒世界对比如下。

(1) 历史差异:旧世界葡萄酒至今已有千年历史,新世界葡萄酒有 200～300 年的历史。

(2) 分布区域:旧世界葡萄酒国家主要分布在欧洲区域,而新世界葡萄酒国家则分布较广。

(3) 环境差异:旧世界葡萄酒国家的葡萄生长环境相对寒冷,新世界葡萄酒国家的葡萄生长环境相对温暖。

(4) 种植方式:旧世界葡萄酒国家多以人工种植为主,新世界葡萄酒国家多以机械化种植为主。

(5) 单位规模:旧世界葡萄酒国家单位生产产量低,新世界葡萄酒国家单位生产产量较高。

(6) 酿造工艺:旧世界葡萄酒国家多遵循传统酿造工艺,新世界葡萄酒国家多以工业化生产为主。

(7) 分级体系:旧世界葡萄酒国家有着明确、严格的分级体系,新世界葡萄酒国家实行酒质分级。

（8）葡萄品种：旧世界葡萄酒国家的葡萄酒常以葡萄混酿，新世界葡萄酒国家的葡萄酒多采用单一品种酿制。

（9）命名差异：旧世界葡萄酒国家多以酒庄及土地命名，新世界葡萄酒国家常以葡萄品种命名。

（10）酒标差异：旧世界葡萄酒国家酒标信息量大，可通过酒标读取相关信息；新世界葡萄酒国家酒标简洁而张扬个性。

（11）酒塞差异：旧世界葡萄酒国家多用橡木塞，新世界葡萄酒国家多用螺旋塞。

（12）风味差异：旧世界葡萄酒国家的葡萄酒复杂优雅，新世界葡萄酒国家的葡萄酒易饮而热情。

（13）香气差异：旧世界葡萄酒国家葡萄酒多需醒酒，香气逐渐释放；新世界葡萄酒国家葡萄酒开瓶即饮，香气即刻释放。

（14）生产导向：旧世界葡萄酒国家多以生产者自身为导向，新世界葡萄酒国家多以消费者为导向。

五、葡萄酒的酿造

葡萄酒的酿造过程可以用一个简单的公式来表达：糖＋酵母＝酒精＋二氧化碳＋热量。葡萄汁里面的糖分，在酵母的作用下转化成酒精，就得到我们所说的葡萄酒。

（一）酿造前的准备工作

1. 采摘

随着葡萄的成熟，酿酒师决定采收的时间。不同的品种、不同的葡萄园、不同的地区，葡萄的成熟度通常是不一样的，必须根据实际情况，分批采摘。

2. 筛选

采摘回来的葡萄要在最短时间内运回酒厂，所有的葡萄会放到传送带上进行筛选，主要是去除不好的葡萄。例如未成熟的、破碎的或者已经腐烂的葡萄，葡萄叶也需要去除。越是注重葡萄酒品质的酒庄筛选越为严格，甚至有时会丢弃1/3的葡萄。

3. 破碎

对于红葡萄酒，首先要进行破皮，这样能够让葡萄的汁流出来，方便将葡萄皮和葡萄汁泡在一起；而对于白葡萄酒，只需要用葡萄汁发酵。葡萄梗也会在这个步骤中去除。在一些特定的产区，酿酒师会保留葡萄梗，这样可以给葡萄酒增加更多的单宁。

4. 压榨

压榨是将液体和固体分离，白葡萄酒会在发酵之前完成这个步骤，红葡萄酒是先发酵，然后压榨。

5. 浸皮

浸皮是指将破皮后的葡萄和葡萄汁浸泡在一起，以便葡萄汁从果皮里面萃取到需要的颜色、单宁以及风味物质。

（二）发酵过程

1. 酒精发酵

酒精发酵就是将葡萄汁里面的糖分转化成酒精的过程,也被称为一次发酵。酒精发酵通常会加入人工酵母来帮助发酵启动和进行,发酵过程中会产生二氧化碳和热量。一些葡萄酒需要在发酵前提高温度,以最大限度地萃取出葡萄皮上的色素。但如果温度过高,会给葡萄酒带来类似煮熟的口感。

2. 苹果酸乳酸发酵

苹果酸乳酸发酵是将酒中刺激性的苹果酸通过乳酸菌转化为柔和的乳酸。对于较冷地区的白葡萄酒可以降低酒的酸度实现平衡,并且在这个过程中还会产生新的香气。但是对于热带产区那些酸度较少或不足的葡萄酒而言,酸度则相当可贵,酒厂会利用添加二氧化硫或降低温度的方式来终止苹果酸乳酸发酵。

（三）发酵后的培养和装瓶

1. 换桶

葡萄酒在酿造过程中,底部经常会形成沉淀,例如葡萄皮、葡萄籽等。酿酒师通常会通过气泵,将上层清澈的酒液抽取到干净的罐中,从而避免葡萄酒和沉淀物长时间接触,产生不好的气味。在换桶的过程中,葡萄酒也会短暂接触到空气。

2. 熟成

葡萄汁在发酵完成之后,就可以称为葡萄酒。刚酿造出来的酒,无论是口感还是香气都过于浓郁,让人难以接受,因此需要将酒放置一段时间使酒变得均衡美味,即将生酒转变为熟酒。熟成有时在橡木桶中进行,有时则在不锈钢桶或惰性容器中进行。红酒经常会在橡木桶里完成熟成,不仅可以增添香气,橡木桶上细微的小孔还可以使酒能够更快成熟。目前最常见的橡木桶分为法国橡木桶和美国橡木桶,法国橡木桶制作过程烦琐,能赋予酒更细腻复杂的香气,形成更复杂的口感,价格也比美国橡木桶要贵。而美国橡木桶带给酒更多的是甜香草和甜椰子的香气,口感较粗犷。只有新橡木桶才会给酒增添类似咖啡、烤面包等的烘烤香气,越老的木桶对酒产生的影响就越小。

3. 澄清

刚酿制好的葡萄酒通常是浑浊的,这种悬浮物质称为胶体,可以通过加入蛋白、鱼胶、硅藻土、血清等来加速悬浮物质的沉淀,以得到酒质更加稳定的葡萄酒。

4. 过滤

过滤可以使酒保持清澈、透亮。现在的酿酒工艺可以去除酒中极小的颗粒,甚至连肉眼看不到的微小颗粒都可以去除。一定要注意过滤的强度,如果强度过大,会将酒里面的风味物质一同过滤掉,因此现在有些酒厂不对酒进行过滤,以保持丰富的口感。

5. 稳定

为了预防运输过程中沉淀物质形成,在装瓶前要对酒进行冷却,将温度迅速降到−4 ℃,以去除酒中的酒石酸,让酒质变得比较稳定,否则,酒在装瓶之后,遇到低温会出现一些小的酒石酸结晶。这些结晶有时会被误认为是碎玻璃,有时会使酒的品质发生变化。

酒石酸对酒没有伤害,但是会影响酒的外观和口感。

6. 装瓶

葡萄酒在出厂前,会将酒装入玻璃瓶,然后运往世界各地。通常白葡萄酒装瓶时间比红葡萄酒要早,而有些高品质的红葡萄酒会在橡木桶里面培养 2～3 年后才装瓶。

7. 瓶中熟成

大部分葡萄酒在装瓶后需要尽快饮用,以保持酒的最大果香。对于优质的葡萄酒,则可以通过瓶中熟成来改善品质,例如波尔多列级酒庄葡萄酒、勃艮第顶级红白葡萄酒、巴罗洛葡萄酒,这类酒需要在瓶中熟成 10～20 年,甚至更长。

六、葡萄酒命名

(一) 以葡萄品种命名

许多葡萄酒以葡萄品种来命名,这种命名方法有利于突出和区别葡萄酒的风味和特色。但是,各国对使用葡萄名称命名的葡萄酒都有严格的规定。如美国规定,以葡萄名称命名的葡萄酒必须由 75% 以上的该葡萄品种酿造;法国规定必须是 100% 由该葡萄品种酿造。比较常见的著名葡萄品种有赤霞珠、佳美、芝华士、增芳德、梅乐、黑比诺等。

(二) 以地区名命名

许多著名红葡萄酒是以葡萄酒产地名来命名。如法国的美锋、圣五美龙等。美国和澳大利亚等国家常采用以地区名命名。法国和德国用著名的葡萄酒产区来代替产品名称,当然,这些酒并不是产自法国或德国的著名产区,只是模仿著名地区的葡萄品种和种植方法。加拿大、澳大利亚、西班牙等国常在酿造的葡萄酒酒标上用欧洲著名的产酒区来命名,例如勃艮第、夏布利、莱茵等。通常,我们常把这些酒统称为著名产区质量相同的同级酒。

(三) 以商标名命名

一些酒商以各地不同品种的葡萄混合而生产的葡萄酒,为了迎合客人口味而创立了一些著名或流行的葡萄酒商标,如派特嘉、王朝、长城等。

(四) 以酒厂名称命名

有的酒厂以自己的厂名为葡萄酒命名,例如 Ch. Margaux、Ch. Lafite、Ch. Latour、Ch. Montelena、Niebaum Coppala Rubicon、Dominus、Opus One。

(五) 以酿酒商名命名

由于酿酒技术高,酒的质量稳定或酒的历史悠久并在人们心目中信誉较高,一些酒商将酿酒商名作为酒名,以扩大企业知名度。如美国的保罗梅森酒(Paul Masson)。

(六) 其他命名方式

有些葡萄酒以颜色来命名,例如 Rose、Claret 等,此类葡萄酒均为平价、量大的日常餐酒。

七、酿酒葡萄品种

目前世界上有超过 6000 种可以酿酒的葡萄,但能酿制出上好葡萄酒的葡萄品种只有 50

种左右,大致可以分为白葡萄和红葡萄两种。白葡萄,有青绿色、黄色等颜色,主要用于酿制起泡酒及白葡萄酒。红葡萄,颜色有黑、蓝、紫红、深红等颜色,果肉有的呈深色,有的与白葡萄一样无色,因此白肉的红葡萄去皮榨汁之后也可用于酿造白葡萄酒,例如黑比诺虽为红葡萄品种,但也可用于酿造香槟及白葡萄酒。

(一)常见的红葡萄品种

1. 赤霞珠(Cabernet Sauvignon)——红葡萄之王

赤霞珠别名解百纳、解百纳索维浓、苏味浓。赤霞珠是解百纳家族中最著名的一个品种。最适合炎热、干燥的地区,如有砾石混合土壤的格拉夫产区,通常带有黑加仑味、蜜瓜味和甘草味等香气。法国波尔多地区的 Chateau Margaux(玛歌)等酒庄的高级葡萄酒就是以此品种为主要原料酿造而成。赤霞珠颜色如明媚赤红的霞云,如红色的珠玉。

赤霞珠,祖籍法国,是世界知名的酿酒葡萄品种。赤霞珠的结果能力强,易丰产,对土壤和气候的适应性强,因此全球的葡萄酒产区都在普遍种植。在我国,1892 年首先由烟台的张裕葡萄酒公司引入,它是我国目前栽培面积最大的红葡萄品种。在我国,它与品丽珠、蛇龙珠并称"三珠"。在河北昌黎,赤霞珠种植面积最大,葡萄的表现最好。

2. 梅乐(Merlot)——红葡萄之后

梅乐别名梅尔诺、梅露汁、黑美陶克,原产法国波尔多。现在也是波尔多地区种植较广泛的葡萄品种之一。20 世纪 80 年代引入我国,在河北、山东、新疆等地有少量栽培,是近年来很受欢迎的优良品种。

在新世界,梅乐很多都是用单一品种来酿造葡萄酒,而且直接在酒标上打上葡萄的名称。在智利,梅乐如同找到了自己的家园,品质表现不凡,而且价格适中。"你敢点 Merlot,我就走人。我才不喝 Merlot!"若你对 2004 年的电影《寻找新方向》有印象,相信电影中那怀才不遇的作家 Miles 讲的这句话,肯定让你印象深刻。为什么 Miles 会讨厌梅乐?理由很简单,梅乐本身容易种植,且开瓶即饮,所以孤傲的人对这个葡萄品种会觉得反感。

3. 黑比诺(Pinot Noir)——红葡萄情人

黑比诺原产法国勃艮第,栽培历史悠久,属优雅古老的早熟品种。世上大部分高价红酒中都会出现黑比诺。该品种是酿造香槟酒与桃红葡萄酒的主要品种。我国最早在 1892 年将黑比诺从西欧引入山东烟台,1936 年将黑比诺从日本引入河北昌黎,产地主要分布在甘肃、山东、新疆、云南等地区。

用黑比诺酿造的葡萄酒颜色浅,单宁不如赤霞珠多,体态要轻巧一些,比较雅致,果味浓郁,是比较容易被接受的葡萄酒。但出自勃艮第的顶级酒并不适合早饮。黑比诺虽然栽培和酿造方面的难度较高,但如果精心培育却能酿出顶级的酒,有丰富的口感。最出色、最昂贵的黑比诺出自勃艮第的罗曼尼·康帝酒庄。

4. 西拉(Syrah)——红葡萄王子

西拉祖籍法国隆河谷地区,属于晚熟品种,果实相对较大,皮深黑色,富含单宁,带有胡椒味和黑莓的香气,喜爱温暖的气候,陈酿后质地更加顺滑。西拉葡萄虽然起源于法国,却在澳大利亚大放异彩。在澳大利亚,西拉种植面积远大于赤霞珠,是种植最广的葡萄品种。

西拉的产量较低,不能带来较高利润,除非它偏爱某个独特的葡萄园。顶级的西拉葡萄酒具有极强的酿制潜力,其复杂的结构和细腻的层次使其足以成为顶级酒,具有王子的风范。

5.佳美(Gamay)——红葡萄小姑娘

佳美与黑比诺同为勃艮第产区的葡萄,曾经盛产于金丘,而现今雄霸薄若莱产区。我国于1957年从保加利亚引进栽培,目前在甘肃武威、河北沙城、山东青岛等地有少量栽培。佳美是酿制风格独特的博若莱葡萄酒中的唯一红葡萄品种。在多种博若莱葡萄酒中,一种被称为博若莱新酒的酒种,拥有压倒性的产量与销量及强势的营销,因此它常常被误认为是唯一一种博若莱葡萄酒。博若莱新酒依照规定酿制,葡萄必须完全人工采收。因博若莱新酒不经橡木桶陈酿,所以博若莱新酒单宁含量少,酒体具有艳丽的紫红色泽。博若莱新酒含浓郁果香,是非常适合葡萄酒入门者的葡萄酒,最适合冷藏至12 ℃饮用。缺点是对于习惯陈年葡萄酒口味的人来说,太过年轻且酒身单薄的博若莱新酒可能略显稚嫩。一般来说博若莱新酒的保存期限很短,最多只能存放到第二年的一二月,就必须喝光。因为口味清新、果香浓郁、价格适宜及保存期短,因此成为圣诞节派对上最受欢迎的葡萄酒。

6.仙粉黛(Zinfandel)——美国葡萄酒的名片

仙粉黛是加利福尼亚最独特的红葡萄品种,尽管原产地在欧洲,但人们还是把它当作加利福尼亚的特产。过去,白仙粉黛旋风席卷全美乃至全球,不过近年来随着人们口味的转变,仙粉黛红葡萄酒正受到越来越多人的青睐。仙粉黛葡萄酒是一种果香极为馥郁的葡萄酒,适合在其年轻时饮用,适饮期通常不超过5年。

(二)常见的白葡萄品种

1.霞多丽(Chardonnay)——白葡萄之王

霞多丽祖籍法国勃艮第,是目前世界上非常受欢迎的酿酒葡萄之一。它是早熟品种,属于容易栽培、稳定性高、抗病虫害能力强的高产量品种,在全球各地均有不凡的表现。由于适应性强,霞多丽已在全球各地葡萄酒产区普遍种植,但因为种植地区气候的不同而产生较大的差异。

2.雷司令(Riesling)——德国葡萄种植业的一面旗帜

雷司令祖籍德国的摩塞尔和莱茵河,是德国及法国阿尔萨斯最优良的品种。雷司令晚熟、产量大、酸度高,有讨人喜欢的淡雅花香和水果香,是上佳的白葡萄品种。雷司令对于栽种的地点非常挑剔,在日照充足的地方生长得更理想。雷司令的最大栽种地是德国,已经成为德国葡萄种植业的一面旗帜。不同性质的土壤确保了德国雷司令葡萄口味的丰富,魅力诱人。全球65%的雷司令是在德国种植,因此有人说德国是雷司令的"故乡"。

3.长相思(Sauvignon Blanc)——白葡萄中的坏女孩

来自法国的长相思,别名白索维浓、苏维浓、索味浓。长相思是酿制干白葡萄酒的世界性优良品种,抗逆性强,较耐低温,适合在较寒冷的干旱、半干旱地区栽培。

如果把白葡萄酒比作女孩儿,那么长相思一定是个"坏女孩儿"。因为"Sauvignon"一词源于法语的"Sauvage",意思是野蛮,不规矩,放纵。与香气怡人、可爱优雅的霞多丽相比,Sauvignon Blanc就像是一个反叛的女子:野性的草香,湿漉漉的稻草味道,清爽的鹅莓香,隐约有一丝烟枪的味道,还有新鲜的无花果香,总之她永远不会含蓄,更不会害羞,率真得近

乎失礼，令人浮想联翩。

4. 赛美蓉（Semillon）——贵腐甜白酒之母

赛美蓉祖籍法国波尔多，在世界各地都有生产。在法国，赛美蓉的地位仅次于长相思和霞多丽，是葡萄种植面积第三大的白葡萄品种。我国于 20 世纪 80 年代初引进赛美蓉，主要种植于河北、山东等地。赛美蓉是酿造法国贵腐甜白酒的主要葡萄品种，顶级的贵腐酒可经数十年甚至百年陈放，其口感香醇浓郁、厚实，常带蜂蜜、干果、糖渍水果及烤面包等复合香气，口感圆润且回味悠长。

八、葡萄酒酒标

（一）葡萄酒酒标的起源

酒标的起源可追溯到公元前 3000 年，当时人们在装酒容器的封泥上做标记，以区分酒的质量。此后，古希腊人在装酒的泥坯上刻写文字，再烧成陶器。此方法延续使用了上千年，逐渐发展成用标签贴在酒瓶上作为标志。具有现代意义的酒标出现在 17 世纪后。早期的酒标功能单一、样式简单，多是寥寥文字，顶多使用些花体或变体的字母和家族徽章。

1924 年，木桐酒庄，为纪念首次灌装成品的葡萄酒，酒庄主人菲利浦·德·罗思柴尔德男爵特意请著名画家让·卡吕设计了一个全新的标签，开创了葡萄酒酒标艺术设计的先河。

（二）葡萄酒酒标的内容

（1）葡萄品种。并不是所有葡萄酒瓶都会标示葡萄种类。澳大利亚、美国等国家规定一瓶酒中含某种葡萄 75% 以上，才能在瓶上标示该品种名称。传统的欧洲产区则各有不同的规定，如德国、法国，标签上如果出现某种葡萄品种名称时，表示该酒至少有 85% 是使用该葡萄品种酿制。新世界的酒标上较常看到酿造葡萄的品种名称。

（2）葡萄酒名称。葡萄酒的名称通常会是酒庄的名称，也有可能是庄园主特定的名称，甚至可能是产区名称。

（3）收成年份。酒瓶上标示的年份为葡萄的收成年份。欧洲传统各产区，特别是在北方的葡萄种植区，由于气候不如澳大利亚、美国等新世界产区稳定，所以品质随年份的不同有很大的差异。在购买葡萄酒时，年份也是一项重要参考因素，由其可知该酒的酒龄。如未标示年份，则表示该酒由不同收成年份的葡萄混酿而成，除少数（如汽酒等）产品外，都是品质不算好的葡萄酒。

（4）等级。葡萄酒生产国通常都有严格的品质管制，各国对葡萄酒等级划分的方法各异，通常由旧世界产品的酒标可看出它的等级高低。但新世界由于没有分级制度，所以没有标出。

（5）产区。就传统葡萄酒生产地来说，酒标上的产区名称是一项重要信息。了解酒的产区就大概知道酒的特色和口味。某些葡萄酒产地的名称甚至决定了该酒的名气。

（6）装瓶者。装瓶者不一定是酿酒者。酿酒厂自行装瓶的葡萄酒会标示"原酒庄装瓶"，一般来说会比酒商装瓶的酒珍贵。

（7）酒厂名。著名酒厂是品质的保证。以法国布根地为例，同一片葡萄园可能为多位生产者或酒商拥有,因此选购时若只看产区,有时很难分辨出好坏,此时酒厂的声誉就是一项重要参考指标。而新世界的产品一般生产者和装瓶者为同一企业。

（8）产酒国名。标示该瓶葡萄酒的生产国。

（9）净含量。一般容量为 750 毫升,也有专为酒量较小的人设计的 375 毫升、250 毫升和 185 毫升的葡萄酒,还有为多人饮用设计和宴会设计的 1500 毫升、3000 毫升和 6000 毫升的葡萄酒。

（10）酒精度。葡萄酒的酒精度通常在 8% vol～15% vol,但是波特酒、雪利酒等加强酒的浓度比较高（18% vol～22% vol）,而德国的葡萄酒酒精度较低（一般为 10% vol 以下）,且带有甜味。

九、世界各国葡萄酒条形码

(一) 条形码常识

葡萄酒条形码由 13 个数字组成,可以分为四个号段,即 1～3 位、4～8 位、9～12 位、13位,最后一位是校验码。如以格兰特·伯爵酒庄的 GB88 葡萄酒的条形码为例（见图 4-39）。其条形码为 931 57050 1240 3,此条形码分为 4 个部分。

1～3 位:共 3 位,对应条码的 931,是澳大利亚的国家代码之一,930～939 都是澳大利亚的代码,由国际分配。

4～8 位:共 5 位,对应条码的 57050,代表着生产厂商代码,为格兰特·伯爵酒庄,由厂商申请,国家分配。

图 4-39　葡萄酒的条形码

9～12 位:共 4 位,对应条码的 1240,代表着厂内商品代码,由厂商自行确定。

第 13 位:共 1 位,对应条码的 3,是校验码,依据一定的算法,由前面 12 位数字计算而得。

为了方便消费者,收集了一份常见进口葡萄酒条形码国家代码,作为鉴别的依据（见表4-1）。

表 4-1　常见进口葡萄酒条形码国家代码

国　家	号　段	国　家	号　段	国　家	号　段
澳大利亚	930～939	法国	300～379	德国	400～440
南非	600～601	葡萄牙	560	美国、加拿大	00～09
奥地利	900～919	智利	780	希腊	520
中国大陆	690～699	新西兰	94	俄罗斯	460～469
意大利	80～83	罗马尼亚	594	日本	45、49

（二）注意事项

（1）依照国家进口食品管理办法的规定，进口葡萄酒都必须贴中文标签。

（2）进口商在加贴中文标签时，不覆盖酒厂的条码，无须加印进口商条码。

（3）进口商在加贴中文标签时，若覆盖酒厂的条码，须在中文标签中加印进口商条码，或在原酒厂的授权下使用原酒厂的条形码。

（4）如进口商向海关申请进口葡萄酒条形码，那么这瓶进口葡萄酒上标的条形码就是以"69"开头，而不是原产国的条形码。

（5）如果中文标签上的条形码是以"69"开头，而又没有向海关申请进口葡萄酒条形码，但仍然打着进口酒的旗号在出售，那么这瓶所谓的进口酒很有可能是假酒。当然条形码也并非检验酒真伪的唯一标准，也有很多国外历史比较悠久且产量比较少的酒，酒庄不会申请条形码。

十、葡萄酒酒瓶

在品尝美酒之前，首先映入眼帘的是各种独特的酒瓶。它婀娜的曲线、半透明的材质，以及微妙的重量感，都有着无可比拟的吸引力。酒瓶不仅仅是看酒的包装，它的形状、大小和颜色犹如一套衣装，与酒互为一体。葡萄酒酒瓶中最经典的三种基本形状分别是波尔多瓶、勃艮第瓶和霍克瓶（见图 4-40）。

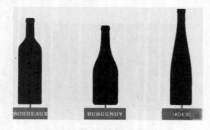

图 4-40　经典葡萄酒酒瓶

（一）波尔多瓶

波尔多瓶肩部较高，两边对称，便于倒酒时去除沉淀，适合需要长时间窖藏的酒。柱状瓶体有利于堆放和平放。

（二）勃艮第瓶

勃艮第瓶的瓶肩比较低，瓶底比较宽，以法国勃艮第产区名来命名。既可用来装红葡萄酒，也可用来装白葡萄酒。在新世界，该瓶被广泛用来装霞多丽葡萄酒和黑比诺葡萄酒；它还可用于盛装巴罗洛葡萄酒及卢瓦尔葡萄酒。

（三）霍克瓶

霍克瓶又被称为长笛瓶。它用于盛装德国莱茵河流域和法国阿尔萨斯产区的白葡萄酒，因为不需长时间存储，酒中也无沉淀，所以瓶身细长。霍克瓶分为两种，一种是绿色瓶身的阿尔萨斯瓶或莫泽尔瓶，另一种是棕色瓶身的莱茵河瓶。阿尔萨斯瓶或莫泽尔瓶又高又细，所盛装的葡萄酒风格各异，从干型、半干型到甜型都有。莱茵河瓶与阿尔萨斯瓶或莫泽尔瓶形状类似，主要盛装来自莱茵河产区的葡萄酒。

十一、葡萄酒选购的误区

（一）品牌误区

葡萄酒本是非常混杂的一类商品，人们在选择葡萄酒的时候，往往依赖少数能记住的几个不太拗口的名牌。很多消费者只要看到酒标上有 Lafite、Beychevelle 等字样或者 Latour 的小城堡标志,就会安全感大增,买之而后快。总体上,名牌酒可信度确实更高,但如果过分迷信、不加分析的话,难免会有失误。比如,花同样的价钱是买一瓶 Lafite 的副牌酒还是买一瓶波尔多四级酒庄的酒,就变成一个需要依靠个人口味和消费用途等因素来综合判断的问题了,而不能单纯以品牌的大小来取舍。

(二) 年份误区

1969,1975,1982,1997,2000,2005……下一个传奇年份何时出现? 所谓好年份,主要是当年的天气适合葡萄的生长和收成,从而为酿造完美的葡萄酒打下基础。年份对于葡萄酒来说至关重要。可是,世界如此之大,任何两个产区的气候都不可能完全一样,比如 1985 年,法国炎热的气候使得葡萄的成熟度非常高,被认为是一个不错的年份,而同年的加州,收获时节的大雨彻底浇灭了当地酒厂负责人的雄心壮志。但也有预见性的酒厂,如 Kendall Jackson(肯德·杰克逊酒庄)就将收成时间提前,因此同样收获了一个好年份。所以 1985 年算不算是好年份呢? 可见,单凭年份选酒是很有风险的,最好是找到好年份的酒后,再考量一下当年该酒厂的收成情况。

(三) 评分误区

有些人喜欢大谈特谈哪瓶酒被酒评家罗伯特·帕克打了高分,有些人甚至会在买酒时向售货员询问某瓶酒的分数。酒评家有一定的权威性,他们对酒的评价和打分具有不容忽视的指导意义,但过分依赖就不可取了。酒评家不是精密的仪器,品酒打分时会受主客观因素的影响,比如心情、个人偏好、身体状况等。帕克都承认会出现打分偏高或偏低。从另一个角度讲,酒评家就像给宫内秀女们画像的画师,他们既可以将一个资质平平的秀女描绘得脱胎换骨,成为人中之凤;同样也会将美貌出众者描绘得一无是处,使之难以翻身,不然也就没有"昭君出塞"的千古传说了。

(四) 价格误区

"一分钱一分货"的传统观念影响着葡萄酒消费者。目前,高价酒已经成为品位和身份的象征。大部分高价酒都有悠久的历史和丰厚的文化底蕴,但这种酒之外的历史文化享受是需要你买单的。曾经有个简单的测试,把一瓶高价酒和其他普通酒放在一起,让十几个普通消费者盲品,结果只有两人发现了高价酒的卓尔不群。可见对于普通消费者来说,性价比应该是比较理性的选择要素。

(五) 产区误区

过去,法国就是葡萄酒的代名词。随着葡萄酒文化的传播,越来越多的人知道意大利和西班牙也属于葡萄酒的传统产区,酿酒史和葡萄酒的品质可以和法国分庭抗礼。而美国、澳大利亚、智利等后起之秀也能酿出高质量的葡萄酒。葡萄酒生产有了全球化的趋势,一瓶葡萄酒,可能是用的是美国当地的黑比诺葡萄,酿酒师是从勃艮第请来的,而设备是德国制造的。特别是一些大的葡萄酒生产商,像法国 BPDR 集团在智利等国家都购买了酒庄,实现了全球化生产。

(六) 等级误区

法国葡萄酒分级制度最为严谨。最经典的波尔多梅多克酒庄分级已经沿用一百多年

了。但目前其准确性也逐步受到挑战，如目前还身处第五级的 Château Lych-Bages 和第四级的 Château Talbot 已经被公认为具备二级酒庄的水准，毕竟一百年的时间对于提升酒庄的档次来说足够了。波尔多另一产区圣达米伦每十年会更新一次分级，这对于促进酒庄发展、指导消费者选购是非常有意义的。另一个葡萄酒传统强国意大利，也在考虑调整其分级系统，严格按照 DOCG、DOC、IGT 和 VDT 的级别由高到低重新排序。

十二、葡萄酒礼仪

（一）品酒时间

理想的品酒时间是在饭前。品酒之前最好避免喝烈酒、喝咖啡、吃巧克力、抽烟或嚼槟榔。专业的品酒活动，大多选在早上 10 点至 12 点之间，据说这个时段，人的味觉最灵敏。

（二）酒杯

（1）葡萄酒杯的杯口应该收口，以便酒香能在杯中聚集；

（2）杯肚应该大一点，可以让酒在杯中充分的晃动；

（3）杯子必须有一个杯脚，这样手的温度就不会加热杯中的酒；

（4）酒杯应该清晰透明，这样可以很好地观察酒的颜色。

（三）开瓶

优美的开瓶动作是一种艺术。开酒时，先将酒瓶擦干净，再用开瓶器上的小刀沿着瓶口凸出的圆圈状部位切除瓶封，最好不要转动酒瓶，因为可能会将沉淀在瓶底的杂质"惊醒"。切除瓶封之后，用布或纸巾将瓶口擦拭干净，再将开瓶器的螺丝钻尖端插入软木塞的中心（如果钻歪了，容易拨断木塞），沿着顺时针方向缓缓旋转以钻入软木塞中，用手握住木塞，轻轻晃动或转动，轻轻地、安静地、优雅地拨出木塞。再用布或纸巾将瓶口擦干净，然后就可以倒酒了。

（四）醒酒

葡萄酒的香气通常需要一段时间才能明显地发散出来。醒酒的目的是散除异味及杂味，与空气发生氧化；开酒后应该倒入杯中，然后轻摇，这样对酒味的散发有很大的帮助。在旋转晃动的时候，酒与空气接触的面积加大了，有利于加速氧化作用，让酒的香味更多地释放出来。

（五）闻酒

第一次先闻静止状态的酒，然后晃动酒杯，使酒与空气充分接触，以便酒的香气释放出来。再将杯子靠近鼻子，吸气，闻一闻酒香，与第一次闻的感觉做比较，第一次的酒香比较直接和清淡，第二次闻的香味比较丰富、浓烈和复杂。闻酒时，应探鼻入杯中，短促地轻闻几下，闻闻酒是否芳香，是否有清纯的果香新鲜、浓郁、刺激、强烈的气味。

（六）尝酒

让酒在口中打转，或用舌头上、下、前、后、左、右快速搅动，使舌头充分品尝三种主要的味道：舌尖的甜味、舌两侧的酸味、舌根的苦味。整个口腔上颚、下颚充分与酒液接触，去感觉酒的酸、甜、苦涩、浓淡、厚薄、均衡协调与否,然后才吞下,体会余韵。

（七）佐餐

在品尝牛肉等红肉时,一般搭配红葡萄酒;在品尝各种海鲜等时,一般搭配白葡萄酒。

（八）上酒

宴请客人时,可以先上白葡萄酒,后上红葡萄酒;先上新酒,后上陈酒;先上淡酒,后上醇酒;先上干酒,后上甜酒;酒龄较短的葡萄酒先于酒龄长的葡萄酒。

（九）斟酒

宴会开始前,主人先给客人斟酒,以示礼貌。给客人斟酒时不宜太满,红葡萄酒以 1/3 为好,白葡萄酒以 2/3 为好。香槟斟入杯中时,应先斟至 1/3,待酒中泡沫消退后,再往杯中续斟至七分满即可。

十三、葡萄酒的购买渠道

（一）酒庄购酒——先尝后买

大多数葡萄酒产区同时也是旅游胜地,拥有许多旅游资源吸引着游客。在葡萄酒产地旅游,参观酒庄也就成了普遍的旅游项目。在酒庄既可以目睹葡萄酒生产的全过程,又可以直接品尝葡萄酒。当然在酒庄购买葡萄酒时,价格并无优势,因为酒庄在定价时总是要保护自己固定的销售渠道。其实即使同等的价格,你也已经获得超值享受了,因为在酒庄你能了解到葡萄酒背后的故事。

（二）专卖店购酒——专业服务

在葡萄酒销售与消费市场比较成熟的地区,会出现专门经营葡萄酒及相关产品的专卖店。到葡萄酒专卖店购买也是一个很好的途径,购买葡萄酒的同时还可以获得专业的服务。对于葡萄酒收藏者而言,有时能在专卖店看到自己心仪已久的稀世佳酿;对于不是很清楚自己购买要求的消费者来说,专卖店可以提供相应的顾问服务。由于专卖店提供了专业性服务,如葡萄酒储存的专业条件,等等,因此葡萄酒的价格往往较高,普通的葡萄酒不需要通过专卖店这种渠道购买。

（三）超市购酒——价格优势

超市里的商品琳琅满目,更多的人选择这种一站式的购物方式。几乎所有的大中型连锁超市都有葡萄酒专区,在超市购买葡萄酒自然也就是最容易、最普遍的方式。比如家乐福、麦德龙、欧尚、沃尔玛、万客隆、华联,等等。超市中也经常会举办葡萄酒的促销活动,会买到打折葡萄酒。到超市买酒最大的优势是方便、价格实惠。但是,在超市买到令人失望的葡萄酒的概率要大于上述两种途径。

（四）酒展购酒——足不出户,通吃各地

随着葡萄酒消费市场日益增长,葡萄酒的博览会、展销会频频出现,甚至在酒店用品、美食等展览会中也会有葡萄酒的影子。这些酒展上,葡萄酒品种琳琅满目,虽然看不到酒庄建

筑与风景。但是,同样可以先尝后买,并且可以"通吃"各地的庄园。很多专业性的酒展往往限制一般参观性访问,只接纳专业人士,至少在最初的几天如此。参加酒展,不要过于吝惜自己的赞美之词,有时候会有意外收获!

（五）网上购酒——便捷与风险同在

随着网络的普及,网上购物越来越流行,网上购买葡萄酒为发烧友寻找稀缺、独特的小众珍品提供了便利。但是,由"虚"的网络与信息到"实"的钱与酒的转换中,风险显然大于一手交钱一手交货的交易。

十四、著名的葡萄酒

（一）罗曼尼·康帝干红葡萄酒（La Romanee-Conti）

由罗曼尼·康帝特级葡萄园出产的罗曼尼·康帝干红葡萄酒是毋庸置疑的法国帝王之酒（见图4-41）,年均产量极其稀少,仅有5000多瓶,甚至不够那些有心购买的亿万富翁瓜分。在伦敦、纽约和香港各地的葡萄酒拍卖会上,罗曼尼·康帝干红葡萄酒的价格遥遥领先于其他名酒。它是葡萄酒收藏家和投资者争相抢夺的稀世佳酿,因为它的身上蕴含着丰厚的投资回报。

（二）柏图斯庄园正牌干红葡萄酒（Chateau Petrus）

柏图斯庄园正牌干红葡萄酒（见图4-42）位列波尔多产区八大名庄酒款之首,是目前波尔多质量最好、价格最贵的"酒中之王"。它是英国女王伊丽莎白的婚宴用酒,曾是白宫主人肯尼迪总统的最爱。柏图斯是波尔多右岸波美侯产区最知名的酒庄,该酒庄不生产副牌酒,力求酿出最优质的葡萄酒,遇到不好的年份则不产酒,因此葡萄酒年均产量不超过3万瓶。柏图斯庄园正牌干红葡萄酒采用100％梅乐酿制,酒色深浓,香气复杂（黑加仑、黑莓、薄荷、奶油、巧克力、松露、牛奶和橡木等）,口感丝滑,余味悠长。

（三）玛姆红带香槟（G. H. Mumm Cordon Rouge）

1875年,玛姆红带香槟诞生在法国,该款香槟以拿破仑用来表彰卓著功勋的荣耀象征——著名的红绶带为标志（见图4-43）。1881年,玛姆红带香槟成为第一款出口到美国的香槟,并持续在香槟市场上保持领导地位。自2000年以来,F1方程式赛车颁奖台上的冠军

图4-41　罗曼尼·康帝干红葡萄酒

图4-42　柏图斯庄园正牌干红葡萄酒

图4-43　玛姆红带香槟

选手用于庆祝的就是玛姆红带香槟。这款以百分之百霞多丽酿制的白葡萄香槟,全部来自卡门地区顶级的葡萄园。清爽的鲜果、柠檬和葡萄柚的口感是生猛海鲜的好搭档。

（四）伊慕沙兹堡雷司令逐粒枯萄精选甜白葡萄酒（Egon Muller Scharzhof Scharzhofberger Riesling Trockenbeerenauslese）

伊慕酒庄位于德国摩泽尔产区,所产雷司令葡萄酒享有"德国雷司令之王"的美誉,而这款伊慕沙兹堡称得上是德国最好的雷司令、TBA（逐粒枯萄精选葡萄酒）中的王者,其口感香甜浓郁,又有足够的酸度来平衡口感,余味悠长（见图 4-44）。不过,该酒只在极好年份才会酿造,年均产量在 200～300 瓶,且为 375 毫升装,单瓶均价约 6624 美元。

（五）拉图庄园红葡萄酒（Chateau Latour）

拉图庄园中有一个历史悠久的塔,即以"塔"命名,是法国五大名庄之一,堪称全球最有价值的酒庄。拉图陈放 10 到 15 年才会完全成熟。成熟后的拉图有极丰富的层次感,酒体丰满而细腻（见图 4-45）。

图 4-44　伊慕沙兹堡雷司令逐粒枯萄精选甜白葡萄酒

图 4-45　拉图庄园红葡萄酒

十五、葡萄酒的饮用与保存

（一）葡萄酒的饮用

白葡萄酒宜先在 7 ℃～10 ℃环境冷藏（可置入冰箱 1～2 小时）,开瓶后即可饮用;红葡萄酒,在室温 15 ℃～18 ℃饮用,可以体现最佳风味。如果能在喝酒前半小时打开瓶塞,让葡萄酒与空气接触,酒香会更加清香持久。

（二）葡萄酒的保存

存放酒的温度既不能过高,也不能过低。白葡萄酒的贮存温度在 10 ℃～12 ℃,红葡萄酒为 15 ℃～18 ℃。如果温度过低,葡萄酒就会失去香味。贮存时酒要斜躺。只有酒瓶口处充满了酒液,空气才不会进去。

任务九 认识啤酒

一、啤酒的含义

视频：啤酒认知

啤酒是古老的酒精饮料，是继水和茶之后世界上消耗量排名第三的饮料。啤酒是根据英语 Beer 译成中文"啤"，称为"啤酒"，并沿用至今。啤酒是以麦芽为主要原料，以大米或其他谷物为辅助原料，经麦芽汁的制备，加酒花煮沸，并经酵母发酵酿制而成的，含有二氧化碳、起泡的、低酒精度的各类熟鲜啤酒。啤酒被称为"液体面包"。由于大多数啤酒乙醇含量较少，故喝啤酒不但不易醉人，少量饮用还对身体有益。

二、啤酒的起源

啤酒的起源与谷物的起源密切相关。人类使用谷物制造酒类饮料已有 8000 多年的历史。已知最古老的酒类文献，是约公元前 6000 年巴比伦人用黏土板雕刻的献祭用啤酒的制作法。公元前 4000 年美索不达米亚地区已有用大麦、小麦、蜂蜜制作的 16 种啤酒。公元前 3000 年开始使用苦味剂。公元前 18 世纪，在古巴比伦国王汉谟拉比颁布的法典中，已有关于啤酒的详细记载。公元前 1300 年左右，埃及的啤酒作为国家管理的优秀产业得到高速发展。拿破仑的埃及远征军在埃及发现的罗塞塔石碑上的象形文字表明，在约公元前 196 年当地已盛行啤酒宴会。苦味剂虽早已使用，但首次明确使用酒花作为苦味剂是在公元 768 年。啤酒的酿造技术是由埃及通过希腊传到西欧的。公元 1—2 世纪，古罗马政治家普利尼曾提到啤酒的生产方法，其中包括酒花的使用。中世纪以前，啤酒多由妇女家庭酿制。到中世纪，啤酒的酿造已由家庭生产转向修道院、乡村的作坊生产，并成为修道院生活的一项重要内容。修道院的主要饮食是面包和啤酒。中世纪的修道院，改进了啤酒酿造技术，与此同时，啤酒的贸易关系也建立并掌握在牧师手中，可用啤酒来向教会交纳什一税、进行交易和向政府缴税。在中世纪的德国，啤酒的酿造业主结成了同业公会。使用啤酒花作苦味剂的德国啤酒也已输往国外，不来梅、汉堡等城市均因此而繁荣起来。

我国古代的原始啤酒有 4000 至 5000 年的历史，但是大规模市场消费的啤酒是到 19 世纪末随着帝国主义的经济侵略而进入的。在中国最早建立的啤酒厂是 1900 年由沙皇俄国在哈尔滨建立的乌卢布列夫斯基啤酒厂，即现在的哈尔滨啤酒有限公司的前身；此后五年时间里，俄国、德国、捷克分别在哈尔滨建立另外三家啤酒厂；1903 年英国和德国商人在青岛开办英德酿酒有限公司，生产能力为 2000 吨，就是现在青岛啤酒有限公司的前身。我国现代啤酒业发展迅猛，2012 年中国以年产约 490 亿升成为世界最大啤酒生产国。其次为美国、巴西、俄罗斯，德国位居第五。

三、啤酒的分类

啤酒是当今世界销量最大的低酒精度的饮料,其品种很多。一般可根据生产方式、产品浓度、啤酒的色泽、啤酒的消费对象、啤酒的包装容器、啤酒发酵所用的酵母等进行分类。

(一)按啤酒色泽分类

1. 淡色啤酒

淡色啤酒的色度在 3～14EBC(EBC 是欧洲啤酒协会的简称,在这里指经欧洲酿酒协会认可的色度标准)单位。色度在 7EBC 单位以下的为淡黄色啤酒;色度在7～10EBC 单位的为金黄色啤酒;色度在 10EBC 单位以上的为棕黄色啤酒。淡色啤酒口感特点是酒花香味突出,口味爽快、醇和。

2. 浓色啤酒

浓色啤酒的色度在 15～40EBC 单位。颜色呈红棕色或红褐色。色度在 15～25EBC 单位的为棕色啤酒;25～35EBC 单位的为红棕色啤酒;35～40EBC 单位的为红褐色啤酒。浓色啤酒口感特点是麦芽香味突出,口味醇厚,苦味较轻。

3. 黑啤酒

黑啤酒的色度大于 40EBC 单位。一般在 50～130EBC 单位,颜色呈红褐色至黑褐色。其特点是原麦汁浓度较高,焦糖香味突出,口味醇厚,泡沫细腻,苦味较重。

4. 白啤酒

白啤酒是以小麦芽生产为主要原料的啤酒,酒液呈白色,清凉透明,酒花香气突出,泡沫持久。

(二)按所用的酵母分类

1. 上面发酵啤酒

以上面酵母进行发酵的啤酒。麦芽汁的制备多采用浸出糖化法,啤酒的发酵温度较高。例如英国的爱尔啤酒、司陶特黑啤酒以及波特黑啤酒。

2. 下面发酵啤酒

以下面酵母进行发酵的啤酒。发酵结束时酵母沉积于发酵容器的底部,形成紧密的酵母沉淀,其适宜的发酵温度较上面酵母低。麦芽汁的制备宜采用复式浸出或煮出糖化法。例如捷克的比尔森啤酒、德国的慕尼黑啤酒以及我国的青岛啤酒均属此类。

(三)按原麦汁浓度分类

1. 低浓度啤酒

原麦汁浓度为 $2.5°P～8°P$,乙醇含量为 $0.8\%～2.2\%$。近年来,低浓度啤酒产量逐增,以满足低酒精度以及消费者对健康的需求。酒精含量少于 2.5% 的低醇啤酒,以及酒精含量少于 0.5% 的无醇啤酒应属此类型。低浓度啤酒与普通啤酒的生产方法一样,但最后经过脱醇方法,将酒精分离。

2. 中浓度啤酒

原麦汁浓度为 $9°P～12°P$,乙醇含量为 $2.5\%～3.5\%$。淡色啤酒几乎均属此类。

3. 高浓度啤酒

原麦汁浓度为 13°P~22°P,乙醇含量为 3.6%~67%。多为浓色或黑色啤酒。苏格兰的 Brewmeister 啤酒厂推出了一款名为"蛇毒"的啤酒,以高达 67% vol 的酒精度,成为有史以来最强劲的啤酒。

(四) 按生产方式分类

1. 鲜啤酒

啤酒包装后,不经过巴氏灭菌或瞬时高温灭菌的新鲜啤酒。因未经灭菌,保存期较短。其存放时间与酒的过滤质量、无菌条件和贮存温度关系较大,在低温下可存放 7 天左右。包装形式多为桶装,也有瓶装。

2. 纯生啤酒

啤酒包装后,不经过巴氏灭菌或瞬时高温灭菌,采用无菌过滤(微孔薄膜过滤)及无菌灌装的啤酒。此种啤酒口味新鲜、淡爽、纯正,啤酒的稳定性好,保质期可达半年以上。包装形式多为瓶装,也有听装。

3. 熟啤酒

啤酒包装后,经过巴氏灭菌或瞬时高温灭菌的啤酒。此种啤酒保质期较长,可达三个月左右。包装形式多为瓶装或听装。

(五) 按包装容器分类

1. 瓶装啤酒

国内主要采用 640 毫升、500 毫升、350 毫升以及 330 毫升四种规格。以 640 毫升为主,近年规格为 500 毫升的发展较快。装瓶时要求净含量与标签上标注的体积正负偏差为:每瓶小于 500 毫升,不得超过 8 毫升;每瓶大于或等于 500 毫升,不得超过 10 毫升。

2. 听装啤酒

听装啤酒所用制罐材料一般采用铝合金或马口铁。听装啤酒多为 355 毫升和 500 毫升两种规格。国内大多采用 355 毫升这一规格。装听时要求净含量与标签上标注的体积正负偏差为:每听小于 500 毫升,不得超过 8 毫升;每听大于或等于 500 毫升,不得超过 10 毫升。听装啤酒较轻,携带方便,多为杀菌熟啤酒,酒的口感评价常不如瓶装啤酒。

3. 桶装啤酒

国内桶装啤酒可分为桶装鲜啤和桶装扎啤两种类型。桶装鲜啤是不经过瞬间杀菌后的啤酒,主要是在产地销售,也有少量外地销售。包装容器材料主要有木桶和铝桶。桶装扎啤是经过瞬间杀菌后的啤酒,也有不经过瞬间杀菌但须加强过滤。可运往外地销售,大多采用不锈钢桶包装。桶装啤酒采用 2 升、5 升、10 升、15 升、20 升、30 升至 100 升以上不等规格,以 20 升、30 升及 50 升居多。净含量与标签上标注的体积正负偏差为:每桶1升~14升,不得超过 2%;大于或等于每桶 15 升,不得超过 1.5%。

(六) 按啤酒生产使用的原料分类

1. 加辅料啤酒

生产所用原料除麦芽外,还加入其他谷物作为辅助原料,利用复式浸出或复式煮出糖化法酿制。生产出的啤酒成本较低,口味清爽,酒花香味突出。

2. 全麦芽啤酒

遵循德国的纯粹法,原料全部采用麦芽,不添加任何辅料,采用浸出或煮出糖化法酿制。生产出的啤酒成本较高,麦芽香味突出。

3. 小麦啤酒

以小麦芽为主要原料(占总原料40%以上),采用上面发酵法或下面发酵法酿制。生产出的啤酒具有小麦啤酒特有的香味,泡沫丰富、细腻,苦味较淡。其他指标应符合淡色(或浓色、黑色)啤酒的技术要求。

(七)按不同需求来分类

由于消费者的年龄、性别、职业、健康状态以及对啤酒口味嗜好的不同,还存在适合不同需求的特种啤酒。

1. 低(无)醇啤酒

酒精含量为0.6%～2.5%的淡色(或浓色、黑色)啤酒即为低醇啤酒,少于0.5%的为无醇啤酒。适宜于不会饮酒的人饮用。

2. 干啤酒

干啤酒的真正发酵度必须在72%以上,此啤酒含糖低,二氧化碳含量高。故具有口味干爽、杀口力强的特点。由于糖的含量低,属于低糖、低热量啤酒。20世纪80年代末由日本朝日公司率先推出,推出后大受欢迎。

3. 冰啤酒

冰啤酒是将滤酒前的啤酒经过专门的冷冻设备进行超冷冻处理(冷冻至冰点以下),使啤酒出现微小冰晶,然后经过过滤,将大冰晶过滤掉。通过这一步处理解决了啤酒冷浑浊和氧化浑浊问题。处理后啤酒的酒精度并未增加很多,但酒液更加清亮、新鲜、柔和、醇厚。

4. 头道麦汁啤酒

头道麦汁啤酒利用过滤所得的麦汁直接进行发酵,不掺入冲洗残糖的二道麦汁,口味醇爽、后味干净。头道麦汁啤酒由日本麒麟啤酒公司率先推出。

5. 果味啤酒

果味啤酒在后酵中加入菠萝、葡萄或沙棘等提取液,有酸甜感,富含多种维生素、氨基酸,酒液清亮,泡沫洁白细腻,属于天然果汁饮料型啤酒,适合妇女、老人饮用。

6. 暖啤酒

暖啤酒是在普通麦芽的基础上,添加一些新成分,经过特殊加工制成的啤酒。颜色呈琥珀色,有麦芽的焦香,口感较好。目前多数厂家开发的暖啤酒含有枸杞、姜汁、红枣等成分,除香味浓郁、热量高以外,还具有一定的滋补养身功效,适宜冬季饮用。

7. 浑浊啤酒

浑浊啤酒含有一定量的活酵母菌或显示特殊风味的胶体物质,浊度为2.0～5.0EBC单位的啤酒。该酒具有新鲜感或附加的特殊风味。除外观外,其他指标应符合淡色(或浓色、黑色)啤酒的技术要求。

8. 绿啤酒

在啤酒中加入天然螺旋藻提取液，富含氨基酸和微量元素，啤酒呈绿色，属于啤酒的后修饰产品。

9. 原浆啤酒

原浆啤酒是全程在无菌状态下直接从发酵罐中分装的嫩啤酒原液，是最新鲜的啤酒，完全保留了发酵过程中产生的氨基酸、蛋白质，以及大量的钾、镁、钙、锌等微量元素，其中最关键的是保留了大量的活性酵母，能有效地增强人体的消化和吸收功能。与其他啤酒相比，原浆啤酒在酿造过程中未过滤，也没经过高温巴氏灭菌工序，呈朦胧状原浆的新鲜美味及丰富营养被完整地保存下来；低温灌装和贮存（2 ℃～5 ℃）能够瞬时锁定新鲜度，使得口味鲜美、纯正。

四、啤酒的风格

对啤酒风格标签化，能体现这类啤酒的风格和特征，以及这类啤酒的来源和变迁。通常来说，这种标签化的命名一般经过了多个世纪的酝酿和市场的考验，通常为消费者和经销商所接受。啤酒的风格可以分为德国风格、比利时风格、英国风格和新世界风格。

（一）德国风格

德国风格的啤酒分成三大类：北部的拉格、南部的小麦啤酒以及酸啤。德国拉格麦香突出，由于不能使用香料，酒花香气不明显，拉格酵母的味道也很清淡，所以德国拉格的风味里麦芽是最明显的。对麦芽的各种特殊处理都能体现在酒的风味里，比如淡色拉格的清爽干脆、博克的焦糖味，等等。而德国南部以巴伐利亚地区为代表的德国小麦啤酒则有酵母的酯香味道，最明显的是香蕉香、丁香香，无论是什么颜色的小麦啤酒都有这两种香气，其中以香蕉香更为浓烈。德国还有两种古老的酸啤酒——Berliner Weisse 和 Gose，这两种酒起源于德国，但是现在已经很难在德国见到，反倒在美国流行起来。这两种酸啤酒有着截然不同的个性：Berliner Weisse 极为刺激，酸味横冲直撞，压过其他味道，需要配合糖浆一起饮用；而Gose 由于使用了香料和海盐，所以虽然也是酸味占据主导地位，但仍能尝到甜、苦、咸这些味道。

（二）比利时风格

比利时风格的啤酒可以分为两大类：艾尔和酸啤。传统比利时风格的艾尔类啤酒有着浓郁的酵母风味，比如香蕉、丁香、苹果、梨、胡椒；香料的味道也比较突出，比如芫荽籽、橙皮，等等。比利时的酸啤酒风格较为含蓄、复杂、有内涵。另一大酸啤风格——比利时野生酵母酸啤的酸味要更加内敛，而其他风味，比如水果香气、野生酵母的霉香、木桶味道都能够有层次地表达出来。

（三）英国风格

英国风格的啤酒相对温和、平衡，麦香出色，即使是相对浓郁的风格，比如英式 Barley Wine、英式 Imperial Stout 相对于美式版本的酒款要柔和很多，酒精度和苦度都要低。在英国风格的酒中，尤其是深色艾尔中，馥郁饱满的蜂蜜香和太妃糖香气是最有地域特点的。

（四）新世界风格

新世界风格主要是以美国风格为代表的拉格、艾尔和酸啤。美式风格最大的特点是强烈，甚至极端。在味道上，淡色美式风格的啤酒会比较突出酒花香气和味道，如果一款酒有着西柚香、松脂香、柑橘香或者热带水果香，那一定是一款美式啤酒。另外，过桶陈酿也是近些年来颇具美式风格的一大特色，尤其是波本桶陈酿的各种酒款都是美国酒厂的最爱。如果一款深色的艾尔带着浓郁强劲的波本威士忌味道，那一定是美国风格。此外，美式酸啤虽然源自比利时酸啤，但是由于发酵方式不同，风味差别较大。美式酸啤酸得更加直接，酸味也更加强烈，其他味道的层次感比起比利时酸啤来要略逊一筹。

五、啤酒的原料和生产工艺

（一）啤酒的原料

啤酒的主要成分是大麦芽、啤酒花、酵母、水，这些原料都是纯天然物质。大部分德国的啤酒厂还按照1516年皇家颁布的德国纯粹法令，只使用这4种原料。其他国家或地区在啤酒中都添加辅助原料，如玉米、米、蔗糖、小麦、淀粉、水果、蜜糖等。这些辅助原料使啤酒呈现不同的风味，如美国啤酒大多添加玉米，使其味道较淡；日本啤酒则习惯添加米，使其味道稍甜；德国啤酒大多数不加辅助原料，味道香浓醇厚。

1. 麦芽

麦芽由大麦制成。大麦是一种坚硬的谷物，比其他谷物成熟得快，因此被选作酿造的主要原料。

2. 酒花

酒花的英文是Hop，拉丁学名是蛇麻，中国俗称蛇麻花、啤酒花、忽布子等，是一种多年生缠绕草本植物，属桑科葎草属，生长期可长达50年，叶子呈心状卵形，叶面非常粗糙，主枝按顺时针方向右旋攀缘而上。只有雌株才能结出花体，每年6—7月开花，长出"酒花"花朵。

酒花作为啤酒工业的原料最早在德国使用。世界上酒花的主要产地在欧美、俄罗斯，在中国和日本也有少量种植。中国人工栽培酒花已有半个世纪，始于东北，在新疆、甘肃、内蒙古、黑龙江、辽宁等地都建立了较大的酒花原料基地。

酒花对啤酒的质量有很大影响。酒花的主要成分有 α-酸和 β-酸，以及酒花油和多酚物质，它使啤酒具有独特的苦味和香气，并有防腐和澄清麦芽汁的功能。

3. 酵母

酵母是真菌类的一种微生物，它把麦芽和大米中的糖分发酵成啤酒，产生酒精、二氧化碳和其他微量发酵产物。这些微量但种类繁多的发酵产物与来自麦芽、酒花的风味物质一起，使成品啤酒变得诱人而独特。

顶酵母和底酵母是两种主要的啤酒酵母菌。用显微镜看时，顶酵母呈现的卵形稍比底酵母明显。顶酵母名称的得来是在发酵过程中，酵母上升至啤酒表面并能够在顶部撇取。底酵母则一直存在于啤酒内，在发酵结束后沉淀在发酵桶底部。顶酵母产出淡色啤酒、烈性黑啤酒和苦啤酒。底酵母产出贮藏啤酒。

4. 水

每瓶啤酒 90% 以上的成分是水，水是啤酒的"血液"，水中无机物的含量、有机物和微生物的存在会直接影响啤酒的质量。一般啤酒厂都需要建立一套酿造用水的处理系统。有些啤酒厂也采用天然高质量的水源，甚至采用冰川雪水来酿造啤酒。不同的水源含有不同的矿物成分，水会影响啤酒的品质和味道。通常情况下，软水适于酿造淡色啤酒，碳酸盐含量高的硬水适于酿制浓色啤酒。

5. 辅助材料

（1）精炼糖。在某些啤酒中，精炼糖是重要的添加物，一般通过加入大米来获取精炼糖。它使啤酒颜色更淡，杂质更少，口感更爽。

（2）酶制剂。啤酒酿造是利用麦芽自身酶或外加酶使其原辅料中的高分子难溶性物质分解成可溶性低分子物质，添加酵母发酵得到含有少量酒精、二氧化碳和多种营养成分的酒的过程。正确使用酶制剂，合理利用酶生物技术，不仅对稳定和提高啤酒质量有益，而且对降低生产成本、弥补麦芽质量缺陷、增加花色品种、提高效益都大有好处。酶制剂种类很多，功效不一，在啤酒生产过程中的使用工序也不一样。目前啤酒生产常用酶制剂有耐高温α-淀粉酶、糖化酶、蛋白酶、复合酶、α-乙酰乳酸脱羧酶、溶菌酶等。

（二）啤酒的生产工艺

啤酒的生产工艺流程可以分为制麦、糖化、发酵、包装四道工序（见图 4-46）。

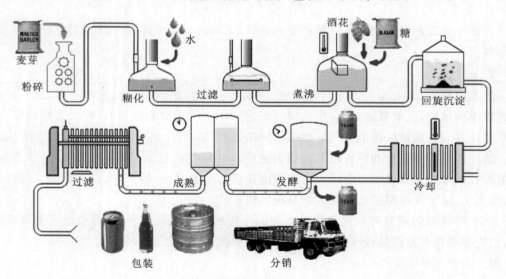

图 4-46 啤酒的生产工艺流程

1. 制麦工序

大麦必须通过发芽过程将内含的难溶性淀料转变为可溶性糖类。大麦在收获后先贮存 2～3 月，才能进入麦芽车间开始制造麦芽。

为了得到干净、一致的优良麦芽，制麦前，大麦需先经风选或筛选除杂、永磁筒去铁、比重去石机除石、精选机分级。

制麦的主要过程是大麦进入浸麦槽洗麦,吸水后进入发芽箱发芽,成为绿麦芽。绿麦芽进入干燥塔(炉)烘干,经除根机去根,制成成品麦芽。从大麦到制成麦芽需要10天左右时间。

制麦工序的主要生产设备:筛(风)选机、分级机、永磁筒、去石机、分级设备;浸麦槽、发芽箱/翻麦机、空调机、干燥塔(炉)、除根机等制麦设备;斗式提升机、螺旋/刮板/皮带输送机、除尘器/风机、立仓等输送、储存设备。

2. 糖化工序

麦芽、大米等原料由投料口或立仓经斗式提升机、螺旋输送机等输送到糖化楼顶部,经过去石、除铁、定量、粉碎后,进入糊化锅、糖化槽糖化分解成醪液,经过滤槽/压滤机过滤,然后加入酒花煮沸,在煮沸锅中,混合物被煮沸以吸取酒花的味道,并起色和消毒。在煮沸后,加入酒花的麦芽汁被泵入回旋沉淀槽,以去除不需要的酒花剩余物和不溶性的蛋白质。

糊化锅:首先将一部分麦芽、大米、玉米及淀粉等辅料放入糊化锅中煮沸。

糖化槽:往剩余的麦芽中加入适量的温水,并加入在糊化锅中煮沸过的辅料。此时,液体中的淀粉将转变成麦芽糖。

麦汁过滤槽:将糖化槽中的原浆过滤后,得到透明的麦汁(糖浆)。

煮沸锅:向麦汁中加入啤酒花并煮沸,散发出啤酒特有的芳香与苦味。

3. 发酵工序

洁净的麦芽汁从回旋沉淀槽中泵出后,被送入热交换器冷却。随后,麦芽汁中被加入酵母,开始进入发酵程序。在发酵的过程中,人工培养的酵母将麦芽汁中可发酵的糖分转化为酒精和二氧化碳,生产出啤酒。发酵在8个小时内发生并快速进行,积聚一种被称作"皱沫"的高密度泡沫。这种泡沫在第3天或第4天发酵达到最高阶段。从第5天开始,发酵的速度有所减慢,皱沫开始散布在麦芽汁表面,必须将它们撇掉。酵母在发酵完麦芽汁中所有可供发酵的物质后,就开始在容器底部形成一层沉淀物。随着温度逐渐降低,在8~10天后发酵就完全结束了。整个过程中,需要严格控制温度和压力。当然啤酒的不同、生产工艺的不同,发酵的时间也不同。通常,贮藏啤酒的发酵过程需要大约6天,淡色啤酒为5天左右。发酵结束以后,绝大部分酵母沉淀于罐底。酿酒师们将这部分酵母回收起来以供下一罐使用。除去酵母后,生成物"嫩啤酒"被泵入发酵罐(又称熟化罐)。在此,剩余的酵母和不溶性蛋白质进一步沉淀下来,使啤酒的风格逐渐成熟。成熟的时间随啤酒品种的不同而异,一般在7~21天。经过熟化的啤酒在过滤机中滤去所有剩余的酵母和不溶性蛋白质,就成为待包装的清酒。

啤酒发酵罐(见图4-47):在冷却的麦汁中加入啤酒酵母使其发酵。麦汁中的糖分分解为酒精和二氧化碳,大约一星期后,即可生成"嫩啤酒",再经过几十天的发酵使其成熟。

啤酒过滤机(见图4-48):将成熟的啤酒过滤后,得到琥珀色的生啤酒。

4. 包装工序

酿造好的啤酒先被装入啤酒瓶或啤酒罐,经过目测和液体检验机等严格检查后,再被装到啤酒箱里出厂。成品啤酒的包装常有瓶装、听装和桶装三种包装形式。再加上瓶子形状、容量的不同,标签、颈套和瓶盖的不同以及外包装的多样化,构成了市场中琳琅满目的啤酒产品。瓶装啤酒是最为大众化的包装形式,经过了最典型的包装工艺流程,即洗瓶、灌酒、封

图 4-47　啤酒发酵罐　　　　　　　　　　图 4-48　啤酒过滤机

口、杀菌、贴标和装箱。

六、啤酒的营养成分（以 1 升啤酒计）

（一）啤酒中的碳水化合物

（1）糖类物质 50 克（如葡萄糖、麦芽糖、麦芽三糖等）。

（2）蛋白质及其水解物（如肽、氨基酸）3.5 克，啤酒中的碳水化合物和蛋白质的比例约为 15：1，最符合人体的营养均衡需求。

（3）乙醇 35 克，是各种饮料酒中酒精含量最低的一种含酒精饮料，适量饮用可以帮助人们抵御心血管疾病，尤其可以冲刷血管中刚形成的血栓。

（4）二氧化碳 50 克，二氧化碳可以帮助胃肠运动，也有益于解渴。

（二）啤酒中的无机离子

（1）钠 20 毫克，啤酒为低钠饮料，不会因为高钠而导致高血压。

（2）钾 80～100 毫克，钠与钾的比例为 1：（4～5），这一比例有助于保持细胞内外渗透压的平衡，也有利于解渴利尿。

（3）钙 40 毫克，钙是人体骨骼生长发育必需的成分。

（4）镁 100 毫克，镁是人体代谢系统中酶作用的重要辅助物质。

（5）锌 0.2～0.4 毫克，锌是人体代谢系统中酶作用的重要辅助物质。

（6）硅 50～150 毫克，一定量的硅有利于保持骨骼健康。现代人非常重视硅的摄入，某些矿泉水因为含有偏硅酸而受到人们的喜爱。

（7）磷是人体细胞生长必要的离子，1 升啤酒的磷含量足以满足人体一天的营养需要。

（8）pH 4.1～4.4，啤酒的微酸性有利于调节体内的酸碱平衡。

（三）啤酒中的维生素类

（1）维生素 B_1 0.1～0.15 毫克，维生素 B_2 0.5～0.13 毫克，维生素 B_6 0.5～1.5 毫克。

（2）烟酰胺 5～20 毫克，泛酸 0.5～1.2 毫克，胆碱 100～200 毫克。

（3）叶酸 0.1～0.2 毫克。

（四）啤酒中的抗衰老物质

现代医学研究证明人体中的代谢产物——超氧离子和氧自由基的积累，会引发人类的心血管病、癌症和加速衰老。啤酒中的抗氧化物质——从麦芽酒花中得到的多酚或类黄酮、在酿造过程中形成的还原酮、类黑精以及酵母分泌的谷胱甘肽等,都是减少氧自由基最好的还原性物质。

七、啤酒的鉴别

(一)色泽鉴别

良质啤酒:以淡色啤酒为例,酒液呈浅黄色或微带绿色,不呈暗色,有醒目光泽,清亮透明,无小颗粒、悬浮物和沉淀物。

次质啤酒:色淡黄或稍深,透明,有光泽,有少许悬浮物或沉淀物。

劣质啤酒:色泽暗而无光或失光,有明显悬浮或沉淀,有可见小颗粒,严重者酒体浑浊。

(二)泡沫鉴别

良质啤酒:注入杯中立即有泡沫窜起,起泡力强,泡沫厚实且盖满酒面,沫体洁白细腻,沫高占杯子的 1/2～2/3;同时见到细小如珠的气泡自杯底连串上升,经久不消。泡沫挂杯持久,在 4 分钟以上。

次质啤酒:倒入杯中的泡沫较高,较快升起,色较洁白,挂杯时间持续 2 分钟以上。

劣质啤酒:倒入杯中,稍有泡沫且消散很快,有的根本不起泡沫;起泡者泡沫粗黄,不挂杯,似一杯冷茶水。

(三)香气鉴别

良质啤酒:有明显的酒花香气和麦芽清香,无生酒花味、无老化味、无酵母味,也无其他异味。

次质啤酒:有酒花香气但不显著,也没有明显的怪异气味。

劣质啤酒:无酒花香气,有怪异气味。

(四)感官鉴别

良质啤酒:口味醇正,酒香明显,无任何异杂滋味。酒质甘洌,酒体协调柔和,杀口力强,苦味细腻、微弱、清爽而愉快,无后苦,有再饮欲。

次质啤酒:口味醇正,无明显的异味,但香味平淡、微弱,酒体尚属协调,具有一定杀口力。

劣质啤酒:味不正,淡而无味,或有明显的异杂味、怪味,如酸味、馊味、铁腥味、苦涩味、老熟味等,也有的甜味过于浓重,更有甚者苦涩得难以入口。

八、著名的啤酒

1. 青岛啤酒

青岛啤酒是中国在全球市场上的知名啤酒品牌(见图 4-49)。青岛啤酒以"做大做强"及"低成本收购"作为整个收购策略的蓝图及核心,从 1993 年开始,青岛啤酒希望借助收购当地啤酒品牌来打入不同省市的大众市场。

2. 百威啤酒

诞生于 1876 年的百威啤酒(见图 4-50),以其醇正的口感、过硬的质量赢得了全世界消费者的青睐,成为全球最畅销的啤酒,长久以来被誉为"啤酒之王"! 百威啤酒的制造商安海斯-布希英博公司一直奉行"环境、健康与安全"的核心理念和始终如一的品质理念,这些理念理所当然地融入百威啤酒中。百威啤酒已经成为中国知名度最高、销售量最大的洋品牌啤酒。

图 4-49　青岛啤酒

图 4-50　百威啤酒

3. 喜力啤酒

喜力啤酒总部位于荷兰,凭借出色的品牌战略和过硬的品质保证,成为全球顶级的啤酒品牌(见图 4-51)。喜力啤酒在全世界 170 多个国家热销,其优良品质一直受到业内和广大消费者的认可。喜力啤酒口感平顺甘醇,不含苦涩刺激味道。为了提升竞争力,喜力啤酒又推出了全新包装,不仅增添了一份年轻活力,同时又带点酷的性格,这正是年轻一代所追求的个性。喜力啤酒凭借年轻化、国际化的形象特点,成为酒吧和各娱乐场所非常受欢迎的饮品。

4. 嘉士伯啤酒

嘉士伯啤酒由丹麦嘉士伯公司出品(见图 4-52)。嘉士伯啤酒的口感属于典型的欧洲式拉格啤酒,酒质澄清甘醇。嘉士伯十分重视产品的质量,打出的广告词是"嘉士伯——可能是世界上最好的啤酒",相当深入人心。嘉士伯啤酒通过各种人文与体育活动,包括对音乐、球赛等活动的赞助,树立了良好的品牌形象。

5. 贝克啤酒

拥有四百年历史的贝克啤酒是全世界最受欢迎的德国啤酒(见图 4-53)。贝克啤酒起源于 16 世纪的不来梅古城,其优良的酿造技术,使贝克品牌传播至今。贝克啤酒风行全球 140 多个国家,高居德国啤酒出口量第一位。它不断地在全球各地的报纸、杂志、新闻媒介上宣传贝克商标和其特有的钥匙图形(不来梅州的州徽是一把钥匙——一把"打开世界的钥匙"),使其在世界各地都能见到。

6. 虎牌啤酒

诞生于 1932 年的虎牌啤酒是亚太酿酒集团的旗舰品牌(见图 4-54)。虎牌啤酒销售遍及欧洲、美国、拉丁美洲、澳大利亚和中东。亚太地区作为虎牌啤酒的重要市场将继续显示强大的增长潜能。它是新加坡国民最受欢迎的啤酒,在本区域其他国家如越南和马来西亚也表现出色。

7. 健力士黑啤

健力士黑啤的日消耗量是 1000 万杯。每一瓶健力士黑啤和每一罐健力士黑啤标签上

| 图 4-51　喜力啤酒 | 图 4-52　嘉士伯啤酒 | 图 4-53　贝克啤酒 |

面,都有一个人人熟悉的健力士先生的签名(见图 4-55)。健力士黑啤内有焙焦大麦,故其呈深黑色,与众不同。作为一款品鉴型啤酒,其整个品酒过程分六个步骤:一是取一只干净酒杯;二是把酒杯斜置,使之处于准确的角度;三是让酒流入酒杯,也就是我们所说的倒酒;四是让酒在杯中自然晃动,将酒唤醒并产生顶层泡沫;五是将酒加满,并确保酒不溢出;六是将酒呈给客人。完美的健力士品酒过程用时 119 秒。

8. 朝日啤酒

朝日啤酒厂的历史可追溯到 110 年前,它一直稳居日本前三大啤酒品牌的位置(见图 4-56)。1987 年朝日啤酒厂生产的舒波乐啤酒,作为超爽啤酒首次问世,产生了很大的影响。

| 图 4-54　虎牌啤酒 | 图 4-55　健力士黑啤 | 图 4-56　朝日啤酒 |

9. 科罗娜啤酒

科罗娜啤酒是墨西哥摩洛哥啤酒公司的拳头产品,因其独特的透明瓶包装和柠檬片的特别风味,在美国一度受到时尚青年的青睐。科罗娜啤酒(见图 4-57)是世界第五大啤酒品牌,并且每一瓶科罗娜啤酒都在墨西哥境内酿造。

10. 麒麟啤酒

麒麟啤酒(见图 4-58)是日本第一啤酒品牌,在日本,从餐厅到街头自动售货柜几乎无处不见。麒麟啤酒公司建立于 1888 年,是日本较大的啤酒公司,有一番榨啤酒、纯真味啤酒两大类型。针对日本人喜欢苦味的特点,麒麟啤酒的口味十分特别,因此深受日本人的欢迎。

九、啤酒的饮用与保存

(一) 啤酒的饮用

啤酒不宜细饮慢酌,否则酒在口中升温会加重苦味。因此喝啤酒的方法有别于喝烈性

图 4-57　科罗娜啤酒

图 4-58　麒麟啤酒

酒,宜大口饮用,让酒液与口腔充分接触,以便品尝啤酒的独特味道。不要在喝剩的啤酒杯内倒入新开瓶的啤酒。剩的啤酒会破坏新啤酒的味道,最好的办法是喝完之后再倒。

喝啤酒勿吃海鲜,以免引发痛风和结石等疾病。大汗淋漓时也勿喝啤酒,不但不解渴,反而会更渴。当酒精进入人体后,血管扩张,加速体表散热,从而加快身体水分的蒸发,加重口渴程度。

喝啤酒时勿与白酒混饮。啤酒是一种低酒精饮料,含有二氧化碳。如果和白酒一起喝,会加速酒精的渗透,影响消化酶的产生,容易导致胃痉挛和急性胃肠炎。

开启瓶啤时不要剧烈摇动瓶子,要用开瓶器轻启瓶盖,并用百洁布擦拭瓶身及瓶口。倒啤酒时以桌斟方法进行。斟倒时,瓶口不要贴近杯沿,可顺杯壁注入,泡沫过多时,应分两次斟倒。酒液占 3/4 杯,泡沫占 1/4 杯。

啤酒是世界上最复杂的饮料,如果对啤酒风格不太熟悉,那就遵循一个基本原则,越简单和清爽、酒体越薄的酒,饮用温度越低;越浓郁、厚重的酒,饮用温度越高。比如,工业啤酒,适合的饮用温度都很低,一般推荐在 1 ℃～3 ℃。

(二) 啤酒的保存

保存啤酒的温度一般以 0 ℃～12 ℃为宜,一般保存期为两个月。保存啤酒的场所要保持阴暗、凉爽、清洁、卫生,温度不宜过高,并避免光线直射。要减少振荡次数,以免发生浑浊现象。

知识链接:当代酒圣罗伯特·帕克

项目小结

本项目分为"认识金酒""认识特基拉""认识伏特加"等九个项目。通过六大基酒的讲解,让大家认识到六大基酒的起源、类型、生产工艺等,为大家在调酒过程中正确使用六大基酒打下基础。同时,对中国白酒、葡萄酒和啤酒进行介绍,让大家了解中国白酒的独特魅力、新旧葡萄酒世界的区别以及啤酒的不同风格。

知识训练

一、复习题

1. 白兰地有哪些著名品牌？

2. 新旧世界葡萄酒有哪些区别？

3. 啤酒有哪些风格？

二、思考题

1. 如何避免购买到假酒？

2. 我国的白酒能否成为第七大基酒？

能力训练

1. 酒瓶设计训练。每位同学为六大基酒设计一款酒瓶，要求时尚、线条流畅，并以 PPT 形式做出设计说明。

2. 分组，每组选择我国一个省份（直辖市、自治区），完成该省（直辖市、自治区）著名白酒的资料收集和介绍，并以 PPT 形式进行小组汇报。

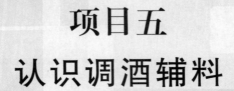

项目五
认识调酒辅料

项目目标

职业知识目标：

1. 了解利口酒、开胃酒、甜食酒的起源和类型，掌握常见的利口酒、开胃酒和甜食酒。

2. 了解软饮料的含义、类型，熟悉常见的软饮料。

3. 熟悉调酒常用的配料。

职业能力目标：

1. 熟练提供利口酒、开胃酒、甜食酒的饮用服务。

2. 熟练制作果蔬饮料、可可饮料和茶饮料。

职业素质目标：

培养学生热爱劳动的观念和立足基层、吃苦耐劳的精神。

项目核心

利口酒；开胃酒；甜食酒；软饮料；矿泉水；碳酸饮料；果蔬饮料；咖啡；可可；茶；配料

项目导入：调酒辅料是指除调酒主料之外所要使用到的材料。调酒辅料的内容很复杂，状态和颜色各异。根据类别和重要性的不同，调酒辅料分为利口酒、开胃酒、甜食酒、果汁、碳酸饮料与配料等。辅料对鸡尾酒有锦上添花的作用，加入辅料，可以让鸡尾酒在保持基酒风味的同时具备其他材料所赋予的色、香、味和形。

任务一　认识利口酒

一、利口酒的含义

利口酒又叫力娇酒。英语 Liqueur 是从拉丁语 Liquefacere 演变而来的,意思是融化或溶解。它很恰当地描述了利口酒的生产过程——物质在酒精里融化。美国人喜欢用 Cordial 来称呼利口酒,Cordial 同样来自拉丁语的 Cor,意思是"心"。因为早期的利口酒经

视频:利口酒
认知

常被修道院的僧侣或药师们用来治病,被认为能够温暖人的心脏。目前从市场上看,Liqueur 是指欧洲国家出产的利口酒,美国产品通常称为 Cordial,而法国产品则称为 Creme(克罗美)。但不管在哪个地方,Liqueur 的称呼越来越被接受。

利口酒可能是最古老、变化多样的酒了。在过去的几个世纪里,利口酒在民间被当作药来使用。这种酒常被用来治疗胃痛或眩晕。当然,也被用于消愁解乏。由于每个蒸馏商都有自己的秘方和技术,他们都在寻找新鲜的口味和基酒,这样就创造出了上千个新产品,因此利口酒的变化是无穷尽的。

二、利口酒的种类

(1)水果类。以水果的果实或果皮为原料。典型代表有柑橘利口酒、樱桃利口酒、桃子利口酒、椰子利口酒、黑醋栗利口酒、香蕉利口酒。

(2)种子类。以果实种子制成。典型代表有茴香利口酒、杏仁利口酒、可可利口酒、咖啡利口酒、榛子利口酒。

(3)香草类。以花、草为原料。典型代表有修道院酒、修士酒、杜林标酒、桑布卡、薄荷利口酒、紫罗兰利口酒。

(4)乳脂类。以各种香料及乳脂调配制成。典型代表有百利甜奶酒、爱尔兰雾酒、鸡蛋利口酒。

三、常用的利口酒

（一）柑香酒(Curacao)

产地:荷兰的库拉索岛。

用料:柑橙的果皮、药料朗姆酒、波特葡萄酒、砂糖。(见图 5-1)

（二）君度(Cointreau)

产地:法国。

用料:一种特有的橙,果肉苦酸。君度加冰纯饮最佳。用古典杯加三到四块冰块,加入一至两份君度,至酒色渐透微黄,饰柠檬皮。(见图5-2)

(三)金万利(Grand Marnier)

产地:法国科涅克。

用料:水、橙皮、白兰地。(见图5-3)

图5-1　柑香酒

图5-2　君度

图5-3　金万利

(四)汤姆利乔酒(Benedictine)

产地:法国西北部地区诺曼底。

用料:以葡萄蒸馏酒为基酒,加入27种草药作调香物,兑以蜂蜜。(见图5-4)

(五)杜林标(Drambuie)

产地:英国。

用料:草药、威士忌及蜂蜜,属烈性甜酒。常用于餐后酒或兑水冲饮。(见图5-5)

(六)加利安奴(Calliano)

产地:意大利。

用料:以食用酒精作基酒,加入30多种香草酿制而成,味醇美、香浓。(见图5-6)

图5-4　汤姆利乔酒

图5-5　杜林标

图5-6　加利安奴

(七)卡鲁瓦咖啡酒(Kahlua)

产地:墨西哥。

用料:以墨西哥的咖啡豆为原料,以朗姆酒为基酒,并添加适量的可可及香草精制而成,酒精度为26.5% vol,口味甜美。(见图5-7)

（八）波士樱桃白兰地（Bols Cherry Brandy）

产地：荷兰。

用料：以克罗地亚海岸地区达尔马提亚当地盛产的樱桃树果实（成熟时期色泽呈暗红色）为主原料。（见图5-8）

（九）葫芦樽薄荷酒（Get27）

产地：法国。

用料：以7种不同的薄荷为主要调料制作而成，口味清爽强劲、甘醇爽口。（见图5-9）

图5-7 卡鲁瓦咖啡酒

图5-8 波士樱桃白兰地

图5-9 葫芦樽薄荷酒

（十）马利宝椰子酒（Malibu White Rum With Coconut）

产地：美国加州马利宝海滩。

用料：水、椰子汁、甘蔗汁、朗姆酒。（见图5-10）

（十一）森伯加（Sambuca）

产地：意大利。

用料：茴香和甘草、食用天然香料、食用酒精。（见图5-11）

（十二）波士鸡蛋酒（Bols Advocaat）

产地：荷兰。

用料：鸡蛋黄、食用酒精、白砂糖、天然食用香料、柠檬酸。（见图5-12）

图5-10 马利宝椰子酒

图5-11 森伯加

图5-12 波士鸡蛋酒

（十三）波士白可可（Bols Creme de Cacao White）

产地：荷兰。

用料：可可豆、水、白砂糖、天然食用香料。（见图5-13）

（十四）爱蜜丝(Irish Mist)

产地：爱尔兰。

用料：香草、蜜糖、威士忌。（见图 5-14）

（十五）波士黑加仑(Cassis)

产地：荷兰。

用料：黑加仑、水、白砂糖、柠檬酸、食用酒精。（见图 5-15）

图 5-13　波士白可可　　　　　图 5-14　爱蜜丝　　　　　图 5-15　波士黑加仑

四、利口酒的饮用与服务

1. 净饮

纯饮利口酒时，把利口杯斟满即可。

2. 加冰

利口酒加冰饮用时，可使用古典杯加入半杯冰块，将 28 毫升的利口酒倒入古典杯或葡萄酒杯中，用吧匙搅拌。利口酒的标准饮用量为每份 28 毫升。

3. 兑饮

很多利口酒含糖量比较高，且比较黏稠，不适合净饮，需要兑和其他饮料后饮用。可以在古典杯或葡萄酒杯中加冰后，用 28 毫升的利口酒加 4～5 倍的苏打水或果汁饮料。利口酒开瓶后仍可继续存放，但贮存期过长会有失品质。利口酒瓶要直立放置，常温或低温下避光保存。

任务二　认识开胃酒

一、开胃酒的含义

开胃酒因在餐前饮用且能增加食欲而得名。能开胃的酒有许多，如威士忌、金酒、香槟酒，以及某些葡萄原汁酒和果酒等，都是比较好的开胃酒。开胃酒的概念一度是比较模糊的。随着饮酒习惯的演变,开胃酒逐渐专指以葡萄酒和某些蒸馏酒为主要原料的配制酒,如 Vermouth(味美思)、Bitter(比特酒)、Anise(茴香酒)等。这就是开胃酒的两种定义,前者泛指在餐前饮用能增加食欲的所有酒精饮料;后者专指以葡萄酒基酒或蒸馏酒基酒为主的有开胃功能的酒精饮料。

视频:开胃酒
认知

开胃酒有许多共性:

第一,它们有相同的起源,在过去都是药用,这使得开胃酒近似于利口酒;

第二,开胃酒在生产中具有许多共同点;

第三,每种开胃酒都各有特点。

二、开胃酒的类型

开胃酒主要分为四种类型,即苦艾酒、味美思、比特酒和茴香酒。

(一) 苦艾酒

苦艾酒源于瑞士,是两百多年前一名瑞士医生发明的加香加味型烈酒,最早是在医疗上使用,能有效改善病人的脑部活动。苦艾酒是一种有茴芹、茴香味的高酒精度蒸馏酒,主要原料是茴芹、茴香及苦艾药草,这三样被称作"圣三一"。苦艾酒酒液呈绿色,加入冰水后会变为浑浊的乳白色,这就是有名的悬乳状态。此酒芳香浓郁,口感清淡而略带苦味,酒精度达 50% vol 以上。

苦艾酒的酒精含量至少为 45%,有的高达 72%,颜色可从清澈透明到传统上的深绿色,区别在于茴香提取物含量的多少,因为苦艾酒的深绿色主要是茴香的提取液带来的。

饮用时,传统方法是加 3～5 倍的溶有方糖的冰水稀释,所以口感先甜后苦,伴着悠悠的药草气味。另一种较粗犷的饮用方法被称为波希米亚式的饮法,是将方糖燃烧后混入苦艾酒,再加水饮用。稀释后的酒呈现浑浊状态是优质苦艾酒的标志,这种现象产生的原因是酒内含植物提炼的油精浓度大,水油混合后会产生浑浊的效果。有趣的是,不少杰出的艺术家和文学家,如海明威、毕加索、凡·高、德加及王尔德等都是苦艾酒的爱好者。常见的苦艾酒品牌有以下五种。

1. 希氏苦艾酒(Hill's)

希氏苦艾酒是一款捷克出产的波希米亚风苦艾酒,也是捷克"天鹅绒革命"后第一个苦艾酒品牌。希氏苦艾酒是由 Albin Hill 于 1920 年创立的,至今已超过 100 年历史(见图 5-16)。目前,希氏苦艾酒是捷克最大苦艾酒品牌,也是世界知名的苦艾酒品牌。苦艾酒饮用方法中最知名的是波希米亚仪式,由希氏于 20 世纪 90 年代发明,并广为流行,同时对苦艾酒的复兴起到了重要的推动作用。

2. 仙子苦艾酒(La Fée)

仙子苦艾酒是由 Green Utopia 创造的(见图 5-17),茴香味很浓,含有艾草成分,有五个风格的产品:巴黎风苦艾酒(茴香风味苦艾酒)、波希米亚风苦艾酒(淡茴香味苦艾酒)、瑞士人 X·S 苦艾酒、法国人 X·S 苦艾酒、NV 绿苦艾酒(低酒精度苦艾酒)。

3. 清醒苦艾酒(Lucid)

清醒苦艾酒是一款传统的法国制造的绿苦艾酒(见图 5-18),其配方于 2006 年首次被批

准，也是自 1912 年以来第一个真正获得 COLA（标签批准证书）进入美国市场的苦艾酒。其配方包括大艾草（苦艾）、绿茴芹、甜茴香以及其他草药。该品牌重新提出了"高级苦艾酒"的口号，以将自己与苦艾酒长期以来的负面形象区分开来。

图 5-16　希氏苦艾酒

图 5-17　仙子苦艾酒

图 5-18　清醒苦艾酒

4. 库伯勒苦艾酒（Kübler）

J. Fritz Kübler 于 1863 年创造了库伯勒苦艾酒，瑞士 2005 年 3 月解除苦艾酒禁令后，库伯勒苦艾酒是在瑞士合法出售的第一个苦艾酒品牌（见图 5-19）。

5. 秘牌苦艾酒（La Clandestine）

秘牌苦艾酒是瑞士公司 Artemisia-Bugnon 生产的一款茴香味浓郁的蓝色苦艾酒（见图 5-20）。此外，该公司还生产高度数的"变幻"系列苦艾酒，由"秘"系列进一步蒸馏的绿苦艾酒"天使"系列，以及专门针对法国市场的玛丽安系列。

（二）味美思

世界上味美思有三种类型，即意大利型、法国型和中国型。意大利型的味美思以苦艾为主要调香原料，具有苦艾的特有芳香，香气强烈，稍带苦味。法国型的味美思苦味突出，更具有刺激性。中国型的味美思是在国际流行的调香原料以外，又配入中国特有的名贵中药，工艺精细，色、香、味完整。在中国市场常见的品牌有红味美思酒（Vermouth Rosso）、白味美思酒（Vermouth Blanco）、特干味美思酒（Vermouth Extrapry）；其他少量见到意大利"仙山露"（Cinzano）或法国皮尔（Byrrh）、杜波纳（Dubonnet）。加香葡萄酒除可以单独作为餐中酒直接饮用外，在国外还常以其兑制鸡尾酒。

1. 仙山露（Cinzano）

意大利产，创立于 1754 年，是著名的味美思之一，有干型、白色、红色三种。（见图 5-21）

图 5-19　库伯勒苦艾酒

图 5-20　秘牌苦艾酒

图 5-21　仙山露

2. 马天尼（Martini）

产于意大利，创立于 1800 年，是著名的味美思品牌（见图 5-22）。

3. 诺瓦丽·普拉（Noilly Prat）

又称奈利·帕莱托味美思（见图 5-23），由法国 Noilly 公司生产，包括干、白、红三种类型。一般调配辣味马天尼时，使用诺瓦丽·普拉作为基酒。

图 5-22　马天尼

图 5-23　诺瓦丽·普拉

（三）比特酒

比特酒（Bitter）也称必打士。比特酒是以葡萄酒和食用酒精为基酒，加入奎宁、龙胆等花草以及植物的茎、根、皮等药草调配而成，有强身健体、助消化功能。酒精度为 18% vol～45% vol，味道苦涩。常见的比特酒品牌有以下五种。

1. 金巴利（Campari）

产于意大利，酒液呈红色（见图 5-24），酒精度为 26% vol，很受意大利人欢迎。

2. 菲奈特布兰卡（Fernet Branca）

产于意大利，号称"苦酒之王"（见图 5-25），酒精度为 40% vol，有醒酒、健脾胃的功效。

3. 杜本内（Dubonnet）

产于法国巴黎，酒精度为 16% vol，通常呈暗红色，药香明显，苦中带甜，具有独特的风格；有红白两种，以红色最为著名。（见图 5-26）

图 5-24　金巴利

图 5-25　菲奈特布兰卡

图 5-26　杜本内

4. 安格斯特拉（Angostura）

产于西印度群岛的特立尼达和多巴哥共和国，以朗姆酒为基酒，酒精度为 44% vol，调酒中常用，但刺激性很大，有微量毒素，饮用过量会有害人体健康。（见图 5-27）

5. 安德卜格(Underberg)

产自德国,酒精度为 44% vol,呈殷红色,具有解酒健胃的作用,这是一种用 40 多种药材、香料浸制而成的烈酒,在德国每天可售出 100 万瓶;通常采用 20 毫升的小瓶包装。(见图 5-28)

图 5-27　安格斯特拉　　　　　　　　图 5-28　安德卜格

(四) 茴香酒

茴香酒用蒸馏酒与茴香油配制而成,口味香浓刺激,分染色和无色两种,一般有明亮的光泽,酒精度约为 25% vol。以法国生产的比较有名。常见的茴香酒品牌有以下三种。

1. 潘诺(Pernod)

浅青色,半透明;诞生于 1805 年的潘诺,是历史最悠久、最国际化的法国茴香酒品牌,在饮用时加冰加水后会变成奶白色。(见图 5-29)

2. 里卡德(Ricard)

全球销量第一的茴香酒,在欧洲受到消费者喜爱(见图 5-30);它也是法国烈性酒市场的"老大",市场占有率高达 14%,一直沿用保罗·力加独创的神秘配方,使用全天然原料酿制而成。

3. 帕斯提斯 51(Pastis 51)

产地为法国,酒精度为 45% vol,用甘草和茴香浸制而成。(见图 5-31)

图 5-29　潘诺酒　　　　　图 5-30　里卡德　　　　　图 5-31　帕斯提斯 51

三、开胃酒的饮用与服务

开胃酒的饮用方法有以下三种。

（一）净饮

使用调酒杯、鸡尾酒杯、量杯、吧匙和滤冰器。先把 3 颗冰块放进调酒杯中,量 1.5 盎司开胃酒倒入调酒杯中,再用吧匙搅拌 30 秒,用滤冰器过滤冰块,把酒滤入鸡尾酒杯中,加入一片柠檬。

（二）加冰饮用

使用工具:平底杯、量杯、吧匙。先在平底杯加入半杯冰块,量 1.5 盎司开胃酒倒入平底杯中,再用吧匙搅拌 10 秒钟,加入一片柠檬。

（三）混合饮用

开胃酒可以作为餐前饮料,与汽水、果汁等混合饮用。

任务三　认识甜食酒

一、甜食酒的含义

甜食酒(Dessert wine),又称餐后甜酒,是佐助西餐的最后一道食物——餐后甜点时饮用的酒品。甜食酒通常以葡萄酒作为基酒,加入食用酒精或白兰地以增加酒精度,故又称加强型葡萄酒。常见的甜食酒有波特酒、雪利酒等。

视频:甜食酒
认知

甜食酒与利口酒的区别是,甜食酒大多以葡萄酒为主酒,利口酒则以蒸馏酒为主酒。甜食酒和其他普通葡萄酒的区别在于酒精度和酒的风格不同,酒精度为 17％ vol～21％ vol,足以使甜食酒的稳定性优于普通葡萄酒。甜食酒集葡萄酒的妩媚、优雅与烈性酒的阳刚、粗犷于一体,具有别样风情,主要产于意大利、西班牙、葡萄牙等国家。

二、甜食酒的类型

（一）雪利酒

雪利酒(Sherry)是世界上著名的甜食酒,是西班牙的国宝。世界顶级雪利酒,只产于西班牙的赫雷斯。关于西班牙赫雷斯小镇生产雪利酒的记录最早可以追溯到公元前 1100 年。后来哥伦布在西班牙国王的支持下进行的多次航海活动把雪利酒带到了世界各地。到 1587 年,雪利酒开始在其他国家受到欢迎。雪利酒的名称(Jerez 或 Sherry)来自赫雷斯的阿拉伯语发音雪利斯(Scheris)。虽然阿拉伯人在 13 世纪遭到驱逐,但这一名称被保留了下来。在莎士比亚时代,雪利白葡萄酒被认为是当时世界上最好的葡萄酒。

1．雪利酒的分类

1）干型雪利酒

干型雪利酒也叫菲诺(Fino)，清淡，有新鲜的苹果味，酒精度为 16％ vol～18％ vol，可以分为以下三种。

（1）曼萨尼亚(Manzanilla)：色泽金黄，有丝丝咸味，具有杏仁的苦味。

（2）阿蒙提亚多(Amontillado)：琥珀色，有强烈的果味，略带辣味，是难得的陈年酒。

（3）巴尔玛(Palma)：这是菲诺出口的产品，分为四档，酒越陈，档次越高。

2）甜型雪利酒

金黄色，带有核桃香味，口感浓烈，酒精度为 18％ vol～20％ vol，可细分为以下三种。

（1）阿莫露索(Amoroso)：深红色，口味浓烈。

（2）帕乐卡特多(Palo Cortado)：稀有的珍品雪利酒，金黄色。

（3）乳酒(Cream Sherry)：浓甜型雪利酒，宝石红色。

2．雪利酒的名品

1）山迪文(Sandeman)

山迪文是 1790 年苏格兰人在伦敦创立的葡萄酒庄，1810 年山迪文的事业扩张到葡萄牙、西班牙和爱尔兰。山迪文的注册商标是头戴西班牙帽，身穿葡萄牙学士袍，手持红酒杯的男士形象(见图 5-32)。

2）克罗夫特(Croft)

克罗夫特酒庄位于葡萄牙的杜罗河地区。晚装瓶波特酒(Late Bottle Vintage，简称 LBV)被用作阿联酋航空头等舱用酒。克罗夫特酒庄创建于 1588 年，最开始以当时酒庄合伙人的名字命名，名为"Phayre & Bradley"。随着约翰·克罗夫特(John Croft)的加入，酒庄于是改成如今的名称"Croft"。克罗夫特以出产年份波特酒而闻名(见图 5-33)。

3）哈维丝(Harveys)

哈维丝是一种回味略显刺激的雪利酒(见图 5-34)，口味中有烤坚果或葡萄干的感觉。哈维丝通常作为开胃酒冰镇饮用，或者餐后直接加冰，与青柠汁一起饮用。冰块可以降低酒的黏稠度，青柠汁可以降低其甜度，使入口更加愉悦。

图 5-32　山迪文　　　　　图 5-33　克罗夫特　　　　　图 5-34　哈维丝

（二）波特酒

波特酒(Porto)是著名的加强型葡萄酒，原产于葡萄牙，现在美国和澳大利亚也生产这种酒。品质最好的波特酒来自葡萄牙的波特市。

1. 波特酒的种类

酿造年份、陈酿期限和勾兑过程不同会酿造出不同风格的波特酒。

1）宝石红波特酒（Ruby Porto）

波特酒中的大众产品，陈酿时间为 5～8 年，由数种原酒混合勾兑而成，酒色如红宝石，味甘甜，后劲大，果香浓郁。

2）白波特酒（White Porto）

由白葡萄酿制，酒色越浅、口感越干，品质越好，是波特酒系列中最好的开胃酒。

3）茶色波特酒（Tawny Porto）

优秀波特酒，经过陈酿，酒色呈茶色，在酒标上会注明用于混合的各种酒的平均酒龄。

4）年份波特酒（Vintage Porto）

最受欢迎的波特酒，先在桶中陈酿 2～3 年，装瓶继续陈酿，10 年后老熟，色泽深红，酒质细腻，口味甘醇，果香与酒香协调。

2. 波特酒的名品

1）泰乐（Taylor's）

泰乐（见图 5-35）于 1692 年面世，三百多年来泰乐品牌始终坚持家族式管理，它拥有葡萄牙杜罗河谷优秀的葡萄园。泰乐出色的表现源于其醇厚浓郁的酒体与纯粹精良的品质。

2）芳塞卡（Fonseca）

芳塞卡创建于 1822 年，由 Guimaraens 家族六代传人管理至今，其波特酒醇香、强劲、风格独特而充满异国风情（见图 5-36）。

3. 格兰姆红宝石波特酒（Graham's Fine Ruby Port）

格兰姆红宝石波特酒出自格兰姆酒庄，由罗丽红、葡萄牙产多瑞加、多瑞加弗兰卡、红巴罗卡四种葡萄混酿而成，酒体饱满，有甜美的黑樱桃味，余味均衡且浓烈（见图 5-37）。该酒颜色为红宝石色。赛明顿家族在波特酒领域扮演着重要的角色，它成功打造了世界知名的波特酒品牌"格兰姆"。

图 5-35　泰乐

图 5-36　芳塞卡

图 5-37　格兰姆红宝石波特酒

（三）其他甜食酒

1）玛德拉酒（Madeira）

玛德拉酒产于大西洋的玛德拉岛，以产地命名，是以当地生产的葡萄酒和葡萄烧酒为基本原料勾兑而成的,十分受人喜爱(见图 5-38)。

2)马拉加酒(Malaga)

马拉加酒产于西班牙南部的马拉加,以产地命名,是一种极甜的葡萄酒,具有显著的强补作用,较适合病人和疗养者饮用(见图 5-39)。

3)玛萨拉酒(Marsala)

玛萨拉酒产于意大利西西里岛西部的玛萨拉镇,Marsala 据说是来自阿拉伯语中的 Marsah-el-Allah,意思是"上帝的港湾"。玛萨拉酒是一种添加了蒸馏酒的加烈葡萄酒(见图 5-40),酒精度为 17% vol~19% vol,酒色呈琥珀色,口感厚实醇美,是意大利名点提拉米苏的必备原料。

图 5-38　玛德拉酒

图 5-39　马拉加酒

图 5-40　玛萨拉酒

三、甜食酒的饮用与服务

甜食酒适合纯饮,可选用波特酒杯或雪利酒杯为载杯饮用,标准饮用量为每份 50 毫升。普通甜食酒开瓶后应一次性饮完,以免氧化而影响风味,开瓶后存放时间最好不超过 2 天,且需要放在冰箱保存。甜、半甜的雪利酒要冰镇后饮用。

任务四　认识软饮料与配料

一、软饮料的含义

软饮料是指酒精含量低于 0.5% 的天然或人工配制的饮料,又称清凉饮料、无醇饮料。软饮料的主要原料是饮用水或矿泉水,果汁、蔬菜汁或植物的根、茎、叶、花和果实的提取液。

视频:软饮料
与配料认知

二、软饮料的分类

1. 碳酸饮料类

碳酸饮料类是指在一定条件下注入二氧化碳的软饮料,不包括由发酵法自身产生二氧化碳的饮料。碳酸饮料类分果汁型、果味型、可乐型、低热量型及其他类型。

2. 果汁(浆)及果汁饮料类

包括果汁(浆)、果汁饮料两类。果汁(浆)是以成熟适度的新鲜或冷藏水果为原料,经加工所得的果汁(浆)或混合果汁类制品。果汁饮料是在果汁(浆)制品中,加入糖液、酸味剂等配料所得的果汁饮料制品,可直接饮用或稀释后饮用。该类型分原果汁、原果浆、浓缩果汁、浓缩果浆、果汁饮料、果肉饮料、果粒果汁饮料和高糖果汁饮料。

3. 蔬菜汁饮料

由一种或多种新鲜或冷藏蔬菜(包括可食的根、茎、叶、花、果实、食用菌、食用藻类及蕨类)等经榨汁、打浆或浸提等制成的饮品,包括蔬菜汁、混合蔬菜汁、混合果蔬汁、发酵蔬菜汁和其他蔬菜汁饮料。

4. 含乳饮料类

以未经发酵或发酵后的鲜乳和乳制品为原料,加入水或其他辅料调制而成的液状制品,包括乳饮料、乳酸菌类乳饮料、乳酸饮料及乳酸菌类饮料。

5. 植物蛋白饮料

用蛋白质含量较高的植物的果实和种子、核果类和坚果类的果仁等与水按一定比例磨碎、去渣,加入配料制得的乳浊状液体制品。蛋白质含量不低于 0.5%。植物蛋白饮料分豆乳饮料、椰子乳(汁)饮料、杏仁乳(露)饮料和其他植物蛋白饮料。

6. 瓶装饮用水饮料

密封在塑料瓶、玻璃瓶或其他容器中可直接饮用的水。其中除允许加入臭氧外,不允许有其他添加物。瓶装饮用水饮料包括饮用天然矿泉水和饮用纯净水。

7. 茶饮料

茶叶经抽提、过滤、澄清等加工工序后得到提取液,将其直接灌装,也可以加糖、酸味剂、食用香精(或不加)、果汁(或不加)、植(谷)物提取液(或不加)等配料制成的饮品。茶饮料包括果汁茶饮料、果味茶饮料和其他茶饮料。

8. 固体饮料

以糖(或不加)、果汁(或不加)、植物提取液或其他配料为原料,加工制成或粉末状或颗粒状或块状、经冲溶后饮用的制品,其含水量少于 5%。固体饮料分果香型固体饮料、蛋白型固体饮料和其他型固体饮料。

9. 特殊用途饮料

为人体特殊需要而加入某些食品强化剂或为迎合特殊人群需要而特别调制的饮料,包括运动饮料、营养素饮料和其他特殊用途饮料。

三、主要软饮料

(一) 矿泉水

1. 矿泉水的含义

矿泉水是从地下深处自然涌出的或经人工揭露的、未受污染的地下矿水,含有一定量的矿物盐、微量元素或二氧化碳气体。在通常情况下,其化学成分、流量、水温等在天然波动范围内相对稳定。

根据身体状况及地区饮用水的差异,人们选择合适的矿泉水饮用,可以起到补充矿物质,特别是微量元素的作用。盛夏季节饮用矿泉水,是补充因出汗流失的矿物质的有效手段。

2. 矿泉水的分类

1) 按矿泉水特征

①偏硅酸矿泉水;②锶矿泉水;③锌矿泉水;④锂矿泉水;⑤硒矿泉水;⑥溴矿泉水;⑦碘矿泉水;⑧碳酸矿泉水;⑨盐类矿泉水。

2) 按矿化度分类

矿化度是指单位体积中所含离子、分子及化合物的总量。矿化度小于每升 500 毫克为低矿化度,矿化度为每升 500～1500 毫克为中矿化度,矿化度大于每升 1500 毫克为高矿化度。矿化度小于每升 1000 毫克为淡矿泉水,矿化度大于每升 1000 毫克为盐类矿泉水。

3) 按矿泉水酸碱性

酸碱性描述的是水溶液的酸碱性强弱程度,用符号 pH 来表示。根据 GB/T 14157—1993《水文地质术语》的定义,可分为以下三类(见表 5-1)。

表 5-1　矿泉水酸碱性表

pH	<6.5	6.5～8.0	>8.0～10
类型	酸性水	中性水	碱性水

3. 矿泉水质量鉴别

1) 外包装鉴别

优质矿泉水多用无毒塑料瓶包装,造型美观,做工精细;瓶盖用扭断式塑料防伪盖,有的还有防伪内塞;表面采用全贴商标,彩色精印,商品名称、厂址、生产日期齐全,写明矿泉水中所含微量元素及含量,有的还标明检验、认证单位名称。

2) 色泽与水体鉴别

优质矿泉水洁净,无色透明,无悬浮物和沉淀物,水体不黏稠。

3) 气味与滋味鉴别

优质矿泉水纯净、清爽、无异味,有的带有特殊滋味,如轻微咸味等。

4. 著名矿泉水

1) 威尔士无气天然矿泉水

威尔士无气天然矿泉水是 LV、Prada 等一线品牌的 VIP 专供用水,同时也是英国皇家马球俱乐部指定用水,流线型的瓶身仿佛就是一滴水。750毫升的威尔士无气天然矿泉水价格约为827元人民币。

2)索蕾矿泉水

索蕾矿泉水来自意大利北部的伦巴第,水里含有丰富的钙、镁、钾和微量的钠等人体新陈代谢所需的矿物质,喝起来有点甜。

3)希顿矿泉水

希顿矿泉水的水源来自英国南部汉普郡的白垩丘陵,那里的泉水口感清甜,天然低钠,钙含量相对较高,是烹饪美味佳肴的选择。

4)皇家圣蓝矿泉水

皇家圣蓝矿泉水来自西班牙,其口感怡人、略带苦涩。

5)斐济牌矿泉水

斐济牌矿泉水源自美拉尼西亚(太平洋三大岛群之一),被认为是地球上最纯净的水。夏季雨水经过火山岩的净化,保持了它的纯净,含有丰富的对面部皮肤有益的二氧化硅。

6)拓地矿泉水

拓地矿泉水来自新西兰普伦蒂湾,取自地底的含水层,钠含量较高,含少量其他矿物质。

7)依云天然矿泉水

依云天然矿泉水在水源地直接装瓶,无人体接触、无化学处理,每天进行300多次水质检查。在欧洲,依云天然矿泉水已成为怀孕和哺乳期妈妈的可信赖选择。自1789年依云水源地被发现以来,依云天然矿泉水已远销全球100多个国家和地区。

5. 矿泉水的饮用

1)矿泉水不宜煮沸饮用

饮用矿泉水时以不加热、冷饮或稍加温为宜,不能煮沸饮用。因矿泉水中一般含钙、镁较多,有一定硬度,常温下钙、镁呈离子状态,极易被人体所吸收,能起到很好的补钙作用。煮沸后钙、镁易与碳酸根生成水垢析出,所以矿泉水的最佳饮用方法是在常温下饮用。

2)矿泉水只能冷藏不宜冷冻

矿泉水冰冻过程中会出现钙、镁过饱和,并随碳酸盐的分解而产生白色沉淀,尤其是对于钙和镁含量高、矿化度相对较高的矿泉水,冷冻后更会出现白色片状或微粒状沉淀。

3)婴儿不适合饮用矿泉水

婴儿的生理结构与成年人有较大差异,消化系统发育尚不完全,过滤功能差。当宝宝食用矿泉水冲泡的食物或者直接饮用时,容易造成食物渗透压增高,增加肾脏负担。

(二)碳酸饮料

1. 碳酸饮料的含义

碳酸饮料又叫汽水,指在一定条件下充入二氧化碳气体的饮料。碳酸饮料的主要成分包括碳酸水、柠檬酸等酸性物质以及白糖、香料等,有些含有咖啡因、人工色素等。碳酸饮料作为一种传统软饮料,具有清凉解暑、补充水分的功能。但多喝对身体有害无益。

2. 碳酸饮料的起源

约1767年,约瑟夫·普莱斯特利在英国发明了人工碳酸,这为碳酸用于饮料生产提供

了基础。雅各布·史威士于 1783 年在瑞士开发了第一款矿泉水碳酸饮料。1807 年,本杰明·西利开始在美国销售瓶装德国赛尔脱兹天然气泡苏打水,这种苏打水生产于德国西南部,虽然水中的碳酸为自然生成,但是它们仍像普通苏打水一样出售。到了 19 世纪,碳酸饮料开始在杂货店中流行,通常是橘子和葡萄口味。

3. 碳酸饮料的类型

(1) 果汁型碳酸饮料:原果汁含量不低于 2.5% 的碳酸饮料。

(2) 果味型碳酸饮料:以果香型食用香精为主要赋香剂,原果汁含量低于 2.5% 的碳酸饮料。

(3) 可乐型碳酸饮料:含有焦糖色、可乐香精或类似可乐果和水果香型的辛香、果香混合香型的碳酸饮料。

(4) 低热量型的碳酸饮料:以甜味剂全部或部分代替糖类的碳酸饮料和苏打水。

(5) 其他型碳酸饮料:含有植物提取物或以非果香型的食用香精为赋香剂,补充人体运动后失去的电解质、能量等的碳酸饮料,如运动汽水等。

4. 碳酸饮料的优缺点

1) 碳酸饮料的优点

足量的二氧化碳能起到杀菌、抑菌作用,还能通过蒸发带走体内热量,起到降温作用,让人喝起来非常爽口。

2) 碳酸饮料的缺点

碳酸饮料在一定程度上会影响人体健康,主要表现如下。

(1) 磷酸导致骨质疏松。碳酸饮料大部分含有磷酸,这种磷酸会潜移默化地影响骨骼,常喝碳酸饮料,骨骼健康就会受到威胁,因为人体对各种元素都是有要求的,大量磷酸的摄入会影响钙的吸收,引起钙、磷比例失调。

(2) 影响人体免疫力。这种饮料中添加碳酸、乳酸、柠檬酸等酸性物质较多,会使血液长期处于酸性状态,不利于血液循环,人容易疲劳,免疫力下降,各种致病微生物会乘虚而入,人容易感染各种疾病。

(3) 影响消化功能。大量的二氧化碳在抑制饮料中生成细菌的同时,对人体内的有益菌也会产生抑制作用,消化系统会受到破坏。

(4) 影响神经系统。碳酸饮料妨碍神经系统的冲动传导,容易引起儿童多动症。

(5) 破坏人体细胞的"能量工厂"。专家们认为碳酸饮料里的一种防腐剂能够破坏人体DNA(脱氧核糖核酸)的一些重要区域,严重威胁人体健康。

5. 碳酸饮料的饮用

1) 适合人群

一般人群均可饮用。但是不宜多饮,也不宜天天饮用。处于更年期的人群及儿童、老人、糖尿病患者更不宜多饮。

2) 饮用时间

吃饭前后、用餐中都不宜饮用碳酸饮料。

3) 不能同酒一起饮用

碳酸饮料不要同酒一起饮用,以免加速人体对酒精的吸收,对胃、肝、肾造成严重损害。

6. 常见的碳酸饮料

碳酸饮料可以增进鸡尾酒的口感,净化鸡尾酒的酒体,让酒体更加清澈。

(1) 苏打汽水(Soda water),如图 5-41 所示。

(2) 通宁汽水(Tonic water),如图 5-42 所示。

(3) 姜汁汽水(Ginger water),如图 5-43 所示。

(4) 七喜汽水(7-up),如图 5-44 所示。

(5) 可乐(Cola),如图 5-45 所示。

图 5-41　苏打汽水

图 5-42　通宁汽水

图 5-43　姜汁汽水

图 5-44　七喜汽水

图 5-45　可乐

(三) 果蔬饮料

1. 果蔬饮料的含义

以果蔬汁为基料,加水、糖、酸或香料调配而成的饮料称为果蔬饮料。果蔬饮料含有丰富的矿物质、维生素、糖类、蛋白质和有机酸。维生素是人体能量转换所必需的物质,能起到控制和调节新陈代谢的作用。人体对它的需求量很少,但它很重要。维生素不能在体内自己合成,而水果和蔬菜是维生素的主要来源。果蔬饮料还含有许多人体需要的无机盐,如钙、磷、铁、镁、钾、钠、锌、碘、铜等,对调节人体生理机能起着重要作用。同时,果汁有悦目的色泽、迷人的芳香、怡人的味道,深受人们的喜爱。

2. 果蔬饮料的发展

在国内,果蔬饮料虽起步时间不长,但以橙汁、芒果汁、椰汁为代表的果汁型饮料越来越受到消费者的欢迎,尤其是天然的、具有新鲜果蔬的色香味和多种人体所必需的营养成分的果蔬饮料将逐步代替部分碳酸饮料。我国果蔬饮料起步于 20 世纪 70 年代,缓慢发展于 80 年代,快速发展于 90 年代。随着人们生活水平的提高,果蔬饮料慢慢走入千家万户,成为家庭必备饮品。

3. 果蔬饮料的分类

1) 果蔬汁

果蔬汁指采用机械方法将水果和蔬菜加工制成未经发酵但能发酵的汁液,或采用渗滤或浸提工艺提取水果和蔬菜中的汁液,再用物理方法除去加入的溶剂后所得到的饮品。

2) 果汁饮料

果汁饮料是指在果汁(或浓缩果汁)中加入水、糖水、酸味剂、色素等调制而成的单一果汁或混合果汁制品。成品中果汁含量不低于10%,如橙汁饮料、菠萝汁饮料、苹果汁饮料等。

3) 果肉果汁

果肉果汁指含有少量细碎果粒的饮料,如粒粒橙等。

4) 浓缩果汁

浓缩果汁指需要加水进行稀释的浓缩果汁。浓缩果汁中原汁占50%以上,如新地牌西柚汁、橙汁、柠檬汁等。

5) 果蔬菜汁

果蔬菜汁指添加了水果汁和各种香料的蔬菜汁等。国内果蔬饮料品牌有汇源、茹梦、康师傅、统一、牵手等。

4. 果蔬饮料的常用配料

1) 纯净水

有些水果、蔬菜很容易榨汁,但对于水分较少的杏子、胡萝卜、苹果等,有必要加水辅助榨汁。而且对于吸收能力较弱的儿童,太浓的果蔬饮料需要加水稀释才能饮用。

2) 蜂蜜

在果蔬饮料的制作实践中,部分营养价值较高的水果和蔬菜,特别是蔬菜,其口感并不好,比如芹菜等,这时可以用添加蜂蜜的方法来调节口味。之所以用蜂蜜来调节口味,是因为一方面蜂蜜本身是营养丰富的养颜佳品,另一方面蜂蜜不会像糖那样使人发胖。

3) 冰块

冰块有各种各样的造型和颜色。冰块在制作果蔬饮料中发挥着重要作用,其作用有:

(1) 添加色彩,颜色不同的冰块可以塑造不同的主题,从而增加饮料的吸引力;

(2) 调味,增加饮料的爽口感;

(3) 降温,降低果蔬饮料的温度。

4) 柠檬汁

柠檬汁是制作果蔬饮料很重要的配料,主要作用有:

(1) 调节口味;

(2) 有效防止果蔬饮料因氧化而变色;

(3) 维生素含量极为丰富,能防止和消除黑色素,具有美白作用;

(4) 含有烟酸和丰富的有机酸,有很强的杀菌作用。

5) 薄荷叶

薄荷叶被看成果蔬饮料的贴身伴侣,任何组合里放进几片薄荷叶,都可以起到以下两个作用:

　　（1）调节果蔬饮料的口味；

　　（2）增加果蔬饮料的形态美。

　　6）酸奶

　　将酸奶与果蔬汁制作材料一起放入榨汁机中搅拌，可以榨出更营养、更美味的果蔬饮料。

　　7）牛奶

　　牛奶性味甘平、补气养血，富含蛋白质及维生素，牛奶中的蛋白质为完全蛋白质，含人体所需要的 8 种必需氨基酸，是最好的营养补品。对于味道比较清淡的果蔬饮料，加入浓香的牛奶不失为一个好主意。

　　8）花生碎

　　花生的抗氧化作用很强，能有效预防高血压及动脉硬化。在榨好的果蔬饮料上撒上一层花生碎的话，不但可以让果蔬饮料更加香浓，而且可以给果蔬饮料的整体形象加分。

　　5. 果蔬饮料的调制要点

　　1）材料选择

　　材料以熟透为最佳。因为没有熟透的果蔬，无论在味道还是水分上都比熟透的差一些。建议在选择果蔬的时候，尽量选择当季果蔬。

　　2）注意味道的调配

　　制作果蔬饮料要坚持两条原则：

　　（1）尽量选择口感丰富的果蔬，充分利用其自然的风味；

　　（2）尽量少放蔗糖，因为蔗糖会加速 B 族维生素分解，导致钙、镁的流失，如果要增加甜味，建议放两片香蕉或者添加蜂蜜。

　　3）注意口感、色泽的调配

　　果蔬材料在制作之前放入冰箱冷冻片刻，或者在榨好后放入少许冰块，这会让口感变得更佳。色泽的调配除了考虑果蔬饮料要表达的主题思想外，还需要考虑果蔬本身的色彩，以满足消费者对色彩的审美要求。

　　4）避免维生素的流失

　　将不同的水果与蔬菜进行搭配和混合，难免会导致维生素的流失。有效的做法是在榨汁的时候加入适量柠檬汁，这样可以很好地稳定果蔬饮料中的维生素。

　　5）适当添加辅料

　　在果蔬饮料中添加辅料，例如杏仁、芝麻、黄豆粉、可可粉等，不仅可以改善果蔬饮料的口味，还能提升果蔬饮料中的营养。

　　6. 果蔬饮料的饮用服务

　　（1）盛放果蔬饮料的载杯为海波杯。

　　（2）果蔬饮料一般冷藏饮用。

　　（3）果蔬饮料一般以斟倒载杯的八分满为宜。

　　7. 常用的果蔬饮料

　　常用的果蔬饮料有：①柳橙汁（Orange Juice）；②凤梨汁（Pineapple Juice）；③番茄汁（Tomato Juice）；④葡萄柚汁，又名西柚汁（Grapefruit Juice）；⑤葡萄汁（Grape Juice）；⑥苹

果汁(Apple Juice);⑦蔓越莓浓缩汁(Strawberry Concentrated Juice);⑧杨桃汁(Star Fruit Juice);⑨椰子汁(Coconut Juice);⑩柠檬汁(Lemon Juice);⑪莱姆汁(Lime Juice)。

(四) 咖啡

1. 咖啡的含义

咖啡是流行范围广泛的饮料,与茶叶、可可并称为"世界三大饮料"。日常饮用的咖啡是用咖啡豆配合各种不同的烹煮器具制作出来的。

2. 咖啡的历史

"咖啡"(Coffee)一词源自埃塞俄比亚的一个名叫"卡法"的小镇。从19世纪开始,咖啡由传教士传入中国。1884年,我国台湾地区开始种植咖啡树。1892年,法国传教士从境外将咖啡种子带入中国云南。20世纪初,中国华侨将咖啡引入海南兴隆,自20世纪60年代开始,海南兴隆咖啡就备受关注,直至今日,兴隆一带仍流行着畅饮咖啡的老传统。2006年,兴隆咖啡被评为国家地理标志性产品。现在我国的云南、海南、广西、广东等省(自治区)都有了大面积的咖啡种植基地,其中云南省的咖啡产量约占全国总产量的90%。

3. 咖啡的主要产地

1) 巴西

巴西是全球最大的咖啡生产国,它的全部等级、种类咖啡的消费量占全球三分之一,在全球咖啡交易市场上占有一席之地。这里的咖啡种类繁多,但特优等的咖啡并不多,是用来混合其他咖啡的好选择。

2) 哥伦比亚

哥伦比亚是产量仅次于巴西的第二大咖啡工业国,各等级咖啡都能生产,其中有些是世上少有的好品质。

3) 墨西哥

墨西哥是中美洲主要的咖啡生产国,那里的咖啡口感适宜,芳香迷人。上选的墨西哥咖啡有科特佩、华图司科、欧瑞扎巴,其中科特佩被认为是世界上优质的咖啡。

4) 夏威夷

夏威夷西南海岸的可纳咖啡是夏威夷传统且有名的咖啡。美国等地对单品咖啡的需要日渐增强,所以它的单价越来越高,也越来越不容易买到。

5) 印尼

印尼苏门答腊的高级曼特宁咖啡,具有独特的香浓口感,口味微酸,品质可以称得上是世界级的。

6) 哥斯达黎加

哥斯达黎加的高纬度地区所生产的咖啡豆在世界上赫赫有名,浓郁但极酸,这里的咖啡豆都是经过精心处理的,正因为如此,才会生产出高品质的咖啡。

7) 安哥拉

安哥拉是全世界第四大咖啡工业国,但只出产少量的阿拉伯克咖啡,品质之高自然不在话下。可惜的是,每年的产量极不稳定。

8）牙买加

牙买加的"国宝"蓝山咖啡在各方面都堪称完美。真正的蓝山咖啡每年产量只有 4 万袋。每年 90% 的蓝山咖啡为日本人所购买，世界其他地方只能获得 10% 的蓝山咖啡出口配额。

4. 咖啡的营养成分

1）咖啡因

咖啡因是咖啡所有成分中最为引人注目的营养成分。它属于植物黄质（动物肌肉成分）的一种，性质和可可内含的可可碱、绿茶内含的茶碱相同，烘焙后减少的百分比极微小。咖啡因的作用极为广泛，它可以加速人体的新陈代谢，使人保持头脑清醒和思维灵敏。

2）丹宁酸

经提炼后，丹宁酸会变成淡黄色的粉末，很容易溶于水。煮沸后，它会分解而产生焦梧酸，使咖啡味道变差，所以咖啡应冲泡好尽快喝完。

3）脂肪

咖啡内含的脂肪，在风味上扮演着极为重要的角色。咖啡内含的脂肪有很多种，其中最主要的是酸性脂肪和挥发性脂肪。酸性脂肪是指脂肪中含有酸，其强弱会因咖啡种类不同而异；挥发性脂肪是咖啡香气的主要来源。

4）蛋白质

卡路里的主要来源是蛋白质，喝咖啡摄取的蛋白质是有限的，这就是咖啡会成为减肥圣品的缘故。

5）糖分

在不加糖的情况下，品尝咖啡除了会感受到咖啡因的苦味、丹宁酸的酸味，还会感受到甜味。这甜味的来源便是咖啡本身所含的糖分。咖啡豆烘焙后糖分大部分转为焦糖，为咖啡带来独特的褐色。

6）矿物质

咖啡含有石灰、铁质、硫黄、碳酸钠、磷、氯、硅等矿物质，因所占的比例极少，并不影响咖啡的风味，综合起来只带少许涩味。

5. 咖啡的基本种类

1）单品咖啡

用原产地出产的单一咖啡豆磨制而成，饮用时一般不加奶或糖的纯正咖啡。有强烈的特性，口感或清新柔和，或香醇顺滑。成本较高，因此价格也比较贵，如著名的蓝山咖啡、巴西咖啡、意大利咖啡。

2）混合咖啡

不是一种特定的咖啡，一般是由三种或三种以上不同品种的咖啡，按其酸、苦、甘、香、醇调配成的一种具有独特风味的咖啡。

6. 著名的咖啡饮品

1）浓缩咖啡（Espresso）

浓缩咖啡是意大利人发明的，是以高压热水或蒸汽快速萃取的方式，将深度烘焙的磨得很细的、压成粉饼的咖啡粉制成一种极其浓郁和醇厚的咖啡饮品。完美的浓缩咖啡表面会呈现一层深黄色的咖啡脂,称为 Cream。浓缩咖啡制作要满足四个条件:正确的研磨、正确的咖啡搭配、优质的特浓咖啡机和熟练的操作员。如果能满足这四个条件,做出的咖啡一定会美味香浓。

2)摩卡(Mocha)

摩卡咖啡是由拿铁咖啡演变而来的一种咖啡饮品。和拿铁一样,它通常是由 1/3 的浓缩咖啡和 2/3 的热牛奶奶沫调制而成,和拿铁不同的是,摩卡中还会加入少量巧克力糖浆或巧克力粉,咖啡表面通常还会以焦糖、肉桂粉或可可粉等作为装饰。

3)拿铁(Latte)

拿铁咖啡是诸多意大利式鲜奶咖啡中的一种,因为意大利语 Latte 一词就是"鲜奶"的意思。顾名思义,拿铁就是在咖啡中加入鲜奶制成的一种咖啡饮料。

4)卡布奇诺(Cappuccino)

根据意大利政府颁布的卡布奇诺的标准,一份卡布奇诺咖啡由温度为 3 ℃～5 ℃的 125 毫升牛奶用蒸汽加热到 55 ℃,而后打成奶泡,加入到 25 毫升热的浓缩咖啡中制成。卡布奇诺咖啡杯为 150～160 毫升的陶瓷质咖啡杯。

5)玛琪朵(Macchiato)

Macchiato 是意大利语,意为"烙印、弄脏"。传统的玛琪朵制作比较简单,在浓缩咖啡中添加些奶泡,牛奶比较少,通常和浓缩咖啡的比例为 2:3。

6)阿法奇朵(Affogato)

阿法奇朵是一种意大利式咖啡,其制作方法是在一份浓缩咖啡中加入适量冰激凌,冰激凌遇上热咖啡后渐渐融化,就好像沉没在咖啡中,因此意大利人也把这种咖啡叫作 Drowned。

7)康宝蓝(Con Panna)

意大利语的 Con 一词是"搅拌"的意思,Panna 则意为"鲜奶油",由此可知,康宝蓝咖啡就是在浓缩咖啡中加入适量的鲜奶油调制而成的。

8)美国佬(Americano)

美国佬并非来自美国,而是意大利人发明的。大多数美国人难以接受纯粹的浓缩咖啡,他们通常喜欢在浓缩咖啡中另外加入一倍的水以冲淡浓缩咖啡,这让意大利人十分不屑,于是便创出了 Americano 一词,不过现在许多人也将用美式咖啡机烹制出来的咖啡称作 Americano,美国佬之名便由此而生。美国佬的制作较为简单,简单来说四个字:浓缩加水。值得一提的是,美国佬咖啡就是现在的美式咖啡。

9)罗马咖啡(Espresso Romano)

在浓缩咖啡中加入糖和柠檬皮就成了罗马咖啡。罗马咖啡并非意大利人所创,而是出自第二次世界大战时美国士兵之手。当年美国人几乎对浓缩咖啡一无所知,初到意大利的美国大兵们无法接受浓缩咖啡的苦味,因此在浓缩咖啡中加入糖和柠檬皮来缓解苦味,由此创造出一种新的咖啡饮用方式。不过这种所谓的罗马咖啡却根本入不了意大利人和绝大多数欧洲人的"法眼"。

10)欧蕾咖啡(Cafe Au Lait)

源自法国的欧蕾咖啡是一种在黑咖啡中加入大量热牛奶调制而成的咖啡,和广为人知的拿铁颇为相似。欧蕾咖啡在法国和欧洲部分地区的许多国家深受欢迎，是公认的适合早餐时饮用的咖啡。专用的欧蕾咖啡杯比一般咖啡杯要大一些，广口，造型有点像日式的酒碗。

11) 爱尔兰咖啡(Irish Coffee)

爱尔兰咖啡可以说是世界上非常受欢迎的一种花式咖啡，这种加了爱尔兰威士忌、红糖和鲜牛奶的咖啡饮品，不仅有咖啡的浓郁，还有威士忌的醇厚，其香浓热烈，风味独特。

12) 维也纳咖啡(Vienna Coffee)

维也纳咖啡是一款享誉世界的花式咖啡，将浓缩咖啡注入杯中至八分满后加糖搅拌均匀，后在咖啡表面以奶油发泡器喷淋上鲜奶油，再淋上适量巧克力糖浆，撒上碎巧克力或豆蔻粉即可。浓缩的鲜奶油和甜美的巧克力让众多咖啡爱好者为之倾倒。

7. 咖啡品鉴的基本项目

1) 酸性(Acidity)

所有生长在高原的咖啡都具有酸辛强烈的特质。此处的酸辛与苦味、发酸不同，与酸碱值也无关，它是指促使咖啡发挥提振心神、涤清味觉等功能的一种清新、活泼的特质，是高级咖啡必备的条件。

2) 香气(Aroma)

咖啡调配完成后所散发出来的气息与香味，包括焦糖味、炭烤味、巧克力味、果香味、草味、麦芽味，等等。

3) 稠度(Body)

稠度是饮用咖啡后舌头留有的感觉，即作用于舌头的厚重和丰富度的感觉。稠度的变化可分为从清淡如水到淡薄、中等、高等、脂状，甚至如糖浆般浓稠。

4) 口味(Flavor)

口味是对香气、酸度与稠度的整体印象。

8. 咖啡的饮用服务

1) 咖啡匙的用法

咖啡匙是专门用来搅拌咖啡的，饮用咖啡时应当把它取出来，不要用咖啡匙舀着咖啡一匙一匙地慢慢喝，也不要用咖啡匙来捣碎杯中的方糖。

2) 空腹不宜喝咖啡

空腹喝咖啡会使血液中的血糖增高。

3) 酒后不宜喝咖啡

酒后喝咖啡，会使大脑从极度抑制转为极度兴奋，会加快血液循环，增加心血管负担，对人体造成的损害甚至会超过喝酒造成的损害。

(五) 可可

1. 可可的含义

可可(Cacao 或 Cocoa)是世界三大饮料之一，原产于美洲热带地区，营养丰富，味醇且香。非洲是世界上最大的可可生产区，多输送至西欧和美国。

2. 可可的起源

大约在 3000 年前，美洲的玛雅人就开始培植可可树。可可树是一种热带常绿植物，属于梧桐科,只能生长在南纬20°到北纬20°之间,年平均温度需要在18 ℃～28 ℃,高湿度,海拔低于300米,所以目前可可树被广泛种植在拉丁美洲、东南亚、非洲。可可豆是可可树的种子,玛雅人称其为Cacau,并将可可豆烘干碾碎,和水混合制成一种苦味的饮料。阿兹特克人称其为Xocoatl,意思为"苦水",他们专门为皇室制作热的该种饮料,叫Chocolatl,意思是"热饮",是"巧克力"这个词的来源。

为什么很多时候我们认为巧克力是甜的呢?那是因为现在不少巧克力制造商为了制造更"美味"的巧克力,把当中的苦涩味剔除了。

3. 可可的营养价值与功能

1) 营养价值

可可富含油酸、亚油酸、硬脂酸、软脂酸、蛋白质、维生素 B_1、维生素 B_3、维生素 B_5、维生素 B_6、维生素 E,矿物质钙、镁、铜、钾、钠、铁、锌,纤维素以及可可碱等。此外,可可含有500多种芳香物质,味道和口感令人回味无穷。

2) 功能

(1) 控制食欲,稳定血糖,控制体重。可可富含可可脂、蛋白质、纤维素、多种维生素和矿物质;营养全面,可吸收的碳水化合物很少(不到10%)。所以,可可属于绿色食品,喝可可容易有饱腹感,对血糖影响很小。

(2) 美肤美容。可可中丰富的原花青素和儿茶素以及维生素 E,具有很强的抗氧化作用。

(3) 聚精提神。可可中的可可碱可以使人思维敏锐,精神集中。可可中的色氨酸和镁可以帮助产生血清素,使人冷静。

(4) 强心利尿。黄烷醇和原花青素是可可中主要的类黄酮,它们可以延长体内其他抗氧化剂如维生素 E、维生素 C 的作用时间。

4. 可可的主要产地

(1) 非洲:所产的可可豆号称金牌可可豆,品质均匀,适合生产浓香型巧克力,带有酸涩和浓郁的果香味。

(2) 巴西:所产的可可豆带有强烈的酸味。

(3) 厄瓜多尔:所产的可可豆具有独特的果香和植物的芳香。

(4) 爪哇:所产的可可豆带有轻度的干酪酸味,并略呈红褐色。

(5) 委内瑞拉:所产的可可豆颜色较浅,略带苦味和果香味。

(6) 多米尼加共和国:所产的可可豆颜色很淡,并且味道苦涩。

5. 可可的饮用

1) 可可+豆浆

材料:可可粉、豆浆。

做法:将一勺可可粉加入一杯无糖豆浆中,搅拌后即可饮用。

功效:可清热解毒。豆浆中含大量食物纤维,本身带有少许甜味,可令味道更美。

2) 可可+龟苓膏

材料:可可粉、原味龟苓膏一盒。

做法:在龟苓膏中加入一勺可可粉,切块后即食。

功效:利尿,排除肠道长期堆积的毒素。

3)可可+莲心

材料:莲心、可可粉。

做法:将 10 克莲心加入沸水冲泡,10 分钟后加入一勺可可粉,搅拌均匀即可饮用。

功效:减肥,莲心清火,可可利水,特别适用于顽固性、燥热性肥胖体质。

(六)茶

1.茶的含义

茶是以茶叶为原料,经沸水泡制而成的饮料。茶属于山茶科,为常绿灌木小乔木植物,植株高 1~6 米。茶树喜欢湿润的气候,在我国长江以南地区广泛栽培。

茶在我国是公认的国饮。老百姓说:"开门七件事,柴米油盐酱醋茶。"茶是我国民众物质生活的必需品。俗语说:"文人七件宝,琴棋书画诗酒茶。"饮茶之乐,其乐无穷。

2.茶的起源

中国是最早发现和利用茶树的国家,被称为"茶的祖国"。文字记载表明,我们的祖先在3000 多年前已经开始栽培和利用茶树。

3.茶的种类

1)绿茶

绿茶是不发酵的茶叶,其干茶色泽和冲泡后的茶汤、叶底以绿色为主调,故名绿茶。绿茶具有香浓、味醇、形美、耐冲泡等特点。我国绿茶品种数量居世界之首,每年出口数万吨,占世界茶叶市场绿茶贸易量的 70% 左右。杭州西湖龙井形如雀舌,色泽翠微,香馥浓烈,滋味鲜爽,具有"形美、色绿、香郁、味醇"的特点;江苏太湖洞庭碧螺春茶叶外形像烫过的头发一样卷曲成螺,白嫩的茸毛遍布,叶底嫩如雀舌;其他如信阳毛尖、黄山毛峰、太平猴魁、六安瓜片、老竹大方、日照绿茶等名茶都为绿茶。

2)红茶

红茶是经过发酵的茶叶,加工时不经杀青,而且凋萎,使鲜叶失去一部分水分,再揉捻,然后发酵,使所含的茶多酚氧化,变成红色的化合物。这种化合物一部分溶于水,另一部分不溶于水,积累在叶片中,从而形成红汤、红叶。红茶主要有小种红茶、工夫红茶和红碎茶三大类。

著名的红茶品种有安徽祁门红茶(祁红)、安徽霍山红茶(霍红)、江苏宜兴红茶(苏红)、云南红茶(滇红)和广东英德红茶(英红)等。其中以祁门红茶最为著名,其外形紧细匀整,苗锋秀丽,色泽乌润;内质清芳并带有蜜糖香味,上品茶更蕴含兰花香,称为"祁门香",馥郁持久。世界著名的四大红茶是祁门红茶、阿萨姆红茶、大吉岭红茶、锡兰高地红茶。

3)乌龙茶

乌龙茶也称青茶,是半发酵茶,即制作时适当发酵,使叶片稍有红变,是介于绿茶与红茶之间的一个茶类。乌龙茶的叶片中间为绿色,叶缘呈红色,故有"绿叶红镶边"之称。它既有绿茶的鲜浓,又有红茶的甜醇。它经过凋萎、发酵、炒青、揉捻和干燥等工艺制成。乌龙茶也有"减肥茶"和"美容茶"之称。乌龙茶可分为闽北乌龙、闽南乌龙、广东乌龙和台湾乌龙四大类。

4）白茶

白茶是我国的特产，属于轻微发酵茶。白茶最主要的特点是毫色银白，素有"绿妆素裹"之美感，且芽头肥壮，汤色黄亮，滋味鲜醇，叶底嫩匀。冲泡后品尝，滋味鲜醇可口。它加工时不炒不揉，只将细嫩且叶背布满茸毛的茶叶晒干或用文火烘干，使白色茸毛完整地保留下来。白茶主要产于福建的福鼎、政和、松溪和建阳等地。

5）黄茶

黄茶属于轻发酵茶，在制茶过程中，经过闷堆渥黄，形成黄叶、黄汤。黄茶芽叶细嫩，显毫，香味鲜醇。由于品种不同，在茶片选择、加工工艺上有相当大的区别。比如，湖南省岳阳洞庭湖的君山银针茶，采用的全是肥壮的芽头，制茶工艺精细，分杀青、摊放、初烘、复摊、初包、复烘、再摊放、复包、干燥等工序。

6）黑茶

黑茶属于后发酵茶，因茶色黑褐而得名，又称"边销茶"。黑茶按照产区的不同和工艺上的差别，可以分为湖南黑茶、湖北老青茶、四川边茶和滇桂黑茶。黑茶的主要品种有湖南黑茶、湖北老青茶、四川边茶、广西六堡散茶、云南普洱茶等，其中以云南普洱茶最为著名。

7）花茶

花茶又称熏花茶、香花茶、香片，为我国独特的茶叶品类。花茶是集茶味与花香于一体，茶引花香，花增茶味，相得益彰，既保持了浓郁爽口的茶味，又有清新芬芳的花香。冲泡后花香袭人，甘芳满口，令人心旷神怡。花茶不仅有茶的功效，而且也具有良好的药理作用，有益于身体健康。最普通的花茶是用茉莉花制的茉莉花茶，根据所用的鲜花不同，还有玉兰花茶、桂花茶、珠兰花茶等。

8）紧压茶

紧压茶属于再加工茶，是以黑毛茶、老青茶、做庄茶及其他毛茶为原料，经过堆、蒸、压等典型工艺加工而成的砖形或其他形状的茶叶。紧压茶在少数民族地区非常流行。我国紧压茶产区比较集中，主要有湖南、湖北、四川、云南、贵州等省。其中茯砖、黑砖、花砖主要产于湖南；青花砖主要产于湖北；康砖、金尖主要产于四川、贵州；普洱茶主要产于云南；沱茶主要产于云南、重庆。

9）萃取茶

萃取茶是以成品茶或半成品茶为原料，用热水萃取茶叶中的可溶解物，过滤掉茶渣，获得茶叶，制成固态茶或液态茶。主要有罐装饮料茶、浓缩茶和速溶茶。

10）果味茶

果味茶是在茶叶半成品或成品中加入果汁后制成的有水果味的茶。这类茶叶既有茶味，又有果香味，风味独特。我国生产的果味茶主要有荔枝红茶、柠檬红茶、山楂茶等。

11）药用保健茶

药用保健茶是指将茶叶与某些中草药或食品拼合调制而成的保健茶。茶叶本来就有保健作用，经过调配，更加强了某些功效。保健茶种类繁多，功效也各不相同。

12）含茶饮料

含茶饮料是在饮料中添加各种茶汁而得到的新型饮料，如茶可乐、茶露、茶叶汽水等。

4. 茶的营养价值

茶被誉为"东方饮料的皇帝",是我国人民最主要的饮料。茶营养丰富,含有将近 400 种成分,主要包括因茶碱、胆碱、黄嘌呤、黄酮类及苷类化合物、茶鞣质、儿茶素等,另外还含有钙、磷、铁等多种矿物质。

5. 茶的泡制技术

1) 泡茶三要素

要泡好一杯茶或一壶茶,包括三个要素:茶叶用量、泡茶水温和冲泡时间。茶叶用量是在每杯或每壶中放适当分量的茶叶;泡茶水温是用适当温度的开水冲泡茶叶;冲泡时间包含两层意思,一是将茶叶泡到适当的浓度后倒出茶叶开始饮用,二是指有些茶叶要冲泡数次,每次需要泡一定时间。

2) 泡茶步骤

冲泡不同的茶叶,要使用不同的茶具,泡法也不相同。但是以下八个环节是大多数茶叶冲泡的共同步骤。

(1) 备器。根据即将冲泡的茶叶和人数,将相应的器具码放在茶桌上。

(2) 煮水。根据茶叶品种,将水烹煮至所需温度。

(3) 备茶。从茶罐中取适量茶叶至茶则(荷)中备用,如果选用的茶叶外形美观,可让品茗者先欣赏茶叶的外形和闻干茶香。如不需赏茶,可以从茶罐中取茶直接入壶(杯)。

(4) 温壶(杯)。用开水注入茶壶、茶杯(盏)中,以提高壶、杯(盏)的温度,同时使茶具得到再次清洁。

(5) 置茶。将冲泡的茶叶置入壶或杯中。

(6) 冲泡。将温度适宜的开水注入壶或杯中。如果冲泡重发酵或茶型紧结的茶类,如红茶、乌龙茶等,第一次冲水数秒即将茶汤倒掉,称之为温润泡(也称洗茶),让茶叶有一个舒展的过程。然后将开水再次注入壶中,等 60 秒后,即可将茶汤倒出。

(7) 奉茶。无论何种泡茶方法,最终泡茶人都要将盛有香茗的茶杯奉到品茗人面前,一般双手奉茶,以示敬意。

(8) 收具。品茗活动结束后,泡茶人应将茶杯收回,倒出壶(杯)中的茶渣,将所有茶具清洁后归位。

6. 茶的饮用与服务

1) 茶的饮用时间

茶的最佳饮用时间是进食后 0.5～1 小时。茶叶中含有较多的鞣酸,若饭后马上饮茶,鞣酸可能会与食物中某些微量元素结合,影响吸收,时间一长可引起体内某些元素的缺乏。

2) 特殊人群不宜多饮

处于特殊时期的人群应减少茶的饮用。

(1) 生理期。每个月生理期来临时,经血会消耗掉不少体内的铁质,浓茶中的鞣酸会妨碍铁的吸收,大大降低铁质的吸收程度,易出现贫血。

(2) 怀孕期。浓茶中的咖啡因会增加孕妇的尿量,增加心跳次数,加重孕妇的心脏和肾脏的负荷,有可能会导致妊娠终止。

(3) 哺乳期。茶中的咖啡因可渗入乳汁并间接影响婴儿,对婴儿的身体健康不利。

（4）更年期。正值更年期的妇女，若过度饮茶，会加重症状。

（5）儿童。茶叶中的茶多酚易与食物中的铁发生作用，不利于铁的吸收，易引起儿童缺铁性贫血。

3）空腹忌饮茶

空腹之时不要饮茶。因为茶叶中含有咖啡因等生物碱，空腹饮茶易使肠道吸收过多咖啡因，从而会产生一时性肾上腺皮质功能亢进的症状，如心慌、头昏、手脚无力、心神恍惚等。

4）发烧忌饮茶

茶叶中的咖啡因会使人体体温升高，而且还会降低药效。

5）肝脏病人忌饮茶

茶叶中的咖啡因等物质绝大部分经肝脏代谢，若肝脏有病，饮茶过多超过肝脏代谢能力，就会有损肝脏组织。

6）神经衰弱慎饮茶

茶叶中的咖啡因有兴奋神经中枢的作用，神经衰弱人士饮浓茶，尤其是在下午和晚上饮用，就会引起失眠，加重病情。

7）酒后忌饮茶

酒后饮茶，茶水中的茶碱会迅速地通过肾脏产生利尿作用，这样酒精转化为乙醛后尚未及时分解，便从肾脏排出，而乙醛对肾脏有较大的刺激性，所以酒后饮茶易对肾脏造成损害。

四、备用配料

备用配料是指非典型的配料。备用配料在鸡尾酒调制中不经常使用，一旦使用，往往对该款鸡尾酒有画龙点睛的作用。

（一）杏仁露

杏仁露（Almond Juice）如图 5-46 所示。

（二）豆蔻粉

豆蔻粉（Cardamon Powder）如图 5-47 所示。

（三）香芹粉

香芹粉（Celery Powder）如图 5-48 所示。

图 5-46　杏仁露　　　　图 5-47　豆蔻粉　　　　图 5-48　香芹粉

（四）樱桃

樱桃（Cherry）如图 5-49 所示。

（五）香草

香草（Vanilla）如图 5-50 所示。

（六）鸡尾洋葱

鸡尾洋葱（Cocktail Onions）如图 5-51 所示。

图 5-49　樱桃　　　　　　　　　图 5-50　香草　　　　　　　　图 5-51　鸡尾洋葱

（七）去核黑水橄榄

去核黑水橄榄（Pitted Black Olives）如图 5-52 所示。

（八）辣椒酱

辣椒酱（Chili Sauce）如图 5-53 所示。

（九）辣椒油

辣椒油（Chili oil）如图 5-54 所示。

图 5-52　去核黑水橄榄　　　　　图 5-53　辣椒酱　　　　　　　图 5-54　辣椒油

知识链接：全世界最贵的烈酒

项目小结

本项目分为"认识利口酒""认识开胃酒""认识甜食酒""认识软饮料与配料"四项任务。通过对调酒辅料的学习,使学生充分认识到不同辅料对鸡尾酒主料带来的影响,如味道上的改良、色彩上的增加,这就要求学生能掌握每一款辅料的特点、口味、色彩、寓意以及酒精度。通过不断的尝试,我们对辅料的运用才能做到心中有数、游刃有余。

项目训练

知识训练

一、复习题

1. 利口酒的种类有哪些?

2. 咖啡的营养成分有哪些?

3. 中国十大名茶有哪些?

二、思考题

1. 调酒配料的价值是什么?

2. 茶文化和鸡尾酒文化能否有机结合?

能力训练

1. 分组比赛,在十分钟内列出我们常用的苦艾酒、味美思、比特酒和茴香酒,列举多的小组获胜。

2. 列出一份利口酒的购买清单,要求酒色为红色。

3. 列出一份利口酒的购买清单,要求口感为酸味。

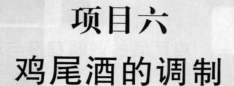

项目六
鸡尾酒的调制

项目目标

职业知识目标：

1. 了解鸡尾酒的调制程序，掌握鸡尾酒调制的原则。
2. 熟悉鸡尾酒调制的基本要求和标准要求，掌握鸡尾酒调制的原理。
3. 熟悉自创鸡尾酒的基本规则和要求。

职业能力目标：

1. 熟练掌握鸡尾酒色彩、香味调制技巧。
2. 熟练掌握鸡尾酒的调制程序并能灵活应用。
3. 学会规范地自创鸡尾酒。

职业素质目标：

培养学生积极的生活态度、对美好事物的向往以及勇于展现自我的个性。

项目核心

程序；原则；要求；基本规则；技巧；训练

项目导入：正如香港调酒师协会秘书长王绍忠所说，"调制一杯鸡尾酒并非难事"。一个家庭酒吧的基本配备包括琴酒、伏特加、朗姆酒、白兰地、特基拉和产自巴西的甘蔗酒。若再加上甜酒类，可以调制的品种就更多了。初学时不需要马上购买专业的调酒用具，只需要摇酒器、果汁机、隔冰器和量杯就够了。当然要调制出色、香、味、形、器俱佳的鸡尾酒，就不是那么容易了。

任务一　鸡尾酒的调制程序与原则

一、鸡尾酒的调制程序

鸡尾酒的调制程序主要包括准备、调制、装饰和出品。

(一) 准备工作

(1) 备齐酒水:按照配方的要求,把所需要的酒水材料准备好。

(2) 备齐调酒工具:按照配方的要求,把所需要的调酒工具准备好。

(3) 选好载杯:每一款鸡尾酒都有指定的载杯与之配套,应提前把所需要的载杯准备好。

(4) 备好装饰:鸡尾酒的装饰物主要有两类:一类是需要在酒水制作前做好的,比如霜口杯;另一类是在酒水制作完毕后加上去的,比如柠檬片挂杯。

(二) 调制鸡尾酒

1. 取瓶

把酒瓶从酒柜中取出放到操作台的过程称为取瓶。取瓶的时候要注意不能背对着客人,这样会给人不礼貌的感觉。调酒师应该略微侧身从酒柜中取出酒水。

2. 传瓶

传瓶即把酒瓶从酒柜或操作台上传到手中的过程。传瓶一般有从左手传到右手或从下方传到上方两种情形。用左手拿瓶颈部传到右手,用右手拿住瓶的中间部位,或直接用右手从瓶的颈部上提至瓶中间部位,动作要求快而稳。

3. 示瓶

示瓶即把酒瓶展示给客人。用左手托住瓶下底部,右手拿住瓶颈部,将商标呈45°面向客人。从传瓶到示瓶是一个连贯的动作。

4. 开瓶

用右手拿住瓶身,左手中指逆时针方向向外拉酒瓶盖,如用力得当,可一次拉开。可以用大拇指和食指夹起瓶盖,也可以将瓶盖放在台面上。

5. 量酒

开瓶后立即用左手中指、食指和无名指夹起量杯(根据需要选择大小合适的量杯),两臂略微抬起呈环抱状,把量杯放在靠近容器的正前上方,量杯要端平。然后右手将酒倒入量杯,倒满后收瓶口,左手同时将酒倒进所用的容器中。然后放下量杯,盖好瓶盖,将酒瓶放回原位。

6. 调制

注入原料后,按照配方规定的调酒方法进行调制。调制动作要讲究规范、标准、快速、美观。

（三）装饰

按照配方的要求,用预先准备好的装饰材料,对鸡尾酒进行装饰。

（四）出品

出品,就是说这款鸡尾酒已经制作完毕,可以对外销售了。此时特别需要对鸡尾酒进行检查,主要涉及鸡尾酒的色泽、装饰物、载杯等。一旦发现与配方有差别,应该立即停止出品,重新调制。

调酒结束后,首先要把酒水材料放回原位,其次立即清理使用过的调酒工具,最后整理工作台,保证台面的卫生和整洁。

二、鸡尾酒的调制原则

（一）规范

鸡尾酒调制一定要规范,需要考虑以下要素。

1. 配方

按配方调制并按正确顺序来制作。

2. 洁杯

调酒前事先确认杯具是否干净。

3. 量器

养成使用量酒器的习惯。

4. 果汁、水果、冰块

应选用正确及新鲜的果汁、水果、冰块,并事先准备好。

5. 酒杯

配合鸡尾酒正确使用,使用前宜事先冰冻。

6. 动作

搅拌或摇荡时动作应迅速,并即刻倒入杯内。

7. 冰块

搅拌时使用大块冰块,摇杯时使用碎冰块,混合时使用细冰块。

（二）卫生

调制鸡尾酒,卫生至关重要。为了保证鸡尾酒的卫生,有以下注意点:调酒用的基酒、辅料、装饰、用具等都要清洗干净;使用材料必须新鲜,特别是蛋、奶、果汁;要在杯子内打开鸡蛋,以检查其新鲜程度;调酒器具要保持干净清洁,以便随时使用;必须保持双手干净;装饰用水果要新鲜;罐装装饰水果如樱桃,要根据当天用量提前冲洗干净,用保鲜膜封好放入冰箱备用;在调制操作过程中应尽量避免用手直接接触装饰物;吧匙、量杯用完要及时清洗。

（三）动作

调制鸡尾酒应具有表演性和观赏性,给宾客以美好的视觉享受,因此要求调酒师在调酒

过程中要展示良好、健康的精神风貌，动作娴熟潇洒、连贯自然、姿态优美。

任务二　鸡尾酒的调制要求

一、鸡尾酒调制的基本要求

鸡尾酒是一种艺术酒品，艺术酒品需要艺术创造，因此，人们常常把鸡尾酒的调制称为一门艺术。鸡尾酒的调制有多种方法，载杯也各不相同。完美的鸡尾酒应该有相应的杯具与装饰物相配，才能充分体现出酒品的艺术价值。

鸡尾酒既能刺激食欲，亦能使人兴奋，创造热烈的气氛。巧妙调制的鸡尾酒是完美的饮料，享用鸡尾酒能缓解紧张的神经、放松筋骨、消除疲劳，同时，饮用过后，人的情绪高涨，便于交流情感。鸡尾酒很注重口味，太甜、太苦或太香都会掩盖酒品的真正味道，降低酒的品质。鸡尾酒必须充分冰冻。鸡尾酒通常使用高脚杯装载，手持玻璃杯的杯壁也会导热，从而破坏鸡尾酒应有的风味。

二、鸡尾酒调制的标准要求

（1）调完一杯鸡尾酒的标准时间为1～3分钟。

（2）调酒师必须身穿白衬衣，外套马夹，戴领结。调酒师的形象不仅影响酒吧的声誉，而且也影响顾客的饮酒情趣。

（3）多数鸡尾酒是不需加热而直接饮用的，所以操作上的每个环节都应严格按卫生要求和标准进行。任何不良习惯，如手摸头发、脸部等都会直接影响鸡尾酒的卫生情况，从而对顾客的健康产生不利影响。

（4）动作熟练、姿势优美，不能有不规范动作。

（5）所用的载杯与饮料要求具有一致性，不能用错载杯。

（6）要求所用原料准确，少用或错用主要原料都会破坏饮品的标准味道。

（7）颜色深浅程度与要求一致。

（8）调出酒品的味道正常，不能偏重或偏淡。

（9）调酒方法与制作要求一致。

（10）要依次按标准程序进行操作。

（11）装饰是鸡尾酒调制的最后一个环节，不能缺少。

三、鸡尾酒的调制原理

（1）鸡尾酒通常都用烈酒作为基酒，如金酒、威士忌、白兰地、朗姆酒、伏特加、特基拉等再加入其他的酒、饮料和香料等配制而成。

（2）调制时烈酒可以与任何味道的酒或饮料相搭配，调制成鸡尾酒。

（3）味道相同、相近的酒或饮料可以互相混合，调制成鸡尾酒。

（4）味道不相同的酒或饮料，例如药味酒与水果酒，一般不宜互相混合。

（5）清淡的酒水在调制鸡尾酒时只采用兑和法与搅拌法。

（6）调制鸡尾酒时，应首先放入配料，最后放基酒，以避免前面调制不成功而造成不必要的浪费。

（7）加入蛋清是为了增加酒的泡沫，要用力摇匀。

任务三　自创鸡尾酒的基本规则

自创鸡尾酒不同于其他产品的生产，它可以由调制者根据自己的喜好和口味特征来尽情地想象与发挥。但是，如果要使它成为商品，在饭店、酒吧中进行销售，那就必须符合一定的规则。

一、新颖

任何一款自创鸡尾酒首先必须突出"新"，即在已流行的鸡尾酒中没有记载。此外，无论在表现手法，还是在色彩、口味方面，以及酒品所表达的意境，创作的鸡尾酒都应令人耳目一新，给品尝者以新意。鸡尾酒的新颖，就是要求创作者能充分运用各种调酒材料和艺术手段，通过挖掘、思考和构思，创作出色、香、味、形俱佳的新酒品。

二、易于推广

任何一款鸡尾酒的设计都有一定的目的，要么是设计者自娱自乐，要么是在某个特定的场合为渲染或烘托气氛而进行即兴创作，但更多的是专业调酒师，为了饭店、酒吧经营的需要而进行的专门创作。创作目的不同，决定了创作者的设计手法也不完全一样。为经营所需而创作的鸡尾酒，在构思时必须遵循易于推广的原则。

第一，鸡尾酒的创作不同于其他商品，它是一种饮品，首先必须满足消费者的口味需要。因此，创作者必须充分了解消费者的需求，使自己创作的酒品能适应市场的需要，易于被消费者接受。

第二，既然创作的鸡尾酒是一种商品，就必须要考虑其利润和创作成本。鸡尾酒的成本由调制的主料、辅料、装饰品等直接成本和其他间接成本构成。成本的高低，尤其是直接成本的高低，直接影响到酒品的销售价格。价格过高，消费者接受不了，会严重影响到酒品的推广。因此，在进行鸡尾酒创作时，应当选择口味较好而价格又不是很昂贵的酒品作为基酒进行调配。

　　第三，配方简洁是鸡尾酒易于推广和流行的又一因素。从以往的鸡尾酒配方来看，绝大多数配方都很简洁，易于调制。即使以前比较复杂的配方，随着时代的发展和人们需求的变化，也变得越来越简洁。如"新加坡司令"，当初发明的时候，调配材料有十多种，但由于复杂的配方很难记忆，制作也比较麻烦，因此，在推广过程中被人们逐步简化，变成了现在的配方。所以，在设计和创新鸡尾酒时，配方必须简洁，一般情况，每款鸡尾酒的主要调配材料要控制在五种或五种以内，这既利于调配，又利于流行和推广。

　　第四，遵循基本的调制法则，并有所创新。任何一款新创作的鸡尾酒，除了要易于推广、易于流行，还必须易于调制。在调制方法的选择上不外乎摇荡法、搅拌法、兑和法等方法。当然，创新鸡尾酒在调制方法上也是可以创新的，如将摇荡法与漂浮法结合，将摇荡法与直接注入法相结合等。

三、色彩鲜艳独特

　　色彩是表现鸡尾酒魅力的重要因素之一，任何一款鸡尾酒都可以通过赏心悦目的色彩来吸引消费者，并通过色彩来增加鸡尾酒自身的鉴赏价值。因此，鸡尾酒的创作者们在创作鸡尾酒时，都需要特别注意酒品颜色的选用。鸡尾酒中常用的色彩有红、蓝、绿、黄、褐等，出现最多的颜色是红、蓝、绿以及少量黄色，而在鸡尾酒创作中，这几种颜色也是用得最多的，因此，创作时应考虑到色彩的与众不同，以增加酒品的视觉效果。

四、口味卓绝

　　口味是评判一款鸡尾酒好坏以及能否流行的重要标志，因此，鸡尾酒的创作必须将口味作为一个重要因素加以认真考虑。口味卓绝的原则要求新创作的鸡尾酒达到以下要求：

　　首先，必须诸味调和，酸、甜、苦、辣必须相协调，过酸、过甜或过苦，都会掩盖人的味蕾对味道的品尝能力，从而降低酒的品质。

　　其次，新创鸡尾酒在口味上还需满足消费者的口味需求，虽然不同地区的消费者在口味上有所不同，但作为流行性和国际性很强的鸡尾酒，在设计时必须考虑其广泛性要求，在满足绝大多数消费者共同需求的同时，再适当兼顾本地区消费者的口味需求。

　　最后，还应注意突出基酒的口味，避免辅料"喧宾夺主"。基酒是一款酒品的根本和核心，无论采用何种辅料，最终形成何种风格特征，都不能掩盖基酒的味道，那就会造成主次颠倒。

任务四　鸡尾酒调制技巧

一、鸡尾酒色彩调制技巧

　　各式各样的基酒，加上果汁、汽水、切片水果等辅料，再配上几分天马行空的想象力，在任何时候、任何地方,都可以创造出别具情趣和格调的鸡尾酒。色彩的合理使用,可以让鸡尾酒传达出不同的情感。

（一）鸡尾酒的色彩来源

1. 糖浆

糖浆的颜色有红色、黄色、绿色、白色等,较为熟悉的糖浆有红石榴糖浆（深红）、山楂糖浆（浅红）、香蕉糖浆（黄色）等。

2. 果汁

果汁通过水果挤榨而成,具有水果的自然颜色,且含糖量比糖浆少得多。常见的有橙汁（橙色）、香蕉汁（黄色）、椰汁（白色）、西瓜汁（红色）、草莓汁（浅红色）、番茄汁（粉红色）等。

3. 利口酒

利口酒颜色十分丰富,赤、橙、黄、绿、青、蓝、紫全包括,有的利口酒同一品种就有几种不同的颜色。如可可利口酒有白色和褐色;薄荷利口酒有绿色和白色;橙皮利口酒有蓝色和白色等。

4. 基酒

除伏特加、金酒等少数几种无色烈酒外,大多数酒都有自身的颜色,这也是构成鸡尾酒色彩的基础。

（二）鸡尾酒的色彩调制

鸡尾酒颜色的调制需遵循色彩配比的规律。

1. 调制彩虹酒

首先应使每层酒等距离,以保持酒体形态稳定、平衡。其次注意色彩的对比,如红与绿、黄与紫、蓝与橙都是补色关系的一对色,白与黑是色彩明度差距极大的一对色。再次,将暗色、深色的酒置于酒杯下部,明亮或浅色的酒放在上面,以保持酒体的平衡,只有这样调制出的彩虹酒才有感观美。

三原色:红、黄、蓝。

间色:红＋黄＝橙,黄＋蓝＝绿,红＋蓝＝紫。

补色:三原色中的一色与另外两色搭配产生的颜色。

2. 调制有层色的饮料

应注意色彩的比例配备,一般来说暖色或纯色的诱惑力强,应占面积小一些;冷色或浊色面积可大一些,如特基拉日出。

暖色是指红、黄和倾向于红、黄的颜色,给人以温暖、兴奋、热情、艳丽、刺激的感觉。

冷色是指绿、蓝和倾向于绿、蓝的颜色,给人以清静、冷淡、阴凉、安静、舒适、新鲜的感觉。

3. 鸡尾酒色彩的混合调制

（1）绝大部分鸡尾酒是将几种不同颜色的原料进行混合,调制成某种颜色。

三原色互相混合可产生三间色:红＋黄＝橙,黄＋蓝＝绿,红＋蓝＝紫。

间色与间色、间色与原色可以进一步混合产生复色:橙＋绿＝柠檬色、绿＋紫＝橄榄色、

蓝＋红＝朽叶色。

复色与复色、复色与间色、复色与原色可以进一步混合：白＋黄＝奶黄,白＋黄＋红＝红黄,白＋黑＝灰,白＋蓝＋黑＝蓝灰,白＋黄＋蓝＝湖绿,蓝＋黄＋黑＝墨绿色,白＋蓝＝天蓝,白＋红＋黄＝肉红,白＋红＝粉红,红＋黑＝紫红,黄＋黑＝浅柚木色,黄＋黑＋红＝深柚木色。

（2）调制鸡尾酒时应把握不同颜色原料的用量。用量过多、色深,或用量过少、色浅,则酒品达不到预想的效果。

（3）注意不同原理对颜色的作用。冰块是调制鸡尾酒不可缺少的原料,不仅对酒品起冰镇作用,还对酒品的颜色、味道起稀释作用。在调制鸡尾酒时,冰块的用量等直接影响酒品颜色的深浅。另外,冰块本身具有透亮性,在古典杯中加冰块使酒品更具有光泽,显得晶莹透亮,如君度加冰、威士忌加冰、金巴利加冰等。

（4）乳、奶、蛋等具有半透明的特点,且不易同酒品的颜色混合,调制中用这些原料能起增白效果。蛋清增加泡沫,蛋黄增强口感,使用蛋清和蛋黄调出的饮品呈朦胧状,能增加酒品的诱惑力。

（三）鸡尾酒色彩寓意

色彩的刺激使人产生不同的感性反应,这些感性反应有的是本能反应,有的是由于长期经验的积累,有的是对自然、环境、事物的联想,还有因个体的性别、年龄、爱好和生活环境的差异而各有不同。通常人们从红色中会联想到火、太阳、血,又可抽象联想到热情、温暖、革命、危险;从青色中会具体联想到水、海洋、天空、湖泊、清泉,又可抽象联想到理智、沉静、清爽、冷淡;从绿色中会具体联想到草地、森林、山川、树叶,又可抽象联想到春天、和平、新鲜、青春;从黄色中会具体联想到黄金、月亮、阳光,又可抽象联想到光明、希望、明快、活泼,等等。鸡尾酒的确能使人们从色彩效果中得到感情的抒发。

（1）红色鸡尾酒表达幸福、热情、活力、热烈的情感。

（2）紫色鸡尾酒给人高贵庄重的感觉。

（3）粉红色鸡尾酒传达健康浪漫。

（4）黄色鸡尾酒给人以辉煌神圣的感觉。

（5）绿色鸡尾酒使人联想起大自然,感到年轻充满活力。

（6）蓝色鸡尾酒让人产生冷淡、伤感的联想,产生平静和希望。

（7）白色鸡尾酒给人纯洁、神圣、善良的感觉。

二、鸡尾酒口味调制技巧

鸡尾酒的味道是通过有天然香味的饮料成分来体现的,调出的味道一般不会过酸或过甜,是一种味道较为适中且能满足人们各种口味需要的饮品。

（一）鸡尾酒的口味

鸡尾酒的口味主要源于原料的口味,人们常常用甜、酸、苦、辛、咸、涩、怪七味来评价酒品的口味风格。

1. 甜味

甜味鸡尾酒给人以舒适、滋润、纯美、丰满、浓郁、绵柔等感觉。甜味主要源于酒中含有的糖分、甘油和多元醇类等物质,这些物质具有甜味基因或助甜基因,入口以后,使人感到甜美。糖分普遍存在于酿酒原料之中,果类中含有大量葡萄糖,茎根植物中含有丰富的蔗糖,谷类中的淀粉在糖化作用下会转变成麦芽糖和葡萄糖。只要它们不在发酵中耗尽,酒液就会有甜味。而且,人们常常有意识地加入糖饴、糖醪、糖汁、糖浆等,以改善酒品的口味。

发酵酒中的甜味酒包括甜型的葡萄酒、甜型的黄酒和果酒,配置酒中的甜型酒包括甜型味美思、甜食酒和利口酒等酒品。

甜味的辅料包括糖浆、蜂蜜、甜味果汁、甜味汽水等。

2. 酸味

酸味是另一主要口味风格特点。由于酸味酒常给人以醇厚、甘洌、开胃、刺激等感觉,尤其是相对甜味来说,适当的酸味不黏挂,清肠沥胃,尤使人感到干净、干爽,故常以"干"字替之。干型口味中固然还包括了辛、涩等味觉,但酸乃其主体味感。酸性不足,酒寡淡乏味;酸性过大,酒辛辣粗俗。适量的酸可对烈酒口味起缓冲作用并在陈酿过程中逐步形成芳香脂。酒中的酸性物质可分为挥发酸和不挥发酸两类,不挥发酸是产生醇厚口感的主要物质,挥发酸是产生回味的主要物质。

发酵酒中的酸味酒包括干型的葡萄酒、干型的黄酒和果酒,配置酒中的酸味酒包括干型味美思等酒品。

酸味的辅料包括柠檬汁、青柠汁、西红柿汁等。

3. 苦味

苦味并不一定是不好的口味,世界上有不少酒品专以苦味著称,比如法国、意大利两国的比特酒;也有不少酒品保留一定苦味,比如啤酒中的许多品种。苦味是一种特殊的酒品风格。苦味切不可滥用,它具有较强的味觉破坏功能,可以引起其他味道感知的麻痹。酒中恰到好处的苦味会给人以净口、止渴、生津、除热、开胃等感觉。

酒中的苦味多由原料带入,比如苦艾酒、金巴利、苦精、啤酒。

苦味的辅料包括苦瓜汁、苦橙汁、西柚汁等。

4. 辛味

辛又为辣,酒品的辛味虽不同于一般的辣味,但由于它们给人的感受很接近,人们常以"辛辣"组词。辛不是饮者所追求的主要口味,辛给人以强刺激,有冲头、刺鼻、兴奋、颤抖等感觉。高浓度的酒精饮料给人的辛辣感受最为典型。

酒中的辛味主要来自各种烈酒,如白兰地、威士忌、朗姆酒、金酒、伏特加、特基拉、中国白酒等。

辛味的辅料包括辣椒油、胡椒粉、辣椒粉等。

5. 咸味

一般来说,咸味不是饮者所喜好的口味。不过,少量的盐类,可以促进味觉的灵敏,使酒味更加浓厚。墨西哥人在饮酒时,常吸食盐粉,以增加特基拉的风味。

6. 涩味

涩味常与苦味同时发生,但并不像苦味那样为饮者所青睐。这是由于涩会让人麻舌,给人以收敛、烦恼、粗糙等感觉,对人的情绪有较强干扰,常引起神经系统的某种混乱。涩味主

要源于酿酒原料。葡萄酒尤其是干型葡萄酒或多或少带有涩味。

7. 怪味

凡不属于上述口味风格而又为某些饮者喜欢的口味,被称之为怪味。怪味是不常见的口味。怪味最大的特点是与众不同,给人以难以名状的感受。怪味是一个模糊不清的概念,因为一些人可以称某一种口味为怪,而另一些人则不以为然,这恐怕也是怪味之所以"怪"的缘故。

（二）鸡尾酒口味的调配原理

（1）绵柔香甜的鸡尾酒:用乳、奶、蛋和具有独特口味的利口酒制成的饮品。如白兰地蛋诺、金菲士等。

（2）酒香浓郁的酸味鸡尾酒:以柠檬汁、青柠汁等酸性材料混合利口酒、糖浆等制成的饮品。

（3）果香浓郁的鸡尾酒:以各种新鲜果汁,特别是现榨果汁与基酒或利口酒调配而成。如宾治类鸡尾酒。

（4）清凉爽口的鸡尾酒:以各种碳酸饮料,辅以不同颜色、口味的利口酒或其他酒类调配的长饮,具有清凉解渴的功效。如柯林类鸡尾酒、司令类鸡尾酒。

（5）酒香浓郁的鸡尾酒:以基酒为主体,配少量辅料增加香味,糖度低,口感甘冽。如马天尼类鸡尾酒、曼哈顿类鸡尾酒,这类酒含糖量少,深受男性消费者的喜爱,属于烈性鸡尾酒。

（6）微苦香甜的鸡尾酒:以啤酒和苦酒为原料的鸡尾酒,如深水炸弹、美国佬等。这类酒入口虽苦,但持续时间短,有开胃和清热的作用。

三、鸡尾酒香味调制技巧

香气最能体现鸡尾酒的艺术风格。鸡尾酒的香气或浓郁或淡雅,但层次丰富,令人陶醉。

（一）主料酒的香气

（1）白兰地的香气怡人,既有优雅的葡萄香,又有浓郁的橡木香,还有在蒸馏和贮藏过程中获得的酯香和陈酿香。

（2）威士忌的香气丰富,苏格兰威士忌有独特的泥煤香,爱尔兰威士忌有清淡的大麦香味,美国威士忌独具炭香味,加拿大威士忌则芬芳柔和等。

（3）朗姆酒的香气有芬芳型,也有清香型。

（4）金酒的香气主要来自杜松子。荷兰产的古典金酒芳香浓郁,英式干金酒香味清淡柔和。

（5）大多数伏特加是无香型,有酒精香味。而风味型伏特加的香气来自加香材料,如柠檬香、辣椒香、梨树叶等。

（6）特基拉可分为两类:一是具有原料酒香的无色特基拉,二是有陈酿香的特基拉老酒。

（7）白酒的香型有酱香、浓香、清香、米香和复合香等。

（8）啤酒的香气主要来自酒花和麦芽的香味。

（二）辅料的香气

（1）甜食酒兼具葡萄酒和烈性酒的香味。

（2）中国配制酒既有植物香，又有动物香，还有动植物混合香。

（3）利口酒的香气最为丰富，有水果香、植物香、果仁香、奶香味等。每一种利口酒的香味都是独一无二的，正是它们赋予了鸡尾酒芳香迷人的艺术风格。

（4）软饮料中的香气，如奶制品的奶香，果汁的水果香，蜂蜜具有的花蜜香。此外，咖啡、茶、鸡蛋、辣椒油、酱油、牛肉汤等也各具独特的香味。

（三）装饰材料的香气

鸡尾酒装饰物种类各式各样，它们的香气也是鸡尾酒香气的重要组成部分，极大地丰富了鸡尾酒的香气。装饰物的香气对于鸡尾酒的香气起调整作用：一是烘托，对鸡尾酒主体香气起到烘托作用，如在马天尼中挤入柠檬油，让酒更清香；二是修正，如在奶类鸡尾酒中加入豆蔻粉，可去除腥味。

（四）鸡尾酒香味调制原理

调制鸡尾酒时利用酒的香气，是展现调酒师高超技术的绝佳机会。香味调制主要有两个方法：

（1）极力烘托主料酒的香气，如曼哈顿鸡尾酒，它的香味主要来自威士忌和味美思；

（2）有机结合主料酒和调酒辅料的香气，如奶类鸡尾酒，凸显奶香怡人和酒香幽幽。

四、鸡尾酒造型调制技巧

鸡尾酒是一种造型技术。在选择载杯时，应该充分考虑鸡尾酒的特点和内涵，选择能够表达出该款鸡尾酒意境的造型。每一个酒杯都有特定的造型，装载相应的鸡尾酒后，都有自己的万种风情。

另外，鸡尾酒的装饰物也是鸡尾酒造型的重要组成部分。一杯鸡尾酒经过精心装饰后，可以更加突出内涵，更具造型美。常见的装饰方法有点缀型装饰、调味型装饰和实用型装饰。

五、鸡尾酒酒格调制技巧

酒格是鸡尾酒色、香、味、形的综合体现。一杯好的鸡尾酒应该色、香、味、形兼备。鸡尾酒的色彩是否合适，香气是否怡人，味道是否令人愉悦，外形是否引人瞩目，都将影响消费者对鸡尾酒酒格的判断。

鸡尾酒酒格的调配就是让鸡尾酒的色、香、味、形和谐统一，浑然一体，达到"多出一分则太多，少之一分则太少"的完美境界。

六、鸡尾酒调制方法和载杯选择技巧

（一）鸡尾酒调制方法选择

（1）调酒原材料中，全部是透明的，且各种酒水的密度较低，通常使用搅拌法。

(2) 调酒原材料中,全部或部分是非透明的,或酒水密度较高,通常使用摇荡法。

(3) 调酒原材料中,有固体状态的,通常使用电动搅拌法。

(4) 成品酒需要分层的,通常使用直接注入法中的漂浮法。

(5) 含二氧化碳的碳酸饮料不能在摇酒器中摇荡。

(6) 材料的投放,一般先辅料后主料。

(7) 鸡尾酒成品带冰的,在制作时一般先放冰块后放材料。

(二) 载杯选择

(1) 成品酒不带冰的一般使用三角鸡尾酒杯或烈酒杯。

(2) 成品酒带冰块的一般使用古典杯或岩石杯。

(3) 成品酒带冰和碳酸饮料、果汁的一般使用柯林杯或海波杯。

(4) 酒杯与酒体要协调,要给人以赏心悦目的感觉。

任务五　鸡尾酒调制训练

一、以朗姆酒为基酒的鸡尾酒调制训练

(一) 自由古巴(Cuba Liber)

材料:朗姆酒 1 盎司、可乐适量。

制法:直接注入法。

载杯:柯林杯。

装饰物:1/4 个柠檬(切成块)。

【特点】味道醇厚,解渴开胃。酒中浸满了革命精神,宣扬自由、理想、无畏。

(二) 得其利(Daiquiri)

材料:白朗姆酒 1.5 盎司、莱姆汁 0.5 盎司、糖水 0.5 盎司。

制法:摇荡法。

载杯:鸡尾酒杯。

装饰物:无。

【特点】口感爽口,清热饮品。"得其利"是古巴一座矿山的名字,19 世纪末期很多美国人来到了得其利,他们把古巴特产朗姆酒、糖水与莱姆汁混在一起调制成消暑饮料,故因此命名。

(三) 蓝色夏威夷(Blue Hawaii)

材料:白朗姆酒 1 盎司、蓝柑酒 1 盎司、凤梨汁 2 盎司、椰奶 1 盎司、七喜汽水适量。

制法:摇荡法。

载杯:飓风杯。

装饰物:柳橙片、红樱桃、凤梨角。

【特点】酒色为醒目的海水蓝,品尝起来酸苦清爽,别具热带风味。

（四）X. Y. Z. Cocktail

材料:白朗姆酒 0.5 盎司、橘橙酒 0.25 盎司、柠檬汁 0.25 盎司。

制法:摇荡法。

载杯:鸡尾酒杯。

装饰物:无。

【特点】这是一款由三种材料调和而成的鸡尾酒。通常的说法是认识总是从颜色或 ABC 开始,本款酒恰恰与此相反。其柔和的口味受到女性的喜爱。

二、以特基拉为基酒的鸡尾酒调制训练

（一）特基拉日出(Tequila Sunrise)

材料:特基拉 1 盎司、橙汁 5 盎司、红石榴糖浆 0.5 盎司。

制法:直接注入法。

载杯:柯林杯。

装饰物:橙片挂杯。

【特点】口味丰富,层次鲜明。这款鸡尾酒的颜色非常迷人,橙汁的黄色和红石榴糖浆的深红色,自然晕染出的红黄渐变,就像墨西哥的日出一样醉人。曾经有人说过,特基拉日出不喝都可以让你微醉。

（二）玛格丽特(Margarita)

材料:特基拉 1 盎司、君度香甜酒 0.5 盎司、鲜柠檬汁 1 盎司。

制法:摇荡法。

载杯:玛格丽特杯。

装饰物:柠檬片挂杯、盐边。

【特点】酸、甜、苦、辣、咸,突出了人生五味。这款鸡尾酒是 1949 年全美鸡尾酒大赛的冠军,它的创造者是洛杉矶的简·杜雷萨,玛格丽特是他已故恋人的名字。盐代表创作者失去恋人流下的眼泪,故本款鸡尾酒使用盐边作装饰。

三、以白兰地为基酒的鸡尾酒调制训练

（一）粉色贵族(Noble Pink)

材料:干邑白兰地 0.5 盎司、柠檬汁 0.25 盎司、糖浆 0.5 盎司、粉红香槟适量、冰块 5 颗。

制法:摇荡法。

载杯:郁金香杯。

装饰物:无。

【特点】该款鸡尾酒酒精度中等,口感丰富。粉红香槟称得上是香槟中的贵族,迷幻的色

泽常让人浮想联翩,而协调的酸度更是给予酒体足够的支撑,突出了干邑白兰地的香气。

（二）燃烧的星期二(Turning Tuesday)

材料:白兰地 0.5 盎司、百利奶油香甜酒 0.25 盎司、151 酒 0.25 盎司。

制法:漂浮法。

载杯:利口杯。

装饰物:火焰。

【特点】这款酒看上去呈乳白色,闻起来有浓浓的奶香,但是入口很烈。创作者认为周末后的星期一是疲劳的,只有到了星期二才能全身心地投入工作,所以这款酒取名为"燃烧的星期二"。

（三）尼克拉斯加(Nikolaschka)

材料:白兰地 1 盎司、柠檬片 1 片。

制法:直接注入法。

载杯:利口杯。

装饰物:砂糖、柠檬片。

【特点】这款酒是以白兰地、柠檬片等为主要材料制作而成的美酒。第一次饮用这种鸡尾酒的人往往不知从何喝起。它的喝法是先用摆在酒杯上的柠檬包住砂糖,用力一咬待口中充满甜味及酸味后,一口喝下白兰地。它是一种在口中调制的鸡尾酒,属于白兰地不兑水饮法,酒比较烈,建议不要喝太多。

四、以威士忌为基酒的鸡尾酒调制训练

（一）漂浮威士忌(Floating Whisky)

材料:威士忌 1.5 盎司、冰矿泉水适量。

制法:直接注入法。

载杯:柯林杯。

装饰物:无。

【特点】这是利用酒精与水比重的不同而制作的鸡尾酒,因威士忌会浮在矿泉水上面而得名。如同所有的爱情,漂浮在水面的纯威士忌带给饮者刺激的口感和浓烈酒精的诱惑,就像灼人的爱情一般;而饮过威士忌后便是爽口的冰水,仿佛激情过后回归平淡的生活,应了那句歌词:"最初的爱越像火焰,最后越会被风熄灭。"

（二）威士忌酸(Whisky Sour)

材料:威士忌 1.5 盎司、柠檬汁 0.5 盎司、苏打水适量。

制法:直接注入法。

载杯:古典杯。

装饰物:柠檬片、红樱桃。

【特点】口感辛辣、微酸,适合在餐前饮用。所谓"酸酒",即在基酒中加入柠檬汁以抑制甜味增加酸味,喝起来别具风格。基酒除威士忌,还可以用白兰地、金酒等。

（三）纽约（New York）

材料：波旁威士忌 1.5 盎司、莱姆汁 0.5 盎司、红石榴糖浆 0.5 盎司。

制法：摇荡法。

载杯：鸡尾酒杯。

装饰物：柳橙片。

【特点】本款鸡尾酒表现了纽约的城市色彩，体现了五光十色的夜景和落日余晖的晚霞。

（四）教父（Godfather）

材料：苏格兰威士忌 1.5 盎司、杏仁甜酒 0.5 盎司。

制法：直接注入法。

载杯：古典杯。

装饰物：无。

【特点】此款鸡尾酒与科波拉导演的著名美国黑帮影片《教父》同名，它以意大利产杏仁甜酒为辅料调制而成。

五、以金酒为基酒的鸡尾酒调制训练

（一）金汤力（Gin Tonic）

材料：金酒 1 盎司、汤力水适量。

制法：直接注入法。

载杯：高飞球杯。

装饰物：柠檬片。

【特点】简单的杯子，清澈的酒，喝起来却有意想不到的口感：清纯、苦涩、酸、辣，真的是百般滋味。因为散发着柠檬及金酒香气，所以深受女士喜爱。

（二）干马天尼（Dry Martini）

材料：金酒 1.5 盎司、干味美思 1.5 盎司。

制法：搅拌法。

载杯：鸡尾酒杯。

装饰物：牙签、盐水橄榄。

【特点】"007"詹姆斯·邦德让这款酒变得家喻户晓，号称"鸡尾酒之王"。烈酒和味美思比例可从 1：1 到 6：1 不等，酒精度高，为餐前饮品，有开胃提神之效。

（三）红粉佳人（Pink Lady）

材料：金酒 1 盎司、红石榴糖浆 0.5 盎司、鸡蛋清半个、柠檬汁0.75盎司。

制法：摇荡法。

载杯：鸡尾酒杯。

装饰物：红樱桃挂杯。

【特点】这是 1912 年著名的舞台剧《红粉佳人》在伦敦首演的庆功宴会上，献给女主角海则尔·多思的鸡尾酒。它色泽艳丽，美味芬芳，酒精度中等，属酸甜类的餐前短饮，深受女性喜爱。

（四）蓝月亮（Blue Moon）

材料：金酒 0.5 盎司、蓝香橙 1 盎司、雪碧适量。

制法：摇荡法。

载杯：鸡尾酒杯。

装饰物：红樱桃、小雨伞。

【特点】色泽清爽、口感清淡。蓝月亮有"可远观不可亵玩"之意，衬托出女性的妖娆之美。

（五）新加坡司令（Singapore Sling）

材料：琴酒 1 盎司、柠檬汁 3 盎司、红石榴糖浆 0.5 盎司、苏打水适量、樱桃白兰地 0.5 盎司（最后淋上）。

制法：摇荡法。

载杯：鸡尾酒杯。

装饰物：穿插柠檬片与红樱桃、吸管。

【特点】这款"新加坡司令"由新加坡著名的莱佛士饭店于 1915 年创制。口感清爽、颜色鲜艳，受到大众的欢迎。

六、以伏特加酒为基酒的鸡尾酒调制训练

（一）黑俄罗斯（Black Russian）

材料：伏特加 1 盎司、咖啡酒 0.75 盎司。

制法：直接注入法。

载杯：古典杯。

装饰物：无。

【特点】以产自俄罗斯的伏特加为基酒，加上咖啡酒的色泽。它味美芬芳，酒精度虽高，但容易入口。饮后能提振精神，宜餐后饮用。

（二）螺丝刀（Screwdriver）

材料：伏特加 1.5 盎司、柳橙汁适量。

制法：直接注入法。

载杯：柯林杯。

装饰物：柳橙片（挂杯）、调酒棒。

【特点】螺丝刀也称螺丝起子，是一款洋溢着柳橙汁香气的鸡尾酒。据说，"螺丝刀"这个名称来自美国的油矿工人，早期他们习惯用不离身的螺丝刀来打开罐装的橙子汁，还用螺丝刀来搅拌杯中的饮料。

（三）血腥玛丽（Bloody Mary）

材料：伏特加 1.5 盎司、番茄汁 4 盎司、辣椒酱 0.5 茶匙、精盐 0.5 茶匙、黑胡椒粉 0.5 茶匙。

制法：直接注入法。

载杯：老式杯（加冰块）。

装饰物：芹菜。

【特点】口感富有刺激性，增进食欲。鲜红的番茄汁看起来很像鲜血。以带叶的芹菜根代替吸管，象征健康。"血腥玛丽"指16世纪中叶英格兰女王玛丽一世，她因为迫害新教徒，所以被冠以"血腥玛丽"的称号。本款鸡尾酒颜色血红，使人联想到当年的屠杀。

（四）神风特攻队（Kamikaze）

材料：伏特加1.5盎司、白柑橘香甜酒1盎司、莱姆汁0.5盎司。

制法：直接注入法。

载杯：古典杯。

装饰物：柠檬片。

【特点】属于酒精味稍重的鸡尾酒。

七、以配制酒为基酒的鸡尾酒调制训练

（一）青草蜢（Grasshopper）

材料：绿薄荷酒0.75盎司、白可可酒0.75盎司、鲜奶油0.75盎司、冰块。

制法：摇荡法。

载杯：鸡尾酒杯。

装饰物：绿樱桃。

【特点】青草蜢色泽清爽，美味芬芳，有鲜奶油的清新、薄荷的清香和可可酒的清甜，口感细腻爽适，酒精度低，特别适合女士在夏季饮用。

（二）普斯咖啡（Pousse Cafe）

材料：红石榴糖浆1/7[①]、绿薄荷酒1/7、白可可酒1/7、蓝橙利口酒1/7、君度酒1/7、白兰地1/7。

制法：分层法。

载杯：子弹杯。

装饰物：无。

【特点】该款鸡尾酒在很多酒吧有售，但是喝的人不多，因为味道太杂乱了，不过非常好看，尤其是晚上，该酒在昏暗的灯光下显得非常耀眼。

八、无酒精鸡尾酒调制训练

（一）灰姑娘（Cinderella）

材料：柠檬汁1盎司、凤梨汁1盎司、柳橙汁1盎司、红石榴糖浆1滴、七喜汽水适量。

制法：直接注入法。

---

① 此处为体积比，后同。

载杯:柯林杯。

装饰物:红樱桃。

【特点】据说因为该鸡尾酒不含酒精,没有酒的刺激,对于男人来说略显平淡,故名"灰姑娘"。它是很甜的果汁混合饮料,浓浓的椰香,很受女孩子喜欢。

(二)秀兰·邓波儿(Shirley Temple)

材料:红石榴糖浆1茶匙、干姜水适量、冰块。

制法:直接注入法。 载杯:海波杯。

装饰物:柠檬片、樱桃。

【特点】该款鸡尾酒以美国著名影星秀兰·邓波儿的名字命名。本款鸡尾酒毫无酒精,却有着甘甜的口感,色彩犹如夏天般热情。

(三)红色阔边帽(Red Sombrero)

材料:菠萝汁1/5、橙汁1/5、柠檬汁1/5、红石榴糖浆1/5、干姜水1/5。

制法:直接注入法。

载杯:柯林杯。

装饰物:柠檬、樱桃、吸管。

【特点】这款鸡尾酒的名字具有墨西哥风格,以红石榴的甜味为主,口感极佳。

(四)美人鱼之歌(Mermaid's Song)

材料:柳橙汁2盎司、椰汁1盎司、菠萝汁1盎司、柳橙汁0.5盎司、西番莲汁1盎司。

制法:直接注入法。

载杯:葡萄酒杯。

装饰物:红樱桃。

【特点】椰汁给人以热带饮料的印象。这款鸡尾酒使用了多种热带水果的果汁,因此应划入热带饮料的种类。喝这款鸡尾酒,好像在倾听美人鱼唱歌。

知识链接:调酒成功的五大重点

本项目分为鸡尾酒的调制程序与原则、鸡尾酒的调制要求、自创鸡尾酒的基本规则、鸡尾酒调制技巧、鸡尾酒调制训练五个任务。通过对本项目的学习,掌握鸡尾酒的调制程序与原则,熟悉鸡尾酒调制的要求和鸡尾酒的调制技巧。另外,通过鸡尾酒调制的训练和自创鸡尾酒的学习,使学生基本掌握自创鸡尾酒的技巧。

知识训练

一、复习题

1. 鸡尾酒调制的程序是什么?

2. 鸡尾酒调制的基本要求是什么?

3. 红粉佳人鸡尾酒的配方是什么?

二、思考题

1. 自创鸡尾酒需要考虑哪些因素?

2. 调制鸡尾酒需要做好哪些准备工作?

能力训练

1. 技能训练一:调制"清凉世界"

材料:绿薄荷酒 1 盎司、雪碧或七喜适量。

制法:直接注入法。

载杯:高飞球杯。

装饰物:柠檬片挂杯、吸管。

【特点】该酒色泽清爽、口感清淡、酒精度低,是一款可全天饮用的清凉饮品。

2. 技能训练二:调制"B-52 轰炸机"

材料:咖啡酒 0.5 盎司、百利甜酒 0.5 盎司、君度酒 0.5 盎司。

制法:分层法。

载杯:子弹杯。

装饰物:无。

【特点】"B-52 轰炸机"是一款历史悠久的鸡尾酒。它先是香味,再是甜味,最后是带点酒味的橙香,酒精度约 30% vol。

项目七
走 近 酒 吧

项目目标

职业知识目标：

1. 了解酒吧的发展历史和发展现状，掌握酒吧的发展趋势。

2. 熟悉酒吧的类型，掌握酒吧设计的原则。

3. 了解酒吧的岗位设置，熟悉酒吧的人员配备和人员培训工作。

职业能力目标：

1. 能熟练阐述酒吧在我国的发展状况。

2. 掌握酒吧设计和空间布局的能力。

3. 能熟练设计和编制岗位说明书。

职业素质目标：

培养学生的创业意识和个体生存能力，树立学生的爱岗敬业精神。

项目核心

历史；现状；发展趋势；类型；设计；岗位；人员配备；培训

项目导入：现代社会的酒吧是一个可以消遣生活、自我娱乐的场所。不同地方的地域文化把酒吧渲染得五彩缤纷。北京的酒吧粗犷豪放，是"北漂"文化的集散地；上海的酒吧细腻伤感，处处流淌着"小资"情调；广州的酒吧热闹繁杂，与这个快节奏的都市一样喧嚣。夜色下的城市属于酒吧，酒吧也只属于夜色下的城市。今时今日，一个好的酒吧，一定要有好的设计、好的装修、好的灯光、好的气氛。本项目介绍了酒吧的类型、空间布置以及酒吧的组织机构与岗位职责，希望通过这些介绍，增进学习者对酒吧的了解和认识。

任务一　酒吧的历史、现状与发展趋势

一、酒吧的历史

（一）酒吧的起源

"酒吧"是酒馆的代名词，起源于美国西部大开发时期。在美国西部，牛仔们很喜欢聚在小酒馆里喝酒，由于他们都是骑马而来，所以酒馆老板就在酒馆门前设了一根横木，用来拴马。后来，汽车取代了马车，骑马的人逐渐减少，这些横木也多被拆除。有一位酒馆老板不愿意扔掉这根已成为酒馆象征的横木，便把它拆下来放在柜台下面，没想到却成了客人们垫脚的好地方，受到了客人们的喜爱。其他酒馆听说此事后，也纷纷效仿，由此柜台下放横木的做法便普及起来。由于横木在英语里是 bar，所以人们索性就把"酒馆"翻译成"酒吧"。早期的酒吧只是出售酒水，后来随着发展，酒吧从饭店和餐馆中分离出来，成为专门出售酒水及供客人饮酒、交友、聚会、娱乐的地方。

对于绝大多数中国人来说，"酒吧"的概念既多元又单一。多元的一面表现在酒吧本身的多元表现形式和人们对酒吧文化的多元化理解；单一的一面表现在人们对酒吧作用的认知上。谈到酒吧，有人认为只是年轻人喧哗、发泄的场所。其实，它和中国的茶文化有着不少类似之处。从本质上来说，酒吧就像老舍笔下的茶馆或戏园子一样，是交流场所，只不过酒吧带有浓郁的西方文化色彩。如今，在很多都市，大家对酒吧已司空见惯，许多单个的酒吧甚至连成了一条街，形成了酒吧区，成为当地时尚生活的标志。酒吧数量越来越多，人们对酒吧越来越挑剔，"个性"成为酒吧生存和发展的第一要素。

（二）酒吧在中国

我国的酒吧早期出现在 20 世纪二三十年代的上海、青岛、哈尔滨、旅顺、大连等一些港口城市，主要服务于当时在中国的外国人，一些中国的达官贵人也经常出入这些休闲场所。在当时，这些酒吧还不是普通意义上的大众消费场所，仅服务于当时中国的上流社会，所以这些酒吧多集中于使馆、领馆和大型酒店附近。

改革开放后，随着国际交流的日益增多，在华外国人数量有了较大幅度的增长。酒吧作为一种西方人喜爱的消费和交流场所重新兴起，成为中外交流的合适地方。

40 多年来，中国改革开放的不断深入和社会经济的快速发展，催生出数量庞大的各式酒吧。酒吧在中国有"精英化"和"美学化"的现象。去酒吧消费，同样一瓶啤酒，在超市最多10 元，在酒吧里，可能最低是 20 元，而且很多酒吧还设定每人 50 元的最低消费。不过随着老百姓经济收入的提高和对酒吧的认可，越来越多的中国人喜欢上了酒吧。酒吧也不再是贵族消费的场所，而开始与中国文化相交融，呈现出生活化、大众化和本土化的发展趋势。

所有对酒精不过敏的人都可能成为酒吧的常客。酒吧正以其消费层次的广泛适应性而成为享受都市夜生活的最佳去处。中国各大城市几乎都有酒吧一条街,其形式各异,热闹非凡。

二、酒吧的发展现状

改革开放 40 多年来,酒吧行业迅速发展,酒吧成为城市直接的文化标志。酒吧的兴起和中国的经济、社会、文化之变化有着密不可分的关系。酒吧的竞争可以说是全方位、多元化的。它们不局限于单一的模式,主要分为以下四种类型。

(1)专门供应传统英式鸡尾酒的酒店酒吧,重点突出鸡尾酒的出品质量、服务质量,并以高档的环境设施吸引客人。

(2)大众化的酒吧,突出大众化消费,既卫生又舒适,品种不多,胜在精致与浓缩。

(3)大型的 K 吧,着重于突出歌曲的"快、靓、正",客人可自由选歌,吧内装修也有一定品味,部分 K 吧还供应自助餐。

(4)Disco 吧突出音乐与环境气氛的渲染。Disco 是近几年酒吧发展的领军者。它不仅吸引了大量的客人,形成一个庞大的泡吧群体,也吸引了大量投资者。

总之,全方位、多元化的经营使酒吧有不同的层次、不同的结构和不同的范围。在整个酒吧市场中,它们各有长处、各有特点,也拥有不同的生存空间。酒吧经营者要想立足在这个多元化的竞争环境中,使自己始终处于一个有利的位置,就要不断保持变通,不断更新经营方法。因为酒吧行业几乎没有什么专利可言,当一种经营方式、一款特色鸡尾酒或甜品出现,就会很快流行开来,当其在市场上已普及的时候,它就失去了竞争优势。

三、酒吧发展的趋势

酒吧在不同的时期都会展现出不同的形式和面貌,只有不断地推陈出新才能适应消费需求。

从娱乐模式上来说,酒吧将会朝着休闲、自然、高雅的方向发展。音乐节奏从昔日的强劲激烈到迷幻抒情,装饰风格从复杂到简约,装饰材料从富丽豪华到回归自然,就像消费者的娱乐情绪发展一样,从疯狂逐渐到理性,从追求刺激到追求心灵的平静,这是符合娱乐行业发展规律的。

(一)求创新

没有创新,技术不会进步,经营不会成功,酒吧业不会发展。改革开放初期,国外的新鲜事物传入中国,国外的潮流也带动着我国酒吧业的起步与发展。通过不间断的专业交流活动与比赛,酒吧行业日渐成熟。

花式调酒的出现一时风靡整个中国。珠江三角洲地区邻近港澳地区,凭着经济迅速发展与资讯发达的优势,率先突破了传统英式调酒的操作模式,花式调酒中加入了多种调制手法与新原料,使其以全新的口味展现在广大消费者面前。

创新的关键是要得到人们的接受,得到社会的认可。一种新的营销手法、一种新的原料与搭配、一种新的口味与饮法、一款新的饮品能够流行在酒吧市场,哪怕是短暂的,也是成功的。

(二)求实惠

求实惠是人们消费观念成熟的表现,酒水的价格已从"暴利"时期转入成熟规范时期。

现在,人们的消费观念有了很大的改变,等价交换的商品经济原则在人们头脑里扎下了根。酒吧行业的收益,已不像前几年那样丰厚了。不少酒吧业的经营者感到步履艰难,酒水的价格规范起来。这是酒吧行业成熟的表现,也是符合经济发展规律的表现。

让利于民,让消费者感到实惠,是促使酒吧业进一步繁荣的长远策略。一些精明的经营者,已清楚地看到了这一点,通过物尽其用、杜绝浪费等来降低成本,通过活动或节假日促销来提高营业收入。

(三) 求舒适

享受,是现代人的一种追求。填饱肚子,从现代来讲是很容易也很简单的事,但满足心理享受却不容易。对于在生存竞争和压力中疲于奔命的都市人来说,酒吧提供了一个暂时获得"放松与自由"的归属空间。这里没有权贵,只有停不下来的音乐、舞蹈,还有一杯接一杯的酒,人们可以从这里寻找一种解脱和放松。"放松与自由"正是酒吧文化的本质所在。

(四) 求变化

当今酒吧业最需要的就是变化,没有一成不变的产品。目前,遍布城市商业区的饮品小店就是酒吧发展的一个缩影。它们大多以经营奶茶、果汁等饮品为主。由于其经营路线明确,经常推陈出新,较受年轻人的青睐。但由于后来者的效仿,装修、饮品、服务等都缺乏特色,饮品市场出现千篇一律、特色模糊、吸引力差等现象。因此,酒吧必须要注意的问题就是产品不能雷同,要经常创新。

(五) 求宾至如归

酒吧的服务水准要达到宾至如归、服务到家。酒吧服务质量直接关系到酒吧客源的稳定和发展,甚至影响到酒吧的声誉。不同的客人带着不同的动机来到酒吧消费,酒吧有责任提供各种有偿服务来满足客人需求。一家成功的酒吧,花在员工培训上的精力不亚于花在创新品种上的精力。要使优质服务持之以恒,现场督导和控制是必不可少的手段。

任务二　酒吧类型和酒吧设计

酒吧,在中国各地已成为时尚生活的象征。酒店里的酒吧,酒吧街的酒吧,饭馆餐厅里的酒吧,甚至家里的私人酒吧,无处不在,人们置身其中,酒吧文化变得更加丰富。

一、酒吧类型

近年来,酒吧文化已经逐渐融入都市人的生活。在城市的脉搏中静静蔓延的酒吧逐渐散发出其独特的魅力,酒吧种类愈发繁多。因此,可以从服务内容、经营形式、服务方式及酒吧特色等方面对酒吧进行分类。

（一）根据服务内容分类

1. 纯饮品酒吧

此类酒吧主要提供各类饮品，也有一些佐酒小吃，如果脯、坚果类食物。一般的机场、码头、车站等处的酒吧都属于此类。

1）休闲型酒吧

此类酒吧通常称之为茶座，是客人放松精神、怡情养性的场所。一般座位舒服、灯光柔和、音乐音量较小、环境温馨幽雅，供应的饮料以软饮料为主，咖啡是所售饮品中的一个大项。

2）娱乐型酒吧

这种酒吧环境布置及服务主要是为了满足寻求刺激、发泄的客人。酒吧往往会设有乐队、舞池、卡拉 OK、时装表演等，有的甚至以娱乐为主、酒吧为辅，所以吧台在总体设计上所占空间较小，舞池较大。此类酒吧气氛活泼热烈，大多数青年人喜欢此类酒吧。

2. 供应食品的酒吧

此类酒吧按食品的供应品种来区分，一般可以细分为下列几种类型。

1）餐厅型酒吧

绝大多数餐厅型酒吧中酒水饮品是辅助品，仅作为吸引客人消费的一种手段。该类酒吧酒水品种较少。目前高级餐厅中酒水品种和酒水服务有增强的趋势。

2）小吃型酒吧

一般来讲，有食品供应的酒吧的吸引力要大一点，客人消费也会多一些。小吃的品种往往风味独特且易于制作，如烧烤、汉堡、肉排等。在这类酒吧中，即使小吃的价格略贵，客人也乐于享用。

3）夜宵式酒吧

夜宵式酒吧是指高档餐厅夜间将餐厅环境布置得类似酒吧，有酒吧特有的灯光和音响设备，产品以酒水与食品并重，客人可单纯享用夜宵或特色小吃，也可以单纯享用饮品。

（二）根据经营形式分类

1. 附属经营酒吧

这类酒吧大多附属于某一大型娱乐中心或大型购物中心，包括提供酒精含量低或不含酒精饮品的娱乐中心酒吧、购物中心酒吧，它们或为娱乐的客人而设，或为人们购物休息及欣赏其所购置物品而设。比如饭店酒吧就是附属经营酒吧的一种，主要是为住店客人所设的，也接纳当地居民。饭店酒吧往往有可能是某一地区或城市中较好的酒吧，其设施、商品、服务项目比较全面。客房中有小酒吧，大厅有鸡尾酒廊。

2. 独立经营酒吧

此类酒吧无明显附属关系，单独设立，经营品种较齐全，服务设施较好，部分酒吧也设置其他娱乐项目，常吸引大量客人。常见的独立经营酒吧有以下几种类型。

1）市中心酒吧

地点在市中心，一般设施和服务较全面，常年营业，客人逗留时间较长，消费也较多。因在市中心，此类酒吧竞争压力也很大。

2）交通终点酒吧

设在机场、火车站、港口等旅客中转地，是旅客消磨等候时间、休息放松的酒吧。此类酒吧客人一般逗留时间较短，消费较少，但周转率很高。一般此类酒吧消费品种较少，服务设施比较简单。

3）旅游地酒吧

设在海滨、森林、温泉、湖畔等风景旅游地，供游人在玩乐之后放松的酒吧，一般都有舞池、卡拉 OK 等娱乐设施，但所经营的饮品种类较少。

（三）根据服务方式分类

1. 立式酒吧

立式酒吧是传统意义上的典型酒吧，即客人不需服务人员服务，一般自己直接到吧台上喝酒水。"立式"并非指客人必须站立饮酒，也不是指调酒师或服务员站立服务，它只是一种传统称呼。

在这种酒吧里，有相当一部分客人是坐在吧台前的高脚椅上饮酒，而调酒师则站在吧台里边，面对客人进行操作。因调酒师始终与客人直接接触，所以也要求调酒师始终保持整洁的仪表、谦和有礼的态度，当然还必须掌握熟练的调酒技术，以吸引客人。传统意义上立式酒吧的调酒师都是单独工作，因为不仅要负责酒品的调制，还要负责收款工作，同时必须掌握整个酒吧的营业情况，所以立式酒吧也是以调酒师为中心的酒吧。

2. 服务酒吧

服务酒吧多见于娱乐型酒吧、休闲型酒吧和餐饮酒吧，是指客人不直接在吧台上享用酒水，而是通过服务员开单并提供酒水服务。调酒师在一般情况下不和客人接触。

服务酒吧为来餐厅就餐的客人提供服务，因而佐餐酒的销售量比其他类型酒吧要大得多。不同类型服务酒吧供应的酒水略有差别，销售区别较大。同时，服务酒吧一般为直线封闭型布局。区别于立式酒吧，调酒师必须与服务员合作，按开出的酒单调酒并提供各种酒水饮料，由服务员收款，所以服务酒吧是以服务员为中心的酒吧。

此种酒吧与其他类型酒吧相比，对调酒师的技术要求相对较低。比如，属于服务酒吧类的鸡尾酒廊，通常位于饭店门厅附近或门厅延伸处，或利用门厅周围空间，一般没有墙壁将其与门厅隔断。同时，鸡尾酒廊一般比立式酒吧宽敞，常有钢琴、竖琴或小型乐队为客人表演，有的还有小舞池，供客人即兴起舞。

（四）根据酒吧特色分类

1. 多功能酒吧

多功能酒吧大多设置在综合娱乐场所内，它不仅能为用餐客人提供午、晚餐的酒水服务，还能为有赏乐、跳舞、唱卡拉 OK、健身等不同需求的客人提供种类齐全、风格迥异的酒水服务及其他相关服务。这类酒吧综合了酒廊、服务酒吧的基本特点和服务职能。

2. 主题酒吧

"水吧""氧吧""书吧"等均称为主题酒吧。这类酒吧以销售软饮料为主，多分布在人流密集、客流量大的商业中心附近。来此消费的客人大部分是来享受酒吧提供的服务的，酒水往往排在次要的位置。

3. 绅士酒吧

它通常是男士的专门酒吧,客人大多是非住宿客人,是男士专用的社交场所,有的还设有台球室、飞镖场等。

二、酒吧设计及空间布局

从美学角度分析,饮酒是一项综合性的审美活动。晶莹透丽、高低有致的杯具,可培养审美趣味;彩虹般的酒液光彩夺目;营养可口的新鲜水果引人垂涎;巧夺天工的装饰令人联想翩翩;服饰仪表、浪漫音乐可激发审美情绪;举止文雅、态度热情可使人产生愉快的感受。可见,酒吧服务不是一个简单的过程,而是关系到调酒艺术、礼乐艺术、装饰艺术等综合艺术的创造活动过程。

(一) 酒吧设计原则

1. 充分运用联想和想象

联想和想象在视觉传达设计中是不可缺少的重要成分,是决定设计成功与否的重要条件之一。图形的创意首先要从联想和想象方面入手,针对设计的主题、类型、手法、思想内涵、形式美感等方面,充分展开想象的翅膀,不被经验和现实束缚,而让人的思维遨游于无限的艺术世界之中。

2. 强调标新立异与独创性设计

酒吧设计总是强调不断创新,在风格、内涵、形式、表现等诸多方面强调与众不同。设计创意强调个性表现,如没有独特的个性特征,则容易落入一般,流于平淡。酒吧设计应采用不同的思维形式进行独立思考,在心中建立起自己独特的审美形象。

3. 逆向思维和顺向思维相结合

酒吧设计往往涉及取材、立意、造型等多个方面,如果顺着某一思路,往往找不到最佳的感觉,这时可以让思维向左右发展,或者逆向推展,有时能得到意外的收获,从而促使视觉思维的完善和创意的成功。

4. 捕捉生活中的设计灵魂

设计最需要的是灵感。通过某种偶然因素激发而突然有所领悟,达到认识上的飞跃,各种新形象、新思路、新概念、新发现也突然而至,这就是设计灵感。灵感潜藏于人们思维的深处,并不会以人们的意志为转移,只有善于捕捉生活中的灵感,才能有更好的酒吧设计。

(二) 酒吧设计的方向

从酒吧设计细分,可以把酒吧分为商业酒吧和文化酒吧。

1. 商业酒吧

商业酒吧的特点是气氛热烈、大众化。在酒吧设计时需要考虑融入平常元素。这种酒吧大多集中在闹市区,面积大,有很好的商业管理和商业操作模式。它更流行,更加主流,吸引的客人更加多元化。

2. 文化酒吧

文化酒吧的特点是清静,富有个性。在酒吧设计时需要融入个性元素。这类酒吧面积小,分布在有特色和有文化背景的地方。客人相对单一,主题性强。这种类型的酒吧生命力旺盛,会有很多老顾客。

除此之外,还有一类会员制酒吧。会员制酒吧要求它的顾客具备一定的条件,因此对顾客来说,出入会员制酒吧,是一种身份的体现。因此在设计这类酒吧时需要考虑客户群,这种酒吧追求的是高档、豪华的服务和品位。

(三)酒吧设计的个性

酒吧是一个纯娱乐休闲的场所。各地的酒吧均有不同的文化特色,这就造就了个性迥异的酒吧设计。

1. 北京的酒吧文化及设计

北京是全国的经济中心、政治中心,也是全国酒吧最多的一个城市,去酒吧的人大多是在华的外籍人员、商业人士、白领阶层、艺术家、大学生等,这些人都有着共同的需求——宣泄。因此,北京的酒吧设计一般都有着强烈的气氛,以满足消费者的这种宣泄需求。

2. 上海的酒吧文化及设计

上海的酒吧很有特色,有着形形色色的消费人群,因此,上海的酒吧设计综合性很强,可以满足各种消费者的需求。上海酒吧,特别是衡山路酒吧因为成功演绎了"东方香榭丽舍"之梦,在短短的两三年里已经成为进驻人们日常生活的一个绝妙之处。

3. 广州的酒吧文化及设计

与前两个地方相比,很难给广州的酒吧下定义。广州的酒吧常常会附设茶座、咖啡厅、西餐厅、卡拉 OK 厅、舞厅等,因此,广州的酒吧设计是很复杂的,包括很多元素。例如,在考虑到酒吧中的量贩 KTV 设计、咖啡厅设计的同时,还要考虑各个空间的分离。

(四)酒吧布局与装饰艺术

1. 空间布局与装饰

无论是桌、椅、柜之类的家具,还是桌布、窗帘之类的装饰织物(甚至服务员的服装),以及文物、字画、盆景、挂屏之类的观赏品,它们的造型、色调、布置、组合,都要在与整个酒吧的总体美学风格一致的基础上,着眼于具体的环境特征与主题,以统一而富于变化的风格,造就一种轻松安逸、舒适愉快的气氛。

2. 光照与色彩

不同的光照和色彩可以使人产生不同的情绪反应。在处理酒吧的光照与色彩时,应注意以下几个方面的问题。

(1)光色的象征性和情感性。红色让人联想到火,它象征热烈、革命,使人兴奋、激动;绿色象征生命、青春,可以唤起对自然、生命的热爱,使人愉悦舒畅;蓝色则如天空、海洋,使人感到平静、淡泊。不同颜色的特点可供酒吧布置时参考。

(2)光色的时间性和季节性。夏天炽热,日光强烈;冬天寒冷,日光暗弱。季节的变化使人的心理产生这样的反应,看到强光或暖色光就想到炎炎夏日而产生暖感;处于弱光或冷色光下,就想到冬天而产生冷感。我们便可根据这一特点,在夏天以冷色为主,冬天以暖色为主,通过光色调节人的心理冷暖感。

(3)光色的地方性与民族性。各个民族和不同地区受环境、文化、传统等因素的影响,

对于色彩的喜好也存在着较大的差异。

（4）光色影响食欲。无论是食物原有的色还是光照的效果，凡与腐烂、霉变等色相似的色彩，人们都不喜欢。相对来说，暖色（如黄色、乳白色、淡咖啡色等）容易引发食欲。酒吧光照的目的，一方面是为人们提供照明，另一方面是营造某种气氛和意境，增加美感。

（五）酒吧灯光设计

酒吧灯光设计的创新需要抓住酒吧的主要特点，并灵活地利用酒吧设计的相关因素。现在，人们对酒吧灯光的设计并不是单纯只考虑灯管怎样排，底板上什么色，带不带扫描，而是要注意整体造型上的新颖、合理，包括构图上主题突出且分配恰当，霓虹灯的光源亮度、光色、光影对比的协调，位置的分布合理，直射、透射、漫射的层次和方向，以及灯光强弱和炫光的安排，控制方式及方向、速度，与酒吧周围环境的融合，制作、安装的规范和便捷，容易维修，造价合理，安全性高，符合有关标准、政策、法规等综合因素。设计酒吧灯光时，创意与创新必须通过一定方法来表现，而设计的图形就是最直接基本的表达方法。酒吧灯光图形创意可借助视觉思维和视觉传达，融合物理学、心理学、生理学、社会学、语言学、美学和哲学等多种学科的综合知识。

（六）酒吧空间设计

大的酒吧，需要空间的分隔来展现酒吧的空间美。例如，可以利用地坪的高度差来分隔空间，用隔断分隔开不同的区域，利用围栏以及列柱来分隔空间，所以酒吧设计时需要把空间隔离设计好。还有一种就是隔透性隔断，如落地罩、花窗隔层，这样既能享受整体空间的通透性，还能兼顾私密的小空间。

敞亮酒吧的空间是外向的，强调与周围环境交流，心理效果表现为开朗、活泼、接纳。而封闭酒吧的空间是内向的，具有很强的领域感、私密性。在不影响私密机能的情况下，为了打破封闭带来的沉闷感，往往在设计时加上灯窗，用来展现空间的通透性和层次感。酒吧的动态空间引导人们从动态角度观察周围的事物，使人置身于一个充满想象的空间。例如，旋转的水晶灯、生动的背景音乐。在设计酒吧的空间时，设计师往往要分析和解决复杂的空间矛盾，合理地布局和组织空间。

三、酒吧设计的区域

（一）门面的设计

门面是第一印象。酒吧的风格、主题往往可以从门面上表现出来。通过设计吸引消费者，在风格上要最大限度地突出酒吧特色。例如，有的酒吧把门面装修成童话中的小房子；有的外观像一艘陈旧的木船；有的建在高大的树干之间，有种返璞归真的感觉。

（二）吧台的设计

吧台主要有长形、马蹄形、小岛形，三者各有优点。在布置吧台时，一般要注意以下几点。

1. 视觉显著

一般来说，吧台应设置在显著的位置，如靠近进门处、正对门处等。客人在刚进入时便能看到吧台的位置,感觉到吧台的存在,能够尽快知道他们所享受的酒水及服务是从哪儿发出的。

2. 合理布置空间

一定的空间既要多容纳客人,又要使客人不感到拥挤和杂乱无章,同时还要满足目标客人对环境的特殊要求。如较吸引人的设置是将吧台放在距门口几步远的地方,而在左侧的空间设置半封闭式的火车座。同时应注意,吧台设置处要留有一定的空间以便于展开服务,这一点往往被一些酒吧所忽视,导致服务人员与客人争占空间,并存在服务时因拥挤而将酒水洒落的风险。

3. 方便服务客人

吧台设置要让酒吧中任何一个角落坐着的客人都能得到快捷的服务,同时也便于服务人员开展服务。

(三) 餐桌区的设计

酒吧设计餐桌区时,往往将餐桌区留出一些角落,让客人每次坐在不同的地方,都会觉得不一样。大部分的酒吧采用灵敏弹性的桌椅,无论两个人来,还是十个人来都可随意拼拆餐桌。

(四) 后勤区的设计

后勤区主要设置厨房、员工衣柜、收银台、办公室,强调方便实用。

(五) 卫生间的设计

卫生间相对于其他区域而言,看似不是很重要,但能极大地影响消费者对酒吧的印象。因此,卫生间的设计一定要有特色。同时要注意卫生间的细节,比如防水、防潮、增加情趣等。

(六) 酒吧招牌的设计

酒吧招牌是供顾客识别店铺、招徕生意的牌号,具有广告功效。个性独特和具有吸引力的招牌会强化酒吧在顾客心目中的印象,对酒吧经营很有利。酒吧招牌分为以下几种类型。

(1) 文字型招牌。以文字为主题,通过字体的变化、材质的不同而变换形式。优点为成本低,简单明了。

(2) 文图型招牌。文字与图画完美结合,使整个招牌更具吸引力,而且对酒吧经营内容也有较好的诠释,是广为利用的招牌形式。

(3) 形象型招牌。以某种特定的造型或物品为酒吧的代言物,从而体现其不拘一格的经营特色。比如有的酒吧门外放着几只木制酒桶等。

(4) 灯光型招牌。以灯箱、霓虹灯作招牌,在茫茫夜色中,忽隐忽现,光彩夺目。

任务三　岗位、人员配备与培训

　　酒吧都是哪些人在工作？需要什么样的员工？酒吧工作人员的工作内容各是什么？酒吧的员工从哪里来？这些都是酒吧消费者和酒吧求职者对酒吧的好奇之处。有一点可以告诉大家，这个行业不论是老板还是从业者，基本都是晚上工作、白天睡觉。

一、酒吧的组织结构与岗位职责

　　岗位职责是衡量和评估每个人工作的依据，是工作中相互沟通、协调的条文，是选定岗位人员的标准。制定岗位职责，就是使各级岗位上的每个人都明确自己在组织中的位置，知道向谁负责、接受谁的督导，以及在工作中需要具备哪些技能才能完成自己的任务。

　　为使酒吧服务和管理工作做到正常运转，必须建立组织结构，通过配备人员和确定职责，做到合理分工、相互协作。

（一）酒吧的组织结构

　　由于各酒吧的档次及规模不同，酒吧的组织结构可根据实际需要制定或改变。有些四星级或五星级大饭店，一般设立酒水部，管辖范围包括舞厅、咖啡厅和大堂酒吧等。在国外或我国香港地区，酒吧经理通常也兼管咖啡厅。

　　酒吧的人员构成比较复杂，不能一概而论。在一般情况下，每个服务酒吧配备调酒师和实习生共4～5人；主酒吧配备领班、调酒师、实习生共5～6人；酒廊可根据座位数来配备人员，通常10～15个座位配备1人。以上配备为两班制需要人数，一班制时人数可减少。

　　例如，某饭店共有各类酒吧5个，其人员配备如下：酒吧经理1人；酒吧副经理1人；酒吧领班2～3人；调酒师15～16人；实习生4人。

　　人员配备可根据营业状况的不同而做相应的调整，需要考虑两个因素：一是酒吧的营业时间；二是酒吧的营业状况。酒吧的营业时间多为上午11点至凌晨1点，上午客人很少，下午客人也不多，傍晚至午夜是营业高峰时间。营业状况主要是看每天的营业额及供应酒水的杯数。一般30个座位左右的立式酒吧每天可配备调酒师4～5人，酒廊或服务酒吧每50个座位每天可配备调酒师2人，餐厅或咖啡厅每30个座位每天可配备调酒师1人；如果营业时间短，可相应减少人员配置；营业繁忙时，可按每日供应100杯饮料配备调酒师1人。小型酒吧可根据自己的实际情况进行人员配备，一般情况下人员配备为经理1人、调酒师1人、实习调酒师1人（可有可无）、服务员3～4人。

（二）酒吧员工的岗位职责

1. 酒吧经理的职责

　　（1）保证酒吧处于良好的工作状态和营业状态。

　　（2）正常供应各类酒水，制订销售计划。

（3）编排员工工作时间表，合理安排员工休假。

（4）根据需要调动、安排员工工作。

（5）督促下属员工努力工作，鼓励员工积极学习业务知识，求取上进。

（6）制订培训计划，安排培训内容，培训员工。

（7）根据员工工作表现做好评估工作，提升优秀员工，并且执行各项规章。

（8）检查酒吧每日工作情况。

（9）控制酒水成本，防止浪费，减少损耗，严防失窃。

（10）处理客人投诉或其他部门的投诉，调解员工纠纷。

2. 酒吧副经理的职责

（1）保证酒吧处于良好的工作状态。

（2）协助酒吧经理制订销售计划。

（3）编排员工工作时间，合理安排员工假期。

（4）根据需要调动、安排员工工作。

（5）督导下属员工努力工作。

（6）负责各种酒水销售服务，熟悉各类服务程序和酒水价格。

（7）协助经理制订员工培训计划。

（8）协助确定鸡尾酒的配方以及各类酒水的分量标准。

（9）检查酒吧日常工作情况。

（10）控制酒水成本，防止浪费，减少损耗，严防失窃。

3. 酒吧领班的职责

（1）保证酒吧处于良好的工作状态。

（2）正常供应各类酒水，做好销售记录。

（3）督导下属员工努力工作。

（4）负责各种酒水服务，熟悉各类酒水的服务程序和酒水价格。

（5）根据配方鉴定混合饮料的味道，熟悉其分量，指导下属员工。

（6）协助确定鸡尾酒的配方以及各类酒水的分量标准。

（7）根据销售需要保持酒吧的酒水存货。

（8）负责各类宴会的酒水预备和各项准备工作。

（9）管理及检查酒水销售时的开单、结账工作。

（10）自己处理不了的事情及时转报上级。

4. 酒吧调酒师的职责

（1）根据销售状况每月从仓库领取所需酒水。

（2）按每日营业需要从仓库领取酒杯、棉织品、水果等物品。

（3）每天上班时做好本岗位清洁卫生工作。擦干净台面、酒瓶、用具、杯具，摆放好吧台物品，抹布应经常清洗，不得有异味，需保持清洁干爽。

（4）根据用量准备好鸡尾酒装饰及调酒用果汁、糖浆等辅助材料。

（5）做好啤酒等的预冷藏工作。对所有放入雪柜冷藏的酒水，应按先冷藏先用的原则出品，雪柜、酒水柜应保持清洁卫生。

（6）负责所属岗位的所有出品，出品应按规定标准制作，接到出品单时应快速并准确地

完成出品。

(7) 应能熟练地使用各种调酒和倒酒用具。对鸡尾酒、特饮配方非常熟悉,对各类酒水性质非常了解。保证所有出品非常完美。

(8) 负责服务吧台客人。

5. 酒吧服务员的职责

(1) 在酒吧范围内招呼客人。

(2) 根据客人的要求填写酒水供应单,到酒吧吧台领取酒水,并负责取账单给客人结账。

(3) 按客人的要求供应酒水,提供令客人满意的服务。

(4) 保持酒吧的整齐、清洁,包括开始营业前及客人离去后摆好桌椅等。

(5) 做好营业前的一切准备工作,预备咖啡杯、碟、点心叉(西点)、茶壶和杯子等。

(6) 协助放好陈列的酒水。

(7) 补足酒杯,空闲时擦亮酒杯。

(8) 用干净的烟灰缸换下用过的烟灰缸。

(9) 清理垃圾,将客人用过的杯、碟清洗干净。

(10) 熟悉各类酒水、各种杯子及酒水的价格,熟悉服务程序和要求,协助调酒师的工作。

二、常见的酒吧岗位说明书

通常大型酒店的酒吧工作岗位的设置包括经理级、主管级、领班级、员工级,即酒吧(酒水部)经理、酒吧主管、酒吧领班、调酒师与酒吧服务员。

1. 酒吧经理岗位说明书(见表 7-1)

表 7-1　酒吧经理岗位说明书

基本信息	岗位名称:酒吧经理	晋升方向:餐饮部经理/总监
	所属部门:餐饮部	
工作关系	餐饮部经理/总监 ↓ 酒吧经理 ↓ 酒吧主管	
任职条件	1. 具有大专以上文化程度,掌握一定的专业知识,有一定的英语会话能力。 2. 具有较丰富的管理经验和管理能力。 3. 具有现代销售意识,能设计并组织各种推销活动。 4. 熟知酒店内部各项规章制度。 5. 善于评估、培训员工	
工作环境	工作地点:酒吧/大堂吧	
	工作时间:根据实际工作需要排定	

2. 酒吧主管岗位说明书(见表7-2)

表7-2 酒吧主管岗位说明书

基本信息	岗位名称:酒吧主管	晋升方向:酒吧经理
	所属部门:餐饮部	
工作关系	酒吧经理 ↑ 酒吧主管 ↑ 酒吧领班	
任职条件	1. 具有大专以上文化程度,有一定的英语会话能力。 2. 通晓酒店内服务的标准和要求,了解酒水服务过程和要求。 3. 通晓酒单所包含的全部内容、名称、价格和产地,能与客人保持良好关系。 4. 有能力督促下属员工按标准进行工作。 5. 能为员工做出表率,能认真完成每次服务工作	
工作环境	工作地点:酒吧/大堂吧	
	工作时间:根据实际工作需要排定	

3. 酒吧领班岗位说明书(见表7-3)

表7-3 酒吧领班岗位说明书

基本信息	岗位名称:酒吧领班	晋升方向:酒吧主管
	所属部门:餐饮部	
工作关系	酒吧主管 ↑ 酒吧领班 ↑ 酒吧调酒师 酒吧服务员	
任职条件	1. 通晓酒单全部内容,熟悉酒吧服务全部过程、规定和要求。 2. 具有高中以上文化程度、英语会话能力。 3. 掌握鸡尾酒的配制标准、调制技术和方法。 4. 具有酒水成本管理、成本核算能力,掌握酒吧各种酒水成本、毛利水平,能有效地控制成本消耗。 5. 能熟练完成每日酒水、饮料领取、上货、盘点核算等工作和完成酒水成本报表的制作	
工作环境	工作地点:酒吧/大堂吧	
	工作时间:根据实际工作需要排定	

4. 酒吧调酒师、酒吧服务员岗位说明书(见表7-4)

表7-4　酒吧调酒师、酒吧服务员岗位说明书

基本信息	岗位名称:酒吧调酒师、酒吧服务员	晋升方向:酒吧领班
	所属部门:餐饮部	
工作关系		
任职条件	1. 了解酒单内容,具有丰富的酒水知识和其他知识。 2. 了解为客人提供服务的程序,善于酒水调制的实际操作。 3. 能进行酒吧服务基本英语会话。 4. 具有高中以上文化程度。 5. 具有大方、礼貌、得体地为客人提供酒水服务的能力	
工作环境	工作地点:酒吧/大堂吧	
	工作时间:根据实际工作需要排定	

三、酒吧员工的服务技巧

(一) 礼貌和礼仪

礼是由风俗习惯形成的礼节,貌是面容仪表,礼貌是处理人与人之间关系的道德规范,礼仪是向他人表达敬意的一种仪式。

(二) 操作礼仪和操作规范

(1) "一不":不抽烟。

(2) "二静":工作场合保持安静,隆重场合保持肃静。

(3) "三声":客来时有迎声,客问有应声,客走有送声。

(4) "四尊":自尊,尊重老人,尊重妇女儿童,尊重残疾人。

(5) "五勤":眼勤、口勤、脚勤、手勤、耳勤。

(三) 服务中的"五先原则"

(1) 先女宾后男宾。

(2) 先客人后主人。

(3) 先首长后一般。

(4) 先长辈后晚辈。

(5) 先儿童后成人。

(四) 服务员的语言要求

谦恭、语调亲切、音量适度、言辞简洁清晰,充分体现主动、热情、礼貌、周到、谦虚的态度。

根据不同的对象使用恰当的语言。做到"客到有请、客问必答、客走告别"。

（五）酒水托盘的使用程序

（1）理托。将塑料托盘擦洗干净后,铺上干净的布垫,盖上通用的盘布,这样既美观且防滑。

（2）装托。按照物品的外形、分量、体积和使用的先后顺序合理装盘,重的、高的、后用的,放在内侧;轻的、低的、先用的,放在外侧。

（3）起托。起托时左脚或右脚向前迈步,下身前倾于桌面30°～45°,双手贴于桌面,右手的大拇指、食指、中指帮助左手将托盘拉于右手上,右手托住托盘的重心位置,站好。此时留意托盘的颠簸及重心的掌握。

（4）行托。托盘行走时,要做到肩平、下身直、两腿平,托盘不贴腹,手臂不撑腰,随着行走步伐的节拍,托盘可在腹前自然摆动,但幅度不易过大,保持酒水、汤汁等不外溢。

（六）站立、行走的要领

（1）站立的要领:抬头、挺胸、收腹、提臀、双肩平稳、两手臂自然下垂、眼睛目视前方、嘴微闭、面带微笑、双手体前交叉,保持随时能提供服务的姿态。

（2）行走的要领:身体重心可以稍前倾、上体正直、抬头目视前方、面带微笑,切忌摇肩、晃动,双臂自然前后摆动,肩部放松,脚步轻快,步幅不宜过大,更不能跑。

（七）对客人服务的礼貌禁忌

（1）用微笑来面对客人,回答客人问题的时候,知道就回答,不知道的先向别人请教后再对客人解答。

（2）同事之间不在客人面前说家乡话和争执。

（3）不准偷看客人的书籍,不准偷听客人的谈话。

（4）与上级或平级见面时要致意。

（5）不许在客人的背后做鬼脸,不许相互做鬼脸,不能讥笑客人说的话或做的事情。

（6）交给客人物件应双手送上。

（7）主动帮助残疾客人或其他行动不便的客人。

四、酒吧员工实用培训

（一）遇到客人时怎么办?

（1）要主动打招呼,主动让路。

（2）如果知道客人的姓名,早上见面时应称呼"××先生/女士,早上好!"

（3）对不熟悉的客人亦要面带笑容,有礼貌地说:"先生/女士,早上好!"

（4）平时遇到客人时,也要点头示意,或说:"您好!"不能只顾走路,视而不见,毫无表示。

（5）如果是比较熟悉的客人,相隔一段时间没见,相遇时应讲:"××先生（女士）,很高兴见到您,您好吗?"这样会使客人感到分外亲切。

（二）圣诞节、春节等节日期间见到客人时怎么办?

（1）应以愉快的心情与客人打招呼,讲些祝贺节日的话语。

（2）如新年期间可讲"祝您新年快乐""祝您节日愉快"等。

（3）如圣诞节见到客人时可讲"祝您圣诞快乐"。

（4）如春节期间见到客人，可讲"恭喜发财""新春快乐""万事如意"等。

（5）服务人员必须随时保持微笑。任何时候，在客人面前都不应有不愉快的表情流露，尤其是节日期间更应注意。

（三）遇到穿着服装奇异、举止特殊的客人时怎么办？

（1）要尊重客人的个人爱好和风俗习惯。

（2）对穿着服装奇异、举止特殊的客人，不要围观、嘲笑、议论、模仿或起外号。

（四）客人提出的问题，自己不清楚，难以回答时怎么办？

（1）一个优秀的服务员，除拥有良好的服务态度、熟练的服务技巧、丰富的业务知识外，还需要熟悉本酒吧的理念、概况和行业情况。这样可避免出现客人提出问题时我们不懂或不清楚，难以回答的现象。

（2）对于客人提出的问题，要认真倾听，详尽回答。遇到自己不懂或不清楚的，要请客人稍候，向有关人员请教或查询后再回答。

（3）如果提出的问题较复杂，一下子弄不清楚，可请客人回台位稍候，弄清楚后再答复客人。如努力后仍无法解答，也应给客人一个回复，并要耐心解释，表示歉意。

（4）对于客人提出的问题，不能使用"我不知道""我不懂"或"我想""可能"等词语去答复客人。

（五）工作时间亲友来电话找你时怎么办？

（1）一般情况下工作时间不接听私人电话，所以要告诉自己的亲友，如果是无关紧要的事情应避免工作时间来电话。

（2）如果事情较为紧急，非通话不可，则应简明扼要，不能在电话里高谈阔论，影响工作及对客交流的畅通。

（六）客人正在谈话，我们有事找他时怎么办？

（1）绝不能冒失地打断客人的谈话，而应有礼貌地站在客人的一旁，关注着客人。

（2）当客人意识到你是有事要找他，一般情况下会主动停下谈话，询问你，这时首先应向客人表示歉意："先生/女士对不起，打扰您一下。"

（3）向所找客人讲述要找他的事由，说话时要注意简明扼要。

（4）待客人答复后，应向客人表示歉意："对不起，打扰您了。"然后有礼貌地离开。

（5）如果用上述的办法，客人仍未觉察到你要找他时，应礼貌地站在旁边等待客人谈话的间隙，先表示歉意，然后再叙述："不好意思，打扰一下……"讲述后要再次表示歉意。

（七）员工在营业（公众）场所发生吵闹时怎么办？

（1）员工在营业（公众）场所发生吵闹，会有损酒吧在宾客中的形象。因此，这是决不允许的。

（2）尽管这样的情况并不多见，但如果发生了，在场人员应马上上前制止。不管谁是谁非，都应劝双方停止争吵、迅速离开现场。

（3）经理知道后，应分别与之谈话，了解吵闹的事情经过及原因，同时做好他们的和解工作。

（4）将事情经过记录下来，根据情节，给予适当的处罚。同时做好思想教育工作，杜绝类似事情再度发生。

（八）在行走中，有急事需要超越客人时怎么办？

（1）应先对客人讲："先生/女士对不起，请让一让。"然后再超越。

（2）如两位客人并排走，切忌从两人中间穿过。

（九）客人遇到伤心的事情，心情不好时怎么办？

（1）细心观察和掌握客人的心理动态，做好服务工作。

（2）尽量满足客人的要求，客人有事请求时要尽快为他办妥。

（3）态度要和蔼，服务要耐心，语言要精练。

（4）要使用敬语安慰客人，但不要喋喋不休。

（5）对客人的伤心事情，要持同情的态度，不能聚在一起议论、讥笑、指点客人或大声谈笑打闹等。

（6）及时向上级反映，有必要时要采取适当的防范措施，确保客人安全和酒吧营业正常。

（十）当客人往地上吐痰、弹烟灰时，服务员应如何对待？

（1）首先要坚持让每位客人（包括不文明客人在内）切身感到酒吧是把自己真正当贵宾看待。"错"在客人，酒吧却还把"对"留给对方，任劳任怨，克己为客。

（2）酒吧可采用"身教"的诚意感动不讲究卫生的客人，不要指责、解释或婉转批评客人，而应用无声语言为不文明的客人做示范。客人痰吐到哪里，服务员就清理到哪里；客人烟灰弹到哪里，服务员就应托着烟灰缸跟到哪里。

（十一）在服务中，自己的心情欠佳怎么办？

（1）在工作中，不论自己的心情好坏，对客人要一样热情、有礼。

（2）有些人可能在上班前碰到一些事情以致心情很不愉快。诚然，人是有感情的，但不管在什么情况下都应该忘记自己的私事，把精神投入到工作中去。

（3）要经常反问自己，在服务中是否做到了面带笑容和给客人留下愉快的印象。

（4）只要每时每刻都记住"微笑"和"礼貌"，便能够给客人提供优质的服务。

（十二）在服务工作中出现小差错时怎么办？

（1）要抱着认真负责的态度，尽最大的努力将工作做得完善妥帖，避免出现差错事故。

（2）首先要向客人表示歉意，及时采取补救措施。

（3）事后要仔细查找原因，如实向上级汇报。

（4）吸取经验教训，避免类似的差错再次发生。

（5）凡是出现差错，均不能隐瞒。如自己不能解决，要马上请示上级，以免酿成大的事故。

（十三）客人出现不礼貌的行为怎么办？

（1）首先分清不礼貌的行为是属于什么性质的。如果是客人向服务员掷物品、讲粗话、吐口水等,我们必须忍耐,保持冷静和克制的态度,不能和客人发生硬性冲突,如果是因为服务不周,应主动向客人赔礼道歉。只要我们谦虚诚恳,一般有理性的客人都会为自己不礼貌的行为而愧疚。

(2)如果客人对女服务员态度轻浮甚至动手动脚,女服务员的态度要严肃,并迅速回避,告知经理换其他男服务员为其服务。

(3)如果情节严重或动手打人,则服务员应该保持冷静和克制的态度,绝对不能和客人发生硬性冲突,应马上向当班经理报告,由经理出面,根据情况予以适当处理。

(4)将详情以书面形式向上汇报,并将事情经过及处理情况做好记录,以备查。

(十四)客人对我们提出批评意见时怎么办?

(1)如果客人当面对我们进行批评,我们应虚心听取,诚恳接受,并真诚感谢。

(2)在客人未讲完之前不要急于辩解,对自己工作中的不足之处要向客人表示歉意,并马上纠正。

(3)如果是客人产生误解,要找适当的时机进行耐心细致的解释,争取客人的谅解,并向客人表示感谢,多谢他帮助我们改进工作。

(4)客人的书面批评,同样要虚心接受。根据书面上的意见加以分析,好的意见要采纳并改正问题。

(5)如客人还未离店,应主动上前征求意见,向客人道歉,并表示感谢。

(6)对待客人的意见,有则改之,无则加勉,并及时汇报。

(十五)遇到客人刁难时怎么办?

(1)在日常的服务工作中要揣摩客人的心理,掌握客人的性格和生活特点,更要注意热情、有礼、主动、周到地为客人服务,力求将服务工作做在客人开口之前。

(2)通过多方面详细了解、细心观察,分析客人刁难的原因,以便做好对客服务工作。

(3)注意保持冷静的态度,以礼相待,谦虚待客,严于责己,表示歉意。

(4)如仍未解决,应向上反映,并做好情况记录,留作资料备查。

(十六)客人发脾气骂你时怎么办?

(1)要保持冷静,认真检查自己的工作是否有不足之处,用礼貌、细致周到的服务来平息客人的怒火,把该事情当作对自己服务水平的一次考验。

(2)服务员为宾客服务,即使挨了客人的骂,也应同样保持良好的服务态度,按服务流程做好服务工作,不得拒绝或拖延对客服务。

(3)待客人平静后再婉言解释与道歉,绝不能与客人发生争执。

(4)如果客人的怒气尚未平息,应及时向经理汇报,换其他服务员为其服务或让经理解决。

(十七)客人向你纠缠时怎么办?

(1)服务员不应以任何不耐烦、不礼貌的言行冲撞客人。

(2)要想办法摆脱客人的纠缠,当班的其他服务员应主动配合,让被纠缠的服务员干别的工作,避开客人的纠缠。

(3)当一个人在服务台,又不能离开现场的话,应运用语言艺术婉言摆脱客人的纠缠。

如："实在对不起,如果没有什么事的话,我还有其他工作,请原谅。"

（4）借故找一些其他工作干,有利于摆脱客人的纠缠。

（5）如果仍然无效,可向当班经理反映,换其他服务员为其服务或暂时请假。

（十八）客人向我们投诉时怎么办？

（1）客人投诉时首先要耐心倾听,让客人把话讲完,这样会使客人的情绪平静下来。

（2）必要时把客人的投诉意见记下来,然后向上汇报,不要急于辩解和反驳。

（3）不论客人是口头投诉,还是书面投诉,都要详细了解情况,做出具体分析。如果是设备问题,应采取措施或马上修理。

（4）如果客人尚未离店,应该给一个答复,让客人知道我们已做出处理。如果是我们的错,可根据情况请当班经理出面向客人道歉,感谢客人的批评和指导,使客人知道他的投诉得到了重视。如果处理得当,客人则会更喜欢我们的酒吧。

（5）对于客人的侧面投诉,我们同样要重视,必须向经理反映,以便改进服务工作。

（6）做好投诉和处理过程的记录,以便研究客人投诉的原因,防止类似投诉再次发生。

（十九）遇包间客人要求服务员在包间专门为其服务或点歌时怎么办？

（1）可微笑着告诉客人："不好意思,我们包间是没有设专门的服务员服务的。如果您有什么需要可以按我们的呼叫服务器,我们会马上为您服务。"

（2）"这里点歌是使用遥控器在电视屏幕上操作的,是否需要我为您示范？"

（3）"如果您不习惯使用遥控器点歌,您可以把您要点的歌写在便签上,然后按呼叫服务器,我们会有服务员过来为您操作。"出包间时面带微笑,看着客人并祝他们在此玩得开心,将此包间客人的要求告知同区服务员。

（二十）如何处理客人损坏物品的事件？

（1）发现破损物品后,要及时和气地告诉客人什么物品损坏,如："对不起,您打破的物品我帮您清理一下,好吗？"

（2）把破损物品放于吧台,开破损单到该台位,告知收银员。收银员根据客损物品价目表计价。

（3）结账时服务员要向客人言明,并把破损物品给客人看,协助收银结账。

（二十一）客人要求服务员代其外出购物时如何处理？

（1）首先向客人道歉并委婉地向客人解释："对不起,我们在上班时间是不允许外出的。"请客人理解并原谅。

（2）如果客人一再要求,服务员则应根据情况向当班经理反映,根据当班经理的指示行动。

（二十二）客人不小心摔倒时怎么办？

（1）应主动上前扶起,安排客人暂时休息,细心询问客人是否摔伤或碰伤,是否需要就医。

（2）如果是轻伤,应尽可能找(借)些药物处理。

（3）事后查清摔倒的原因。如果是地板、地毯等问题,应及时采取措施,或通知维修人

员马上修理,防止再有类似事故发生。

(4)向经理汇报,事后做好情况登记,以备日后查询。

本项目分为"酒吧的历史、现状与发展趋势""酒吧类型和酒吧设计""岗位、人员配备与培训"三个任务。通过学习,让学习者认识酒吧发展的历史与现状,掌握酒吧设计的基本知识和技巧,熟悉酒吧人力资源的配备与岗位职责的制定,掌握酒吧员工培训的内容。

知识训练

一、复习题

1.酒吧发展的趋势是什么?

2.酒吧招牌的类型有哪些?

3.酒吧员工的岗位职责有哪些?

二、思考题

1.你如何看待酒吧在我国的发展前景?

2.怎样才能做好酒吧员工的培训工作?

能力训练

1.分小组,参观当地比较有名的几家酒吧(不少于2家),画出这几家酒吧的组织机构图。

2.分小组,撰写出一份酒吧新员工培训计划书。

项目八
酒单的策划与设计

项目目标

职业知识目标：

1. 了解酒单的含义、类型，掌握酒单的设计方法。
2. 熟悉酒单策划的原则和步骤。
3. 了解酒单设计的原则和内容，掌握酒单制作的技巧。

职业能力目标：

1. 学会酒单定价，能熟练完成酒吧产品的定价工作。
2. 能熟练完成酒单的设计和制作。

职业素质目标：

运用本项目的实训，培养学生在团队合作和市场竞争方面的职业素养。

项目核心

类型；作用；样式；定价；内容；策划；设计；技巧

项目导入：酒单就是酒吧中的菜单，酒单的定制和设计是酒吧服务循环的起点，因为酒单不仅规定了采购的内容，而且还支配着酒吧服务的其他业务环节，影响着整个服务系统。酒单是酒吧经营计划的执行中心。现在，越来越多的酒吧管理人员认识到，酒单设计是计划组织酒吧服务的首要环节，必须走在其他工作的前面。

任务一　酒单概述

酒单是酒吧产品的目录表，是客人在酒吧的消费指南，是酒吧最重要的"名片"，同时也是联系客人和酒吧的纽带。它设计的美观程度直接影响客人对酒吧的印象、定位及消费心情，所以酒单在设计的时候要讲究一定的技巧。

一、酒单的类型

酒单的类型是根据客人的需求，以及酒吧的特色及水准、氛围进行设计定位的。目前，酒吧常用的酒单大致分为以下几种类型。

（一）综合性酒单

综合性酒单内容广泛，基本包括了酒吧的所有经销产品，如茶系列、威士忌系列、白兰地系列、葡萄酒系列、伏特加系列等。

（二）专项酒单

专项酒单是按酒吧产品种类进行设计制作的，每一类酒吧产品独立设计成一个酒单。例如，无酒精饮料酒单、软饮料酒单、葡萄酒酒单等。

（三）鸡尾酒酒单

鸡尾酒的特点是色泽漂亮、味道甘美，酒吧往往有专门的鸡尾酒酒单。常见的鸡尾酒酒单往往会列举出中国式自创鸡尾酒品种，如中国彩虹、旭日东升、五福临门、欢乐四季等。

（四）标准酒单

标准酒单即能体现酒吧代表性酒水、价格适中的酒单。

二、酒单的作用

酒单是酒吧为客人提供酒水产品和酒水价格的一览表。酒单在酒吧经营中起着极其重要的作用，它是酒吧一切业务活动的总纲，是酒吧经营计划的中心。

（一）酒单是酒吧经营计划的执行中心

任何酒吧，不论其类型、规模、档次如何，一般都存在酒单设计、原料采购、原料验收、原料储藏、原料领发、服务、结账收款等业务环节。假如我们仅观察酒吧的日常业务，或仅仅着眼于酒水的制作流程，那么，很可能认为酒吧服务营业循环开始于原料采购。然而，只要我们对酒吧服务业务环节之间的相互关系稍加分析，就不难发现酒吧服务营业循环的起点是酒单设计。因为，酒单不仅规定了采购的内容，而且支配着酒吧服务的其他业务环节，影响着整个服务系统。

（二）酒单是酒吧经营计划的实施基础

酒单是酒吧经营计划实施的基础，是酒吧服务活动和销售活动的依据。

1. 酒单支配着酒吧原料采购及贮存工作

首先，从品种来看，酒单上所列品种及其所需配料，直接是原料采购的对象；从数量来看，酒单中价格较低、易于推销和销售的项目，便是需大量采购的项目，反之则是仅需小批量采购。另外，不同品种的饮品有着相应的贮存要求，如啤酒及葡萄酒的贮存温度相对于烈性酒来说要低，因此，酒单中啤酒、葡萄酒与烈性酒所占比例的不同决定了其贮存工作难易程度的不同。

2. 酒单决定酒吧厨房的设备、用品的规格及数量

酒单有无食品供应，决定了是否需要厨房设备；不同的饮品，也同样有不同的用具及载杯的要求。

3. 酒单决定调酒师及服务员的选用及培训方向

酒单的内容和形式标志着餐饮服务的规格水平和风格特色，当然，它还必须通过调酒师和服务员的调制及服务来体现。酒单设计得再好，若调酒师无力调制或服务人员不懂服务，也会使酒单的光彩黯然失色。所以，酒吧在配备调酒师和服务人员时，应根据饮品及其所要求服务的情况，招聘具有相应水平的人员，并进行培训，使其工作与酒吧的总体经营设计相协调。

4. 酒单反映了企业经营计划中的目标利润

酒单根据市场竞争状况及客人的承受能力列出了各式酒水及其价格，不同酒水的利润率也有所不同，即不同成本率及利润率的酒水在酒单中应有一定比例。这一比例分布及酒单酒水价格的制定是否合理，直接影响到酒吧的盈利能力。

5. 酒单决定酒吧的设计情调

从经营角度讲，酒吧装饰的目的是要形成酒吧产品的理想销售环境。因此，装饰的主题立意、风格情调及装饰物的陈设、灯光色彩等，都应根据酒单的内容及其特点来精心设计，使其装饰环境体现酒吧的风格，并达到烘托产品特色的效果。

（三）酒单标志着酒吧经营的特色和水准

酒吧的经营管理即从原料采购、贮存、配制到酒水的服务，都是以酒单为基础进行的。一份合适的酒单，是根据酒吧的经营方针，经过认真分析目标客人及市场的需求制定出来的。所以，酒单都有各自的特色，酒单上酒水的品种、价格和质量可以体现酒吧产品的特色和水准。

（四）酒单是沟通消费者与经营者之间关系的桥梁

经营者通过酒单向客人展示所消费产品的种类、价格，消费者根据酒单选购所需要的饮料品种。消费者和经营者通过酒单开始交谈，消费者会将其喜好、意见及建议表达或表现出来，而通过酒单向客人推荐酒水则是接待者的服务内容之一。这种"推荐"和"接受"的结果，使买卖双方得以成立。

（五）酒单是酒吧的广告宣传品

酒单无疑是酒吧的主要广告宣传品。一份精美的酒单可以提升消费意愿，反映酒吧的

格调,可以使客人对所列的酒水、小吃及水果拼盘留下深刻的印象,并将之作为一种艺术品予以欣赏。

三、酒单的样式

一个好的酒单,要给人"秀外慧中"的感觉,酒单样式、颜色等都要和酒吧的水准、气氛相适应。因此,为了给客人更直观、便利的感受,酒单可以通过不同的形式展现。

（一）手单

手单是酒单中常见的一种形式,主要用于经营酒水饮料品种多的酒吧。客人入座后,服务员递上印制精美的手单,客人选择中意的消费产品。手单可采用固定页式和活页式两种。固定页式手单翻阅起来灵活、便利;而活页式手单便于更换其中的内容,如酒吧产品品种、价格或酒吧季节性产品,它克服了在酒单上随意涂改的局限,避免了破坏酒单整体美感。

（二）桌单

桌单一般立于桌面,每桌一份,客人入座后可以自行阅览,自主选择消费产品。此种形式的酒单主要用于吧台小、品种少或以娱乐为主的酒吧。这种酒单的特点是简单明了,避免了酒吧服务员服务不周到、不及时的问题,但桌单不容易保管,易损、易坏,且不宜过大。

（三）悬挂式酒单

悬挂式酒单在酒吧采用得不是特别多,但为了烘托氛围,也可采用。酒单一般在门庭处吊挂或张贴,周边以醒目的彩色线条、花边陪衬,具有一目了然的宣传效果。

（四）电子酒单

电子酒单就是把酒单信息电子化,客人可以通过微信扫码的方式进入酒单界面,并根据酒单的产品展示进行点单。

四、酒单定价原则与方法

（一）酒单定价原则

1. 价格反映产品价值的原则

酒单上的饮品是以价值为主要定价依据,但层次高的酒吧,其定价较高些,因为该酒吧的各项费用高;地理位置好的酒吧因店租较高,其产品定价也可以略高一些。

2. 适应市场供需规律的原则

就一般市场供需规律,价格围绕价值的运动是在价格、需求和供给之间的相互调节中实现的。

3. 综合考虑酒吧内外因素原则

（1）酒吧内部因素,包括酒吧经营目标和价格目标、酒吧投资回收期以及预期效益等。

（2）酒吧外部因素,要考虑经济趋势、法律规定、竞争程度及竞争对手定价状况、客人的消费观念等。

（二）酒单定价方法

1. 随行就市定价法

随行就市定价法是一种最简单的定价方法，即把同行竞争者的价格为己所用。这种以竞争为中心的定价策略，在实际工作中是经常使用的。

2. 原料成本系数定价法

酒吧中的原料成本系数定价法，就是以原材料成本乘以定价系数，即得到销售价格。而定价系数，则是成本率的倒数。

如果经营者将酒吧的成本率定位 40%，那么定价系数则为 $1 \div 40\% = 2.5$。例如：一杯啤酒的成本为 2 元，成本率为 40%，那么，销售价格为 $2 \div 40\% = 5$（元）；同样，6 元一杯的生啤，成本率为 40% 的话，实际成本就控制在 $6 \times 40\% = 2.4$（元）。这种方法是以成本为出发点的经验法，使用比较简单。需要注意的是，酒吧经营者要避免过分依赖经验。因为成本率的高低是经营者依据自己的经验制定的，所以不一定能充分反映酒吧的经营状况。

3. 毛利率定价法

毛利率是根据经验或经营要求决定的，也称计划毛利率。

计算公式如下：

$$销售价格 = 采购成本 \div (1 - 内扣毛利率)$$

或

$$销售价格 = 采购成本 \times (1 + 外加毛利率)$$

其中，内扣毛利率是毛利占销售的百分比（也称销售毛利率），外加毛利率是毛利占采购销售成本的百分比（也称成本毛利率）。

例如，一杯 30 毫升白兰地的成本是 15 元，内扣毛利率为 50%，那么它的销售价格为

$$15 \div (1 - 50\%) = 30（元）$$

这里的成本是指该酒的原料、配料、调料成本之和。

4. 全部成本率定价法

酒吧中的全部成本率定价法，是指把原材料成本和直接人工成本作为定价的依据，并从损益表中查得其他费用利润率，计算出销售价格的方法。

计算公式如下：

$$销售价格 = (原材料成本 + 直接人工成本) \div (1 - 要达到的利润率)$$

全部成本率定价法是以成本为中心定价的，它考虑到了酒吧较高的人工成本。如果能适当降低人工成本，则定价将更趋于合理。

例如，某鸡尾酒每份的原料成本为 5 元，每份人工费为 0.8 元，其他经营费用每份为 1.2 元，计划经营利润率为 30%，营业税率为 5%，则

$$鸡尾酒售价 = (5 + 0.8 + 1.2) \div (1 - 30\% - 5\%) \approx 10.77（元）$$

5. 综合分析定价法

在酒吧中，综合分析定价法是根据品种的成本、销售情况和盈利要求开展综合定价的，其方法是把酒吧所供应的所有品种根据销售量及其成本分类。每一品种总能被列入下述两大类中的一类：

（1）高销售量、高成本或高销售量、低成本。

（2）低销售量、高成本或低销售量、低成本。

第一类品种的高销售量、低成本是最容易赚钱的，但是，在实际经营中，酒吧出售的酒两类都有。所以合理定价的关键在于经营者的市场嗅觉。同时，价格标准还取决于市场均衡价格，一般情况下该酒吧的价格如果高于市场价格，就会影响顾客消费。与此相反，则能吸引顾客。但是，如果大大低于市场价格，酒吧也会亏本。因此，在定价时，可以经过调查分析或估计，综合以上各种因素进行分类，并加上适当的毛利。

6. 巧用数字定价法

一家酒吧的酒水要为顾客所接受，价廉的因素绝对不能忽视。在对酒水进行定价时，应该明白这样的道理：50 元不如 48 元，20 元不如 18 元。价格定得巧妙，可使顾客产生很实惠的感觉，这是酒吧经营者必须认真加以研究的重要课题之一。

五、酒单的基础内容

（一）产品名称

名称是酒单的核心内容。名称一定要选用顾客不容易读错、简单通俗的词语，尽量不要用怪僻、晦涩难懂的词语。酒吧产品在命名时要以货真价实的酒水产品为依托，可按饮品的原材料、配料或调制出来的颜色、形态命名；也可以按饮品的口感冠以富有艺术性的名字；还可根据客人猎奇、勇于尝鲜的心理，按酒品的特色冠以夸张的名字；更可以根据季节的特点、客人的心情冠以特别的名称。酒单上产品名称可以用中英文两种方式来展现，但不能忽视英文名称及翻译后的中文名称的正确性。

（二）计量标识

每一位到酒吧消费的客人，都希望酒吧产品有清晰、立体、直观的说明，从而做到心中有数。所以酒单在销售产品上应该有明确的计量单位标识。例如，本产品的消费单位是 1 盎司，还是 1 杯、1 瓶。之所以要把产品的所有信息都告诉客人，是因为客人对无明确信息的酒吧产品抱有怀疑态度。实践证明，客人明白得越多，越有助于其进行消费选择。

（三）产品价格

酒吧客人较关注酒吧产品的价格是否与计量单位、产品名称相符，如果客人不能清晰地了解价格，将会无从选择。所以在酒单上应该明确地标注产品的价格。若是在酒吧服务中需额外加收服务费，则必须在酒单上加以注明；若有价格变动，不能直接在酒单上进行涂抹，应立即更换酒单。酒单涂抹、刮蹭会直接损坏酒吧的形象。

（四）产品类型

酒吧为了迎合客人的品位、帮助客人高效率地选择酒水产品，会对酒单上的各种酒水进行分类、罗列，比如按照酒水生产工艺将酒水分为发酵酒产品系列、蒸馏酒产品系列、配制酒产品系列，也有一些酒吧按照用餐时饮用酒水的习惯，将酒水按餐前酒产品系列、佐餐酒产品系列、甜食酒产品系列、餐后酒产品系列、蒸馏酒产品系列、啤酒产品系列、鸡尾酒产品系列、软饮料产品系列和混合饮料产品系列进行分类。还有的酒吧为了体现"绿色"的时代内涵和大众文化价值取向,按酿制酒水的原料将酒水分为粮食类产品系列、水果类产品系列。在每一类酒水中都会筹划相当数量有品位、有特色的酒水,并将酒水的产地、滋味、级别、年限及价格作为罗列酒水的必要考虑因素。每个种类的酒水品种不要列出太多,以免影响客人的选择,削弱酒单的特色功能。越是档次较高的酒吧,其酒单分类越详细。例如,可将威士忌分为 4 类:苏格兰威士忌、爱尔兰威士忌、美国威士忌和加拿大威士忌。

(五)产品介绍

产品介绍是酒单上对某些类别的酒水加以诠释或介绍,使客人能够对一些不太熟悉的或新的酒品有所了解,减少尴尬。产品介绍时应通过精练的话语使客人了解酒水产品的原材料、特色及口感,让客人在短时间内完成对酒水产品的选择,从而提高服务效率。

(六)酒单页数

酒单页数不宜太多,一般为 4～8 页。有的酒单是一张有厚度且耐折的纸张,折成三折,共计 6 页,介绍酒水的种类并附有一定的说明图片。

(七)酒单照片

酒单上的照片一定要体现酒吧产品的特色,是酒吧产品的一种形象说明,能刺激客人进行酒吧产品的尝试和消费。

六、酒单设计的依据

(一)目标客人的需求及消费能力

任何企业,不论其规模、类型和等级,都不可能具备同时满足所有消费者需求的能力和条件,企业必须选择一群或数群具有相似消费特点的客人作为目标市场,以便更好、更有效地满足这些特定客群的需求,并达到有效吸引客群、提高盈利能力的目的,酒吧也一样。

有的酒吧以吸引高消费的客人为主,有的酒吧以接待工薪阶层、大众消费为主;有的酒吧以娱乐为主,吸引寻求发泄、刺激的客人;有的酒吧以休闲为主;有的酒吧办成俱乐部形式,明确其目标客人;度假式酒吧的目标客人是度假旅游者,车站、码头、机场酒吧的目标客人是过往客人,市中心酒吧的目标客人为本市及当地的企业和个人。而不同客群的消费特征是不同的,这便是制定酒单的基本依据。

(二)原料的供应情况

凡列入酒单的酒水、水果拼盘、佐酒小吃,酒吧必须保证供应,这是一条相当重要但极易被忽视的酒吧经营原则。某些酒吧酒单上的产品虽然丰富多样、包罗万象,但在客人需要时却常常得到这没有那也没有的回答,导致客人失望和不满,直接影响酒吧的信誉度。这通常是原料供应不足所致,所以在设计酒单时必须充分掌握各种原料的供应情况。

(三)调酒师的技术水平及酒吧设施

调酒师的技术水平及酒吧设施在相当程度上限制了酒单的种类和规格,不考虑这些因素而盲目设计酒单,即使再好也无异于"空中楼阁"。如果酒吧没有强大的厨房空调设施,强行在酒单上列出油炸类食品,当客人点单需要而制作时,酒吧就会油烟四处弥漫,影响客人消费及服务工作的正常进行;如果调酒师在水果拼盘制作方面水平较差,而在酒单上列出大

量需要进行造型的水果拼盘,只会在客人面前暴露酒吧的不足并引起客人的不满。

（四）季节性考虑

酒单制作也应考虑不同季节,客人对饮品的不同要求。比如冬季客人普遍消费热饮,则酒单品种应做相应调整,大量供应如热咖啡、热牛奶、热茶等饮品,甚至为客人温酒;夏季则应以冷饮为主,供应冰咖啡、冰牛奶、冰茶、冰果汁等,这样才能符合客人的消费需求。

（五）成本与价格考虑

饮品作为一种商品,是为销售而配制的,所以应考虑该饮品的成本与价格。成本与价格太高,客人不易接受,该饮品就缺乏市场;如压低价格,影响毛利,又可能亏损。因此在制定酒单时,必须考虑成本与价格因素。

（六）销售记录及销售史

酒单的内容制作不能一成不变,应随客人的消费需求及酒吧销售情况的变化而改变,即动态地制作酒单。如果目标客人对混合饮料的消费量大,就应扩大此类饮料的种类;如果对咖啡的消费量大,就可以将咖啡品种扩大为咖啡系列,同时将那些客人很少点或根本不会点而又对储存条件要求较高的品种从酒单上删除。

任务二　酒单设计与制作技巧

一、酒单设计的原则

酒单设计是酒吧管理人员、调酒师及设计者等对酒单的形状、颜色、字体等内容进行设计的过程。一个设计优秀的酒单必须注意酒品的排列顺序、酒单的尺寸、酒单的色彩、字体和字号的选择、酒单的外观及照片的应用等。

二、酒单设计的内容

（一）酒单的色彩

利用色彩设计酒单。可以用一种色彩加黑色,也可以将七色全部用上。还有一种方法就是利用色纸。

色彩的选择要视成本和经营者所希望产生的效果而定。颜色种类越多,印制的成本就越高。色彩会使酒单产生经营所需的效果。如果酒单的折页、类别标题、酒品实例照片用上了许多鲜艳的颜色,便体现了娱乐型酒吧的特点;采用柔和清淡的色彩,如淡棕色、浅黄色、象牙色、灰色或蓝色等,尽量少用鲜艳的颜色,酒单就会显得典雅,这是一些高档酒吧的典型用色。酒单设计中如使用两色,最简便的方法是将类别标题印成彩色,如红色、蓝色、棕色、绿色或金色,具体酒品名称用黑色印刷。

（二）酒单的用纸

一般来说,酒单的印刷从耐久性和美观性考虑,应使用重磅的涂膜纸。这种纸通常就是封面纸或板纸,经过特殊处理,由于涂膜,它耐水耐污,使用时间也较长。

选择恰当的酒单用纸,其复杂程度并不亚于选择恰当的碟盘。这里涉及纸张的物理性能和美学问题,如纸张的强度、折叠后形状的稳定性、不透光度、油墨吸收性、光洁度和白度等。此外,纸张还存在着质地差异,有表面粗糙的,也有表面十分光滑的。因为酒单总是拿在手里读,所以纸张的质地或手感也是重要的问题。

纸色有纯白、柔和素淡、浓艳重彩之分,采用不同色纸,会给酒单增添不同色彩。

（三）酒单的尺寸

酒单的尺寸和大小是酒单设计的重要内容之一,酒单的尺寸太大,客人拿着不方便;尺寸太小,又会造成文字太小或文字过密,妨碍客人的阅读而影响酒水的推销。通过实践,比较理想的酒单尺寸规格约为 20 厘米×12 厘米。

（四）酒品的排列

酒品的排列方法是根据客人目光集中的规律,将重点推销的酒水排列在酒单的第一页或最后一页以吸引客人的注意力。但是,许多餐厅酒吧经营者认为,按照人们的点餐习惯顺序排列酒水产品更有推销力度。

（五）酒单的字体

酒单的字体应方便客人阅读,并给客人留下深刻印象。酒单上各类品种一般用中英文对照,以阿拉伯数字排列编号和标明价格。字体要印刷端正,使客人在酒吧的光线下容易看清。标题字体应与其他字体有所区别,一般为大写英文字母,而且采用较深色或彩色的字体,既美观又突出。所用外文都要根据标准词典的拼写法统一规范,同时慎用草书。

（六）酒单的页数

酒单一般是 4～8 页。许多酒单只有 4 页内容,外部则以朴素而典雅的封皮装饰。一些酒单只是一张结实的纸张,被折成三折,共为 6 页,其中外部 3 页是各种鸡尾酒的介绍并带有彩色图片,内部 3 页是各种酒品的目录和价格。

（七）酒单的更换

酒单的品名、数量、价格等需要更换时,严禁随意涂去原来的项目或价格而换成新的项目或价格。如随意涂改,一方面会破坏酒单的整体美,另一方面会给客人造成错觉,认为酒吧在经营管理上不稳定及太随意,从而影响酒吧的信誉。所以,如需更换,宁可更换整体酒单或重新制作,当然对某类可能会更换的项目也可以采用活页。

（八）酒单的广告和推销效果

酒单不仅是酒吧与客人间进行沟通的工具,它还具有宣传广告的作用,满意的客人不仅

是酒吧的服务对象,也是义务推销员。有的酒吧除在其酒单扉页上印制精美的色彩及图案外,还配以语句优美的小诗或特殊的祝福语,给人以文化享受;同时加深了酒吧的经营立意,拉近了与客人的距离。

三、酒单制作技巧

(一)突出酒吧特色

设计酒单一定要突出特色产品和拳头产品,把它们列在酒单的醒目位置,单独介绍。

(二)确立目标市场

制作酒单前,要确立目标市场;要根据顾客的口味、喜好设计酒单,这样才能方便他们阅览、选择,才能更好地吸引顾客;要了解酒吧的人力、物力、财力,量力而行,对自己酒吧的技术、市场供应等情况做到心中有数,准确把握,这样才能筹划出适合酒吧经营的酒单,确保获得高销售额。

(三)经常更新

喜新厌旧是大多数人的心理。所以,不但酒单的设计要灵活多变,注意各类花色品种的搭配,而且酒品要时常推陈出新,给客人一种全新的感觉。酒吧的品种要常换常新,对一些"过时"的酒品要做出适当的调整,并补充新的酒品;适当调整供应结构和供应价格,将这些变化反映在酒单上。

(四)突出风格

酒单的艺术设计必须配合酒吧的整体风格,包括经营风格、装潢风格、餐桌风格、酒品风格等。

(五)创意独特

构思奇妙、蕴意深刻的酒单能让客人长记在心,而平凡、无特色的酒单会让客人过目即忘。独特设计的酒单不仅可以起到很好的宣传作用,还可以突出酒吧的定位。

知识链接:中国年度酒单大奖赛

项目小结

本项目分为"酒单概述""酒单设计与制作技巧"两个任务。通过学习,了解酒吧酒单的种类,掌握酒单的表现形式。了解酒水定价的影响因素,能完成酒吧所有产品的定价工作。熟悉酒单的制作内容,能熟练进行酒单制作。

一、复习题

1. 酒单设计的原则是什么?

2. 酒单的作用有哪些?

3. 酒单的定价原则是什么?

二、思考题

1. 如何有效地推广酒单?

2. 消费者喜欢什么样的酒单?

能力训练

1. 分小组,考察不同的 3 家酒吧,并就其酒单设计进行点评。

2. 分小组,设计出一份精美的鸡尾酒酒单。

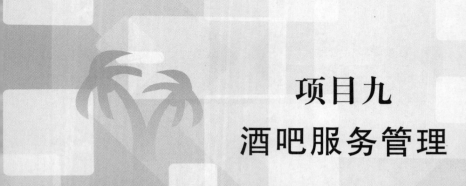

项目九
酒吧服务管理

项目目标

职业知识目标：

1. 了解酒吧服务的含义，掌握优质服务的内容。
2. 熟悉酒吧服务程序，了解不同阶段的工作内容。
3. 掌握酒水服务技巧，了解酒水的饮用规范。

职业能力目标：

1. 掌握鸡尾酒会的服务技巧和交际方式。
2. 学会灵活运用酒吧推销的方法，熟练掌握酒吧服务技巧。

职业素质目标：

培养学生正确的人生观和价值观，树立乐于奉献、吃苦耐劳的职业道德。

项目核心

优质服务；程序；步骤；规范；酒会；推销；技巧

项目导入：酒吧服务具有较强的技术性和技巧性，正确、迅速的酒吧服务可以让客人得到精神上的享受，同时会大大提升消费量。本项目首先通过介绍酒吧服务知识让大家对酒吧服务有全面了解和认识，然后重点介绍酒水服务与酒吧服务的技巧。

任务一　酒吧服务概述

酒吧服务是酒吧营业额的有力保证。酒吧只有服务质量高、服务程序标准,消费者才能感到物有所值。优质的服务可以让消费者感到快乐、充实,产生"宾至如归"的感觉,从而成为酒吧的常客。

一、酒吧服务

酒吧服务是指酒吧服务人员以酒吧产品为媒介,通过酒吧服务员的标准服务技能或优美语言带给宾客视觉享受和心理体验的服务过程。

(一) 优质服务的含义

酒吧优质服务的内涵相当广阔,它包含了规范服务、个性化服务、微笑服务、暖情服务以及超常服务等多项内容。要做到优质服务,必须深入细致地调查、了解酒吧市场的需求变化以及及时掌握酒吧客人的消费动机和心理变化,树立酒吧全员服务营销意识;在遵循规范化、标准化、程序化服务的前提下,努力创造和尝试多样化、制度化、特色化的酒吧经营管理模式;在酒吧服务的各个环节,每一位服务员都要积极主动地与客人进行情感交流,努力扮演好服务角色,最大限度地体现酒吧服务的价值。

酒吧的服务人员必须牢记,酒吧是因为客人的存在和需要而开设的。有客人是酒吧盈利的基础,而酒吧服务质量的优劣直接关系到酒吧声誉的好坏,以及客源的多寡和经济效益的高低。因此,酒吧的竞争,归根结底是服务质量的竞争。优质服务是酒吧巨大的无形资产,是决定酒吧形象至关重要的因素,是酒吧经营运转的灵魂和生命线。

(二) 优质服务的内容

1. 礼节礼貌

礼节礼貌体现了酒吧对待宾客的基本态度,也反映了酒吧服务人员自身的文化涵养和职业素质。酒吧服务人员的礼节礼貌直接影响酒吧的服务质量,影响客人的消费活动,更影响整个酒吧的经济效益。

礼节礼貌体现在酒吧服务人员的外表上,就是要做到衣冠整洁,注重服饰发型,讲究仪容仪表;要在外观形象上给客人以稳重、大方、可信的感受,展现干净利落、精神焕发的面貌,切忌浓妆艳抹。

礼节礼貌体现在语言上,就是要在服务过程中讲究语言艺术,谈吐文雅,委婉谦虚;注意语气语调,应答自然得体。服务语言是酒吧服务人员提供优质服务的基本条件,它标志着一个酒吧的服务水平,也反映了酒吧服务人员的精神状态和文明程度,是酒吧向宾客提供优质服务的最佳媒介。

礼节礼貌体现在行为上,就是要做到和蔼可亲、彬彬有礼、举止文明。在对客服务的过程中,站立行走都要保持正确的姿态,整个服务动作做到轻盈和谐,行为举止应符合服务规范。

2. 服务态度

每家酒吧的工作,都是为客人提供酒水和服务,不同的服务态度,会使客人对酒吧产生截然不同的感受和评价。真诚地面对每一位客人,是酒吧服务人员最基本的职业素质。在服务过程中,对客人保持热忱的态度,是不应以任何先决条件为前提的。良好的服务态度,会使客人感受到真诚、亲切,并产生宾至如归感,会让客人真正找到作为"上帝"的感觉。具体来讲,就是要将"主动、热情、耐心、细致、周到"这"十字方针"落实到行动中去,始终以笑脸相迎,以真诚感染客人,力戒矫揉造作。

3. 服务效率

服务效率是指客人落座后,要等待多长时间才能品尝到自己所点的酒水;当客人点了某款鸡尾酒后,调酒师需要多长时间才能将该款酒水调制完毕等。服务效率在酒吧服务质量评判标准中占有重要的地位。从日常经营中可知,酒吧服务工作中较容易导致客人投诉的因素有两个:一是服务态度;二是服务效率。需要指出的是,酒吧在强调服务效率之前,必须先将本酒吧的服务质量标准量化,也就是说将无形的服务有形化,以便管理人员及时对员工的服务效率进行有效测评。

4. 服务项目

在国家政策和法律许可的范围之内,酒吧服务项目的设置,一定要尽可能满足客人的消费与享乐需要。只要客人的需求正当,酒吧就应予以满足,应设立相应的服务项目。当然,酒吧服务项目的设立必须以讲究实效为基础,不要无需而设,以博其名。凡是酒吧设立的服务项目,都要无条件地保证供应。在设立满足客人基本需求的服务项目的同时,还要尽可能设立满足客人特殊需求的服务项目,为客人提供更加满意的服务。

5. 服务环境

酒吧的环境可以影响客人的消费心情以及消费行为,增加或减少客人在酒吧的消费时间,对酒吧的收入有直接的影响。一家酒吧的环境包括酒吧的装潢、座位的设置、酒吧的面积、酒吧的清洁卫生、音响、光线、客流量以及服务人员等多种因素。

6. 服务技能

酒吧服务人员娴熟的服务技能是酒吧服务水平的体现之一,服务技能由服务技术和服务技巧两部分组成。

酒吧服务技术包括操作技术、制作技术和专业技术三个方面。操作技术是指各种直接服务行为的具体操作,如酒吧迎宾的操作(问候、引领、介绍等)。制作技术是指酒吧内有形产品的制作技术,如酒吧调酒师的操作(鸡尾酒的调制、水果拼盘的制作等)。专业技术则如酒吧调音师的操作等。各种酒吧的服务技术都要有一定的数量标准、质量标准和效率标准,并应设立相应的服务操作规范程序,以便酒吧管理人员进行调控。

酒吧服务技巧是指酒吧服务人员为达到良好的服务效果,针对不同的服务对象而灵活运用服务接待能力的技巧。这种能力对酒吧的服务工作有着极其重要的现实意义。酒吧的服务对象是人,而人是世界上最为复杂的生物,来酒吧消费的人具有不同的心理特征,如果单纯依靠服务程序,则很难满足每一位客人的消费需求,更谈不上优质的服务。因此,灵活应对消费者就显得尤为重要。

7. 酒水质量

酒水是酒吧向客人提供优质服务的依托。客人来酒吧消费,除了要感受酒吧良好的环境氛围,还要品尝美酒琼浆。酒水质量在很大程度上向客人展示酒吧诚信经营的态度和酒吧调酒师的技术能力。酒吧酒水的品种应视酒吧产品组合的特点而定,尽可能做到口味多样化。调酒师还要善于根据客源的构成、客人的口味和喜好,按照不同的季节,提供多样化的饮品。

8. 安全保障

保证消费者的人身与财产安全是酒吧经营服务的重要环节。酒吧必须建立健全严格的安全保障制度,配备符合国家消防安全规定的消防设施设备,增强防火、防盗、防聚众斗殴事件发生的意识,使客人在酒吧消费期间切实获得安全感。

9. 服务过程规范化、业务管理科学化

服务质量的优劣是酒吧管理水平的综合反映,而管理水平又是服务质量得以保证的前提。服务过程的规范化是指酒吧应制定并有效执行一整套有关酒吧服务和质量的规范、程序和标准;业务管理的科学化是指科学地组织和协调酒吧的经营活动和服务工作。坚持规范化的服务和科学化的业务管理,有利于酒吧形成良好的店风和经营理念。

10. 服务设施

酒吧服务设施是保证酒吧正常运营的物质条件。设施设备的质量直接影响酒吧服务规格,是酒吧服务质量的重要体现。所以,制定酒吧服务设施设备标准要坚持技术上先进、经济上合理、适应酒吧等级规格、满足客人消费需求。酒吧服务设施的设计、制作和应用要能够给客人带来舒适感。

二、酒吧服务程序

酒吧服务程序化的目的在于提高酒吧的服务质量和工作效率。建立良好的服务工作秩序,保持酒吧的服务水准,提高酒吧的服务质量,防止意外差错和事故的发生。酒吧服务程序可分为三个基本步骤,即营业前的准备工作、营业中的工作程序、营业后的工作程序。

(一)营业前的准备工作

1. 班前晨会

班前晨会是由酒吧经理或主管在全体工作人员到岗后召开的,一般班前晨会的开始时间是在营业前半小时,其主要会议内容包括以下四点。

(1)根据当日班次表进行点名。

(2)检查全体人员的仪表仪容是否符合酒吧的规范要求;特别留意员工个人卫生的细节,如指甲、头发、鞋袜等。

(3)根据当日情况对人员进行具体分工,告知员工当日酒吧的特色活动以及推出的特价酒水品种、品牌等,使员工明确当日向客人推介的重点。

（4）总结昨日营业情况，对表现好的员工进行表扬；对出现的问题进行解决与反思，尤其是客人的投诉；强调本日营业期间应注意的工作事项等。

2. 清洁卫生工作

1）清洁酒杯及调酒用具

酒杯和调酒用具的清洁程度直接关系到消费者的饮食健康。严格遵守清洁卫生管理制度，是调酒师基本的职业道德规范。调酒师每天都应严格地对酒杯和调酒用具进行清洁、消毒，没有使用过的器具也不应例外。另外，在清洁酒杯、调酒用具的同时，还应认真检查酒杯有无破损现象，如有破损，应立即剔除，并填写报损清单。

2）清洁酒瓶、罐装水果和听装饮料的表面

在运输和摆放过程中，酒瓶、罐装水果和听装饮料表面会残留一些灰尘，在使用过程中瓶口或瓶身也会残留部分液体，所以要及时擦拭，保证酒瓶、罐装水果和听装饮料的表面清洁卫生。擦拭时应使用专用消毒湿巾。

3）清洁冷藏柜和展示冷柜

由于酒吧冷藏柜和展示冷柜上经常堆放酒瓶、罐装水果和听装饮料，很容易在隔架层上形成污渍，所以必须坚持每天使用抹布擦拭，以保证清洁卫生。

4）清洁吧台和工作台

在营业期间，调酒师需要不断对吧台进行清洁与整理，因此，吧台的污渍和污迹会相对较少。每天营业前调酒师一般会使用抹布擦拭吧台，喷上上光蜡，再使用干毛巾擦拭光亮即可。由于多数酒吧的工作台是不锈钢材质的，因此可直接以清洁剂擦拭，清洁干净后再用干毛巾擦干即可。

5）清洁地面

酒吧内的地面常用石质材料或地板砖铺砌而成，营业前应用拖把将地面拖洗干净。

6）其他区域的清洁

酒吧其他营业区域包括吧台外的宾客座位区、卫生间以及酒吧门厅等场所，一般由酒吧服务人员按照酒吧清洁卫生标准来完成清洁工作。清洁工作主要包括清扫和整理两大部分，注意在整理过程中要将台面上的烟灰缸、花瓶和酒牌按酒吧要求在指定位置摆放整齐。

3. 领取当天营业所需物品

1）领取酒水、小食品

每天依据酒吧营业所需领用的酒水、小食品数量填写领货单据，送交酒吧经理签名，持签过名的单据到酒吧库管处领取酒水、小食品。注意在领取酒水时应依据单据，认真核对酒水、小食品名称和清点酒水、小食品数量，以免发生差错。核对准确无误后，在单据上"收货人"一栏签名以备日后核查。

2）领取酒杯和其他器具

由于酒杯和一些器具容易破损，所以及时领用作补充是日常要做的工作。在需要领用时，应严格按照用量和规格填写领货单据，再送交酒吧经理签名，持签过名的领货单到酒吧库管处领取。酒杯和其他器具领回后要认真清洗消毒，才能使用。

3）领取易耗品

酒吧易耗品是指杯垫、吸管、鸡尾酒签、餐巾纸、圆珠笔等。一般每周领取一到两次，领用时需酒吧经理签名后才能到酒吧库管处领取。

4）填写酒水、物品记录

一般情况下，酒吧为方便成本核算和防止丢窃现象发生，都会设立一本酒吧酒水、物品台账。上面清楚地记录酒吧每日的存货、领用酒水的数量、售出的数量，以及结存的具体数量。每个当值的调酒师只要取出这本台账便可一目了然地掌握酒吧各种酒水的数量。因此当值调酒师到岗后，在核对上一班的酒水数量以后，应将情况记录下来。在本班酒水、物品领取完毕后也应将领取数量、品名等情况登记在册，以备核查。

4.酒吧摆设

1）补充酒水、小食品

调酒师将领回的酒水、小食品分类并按其饮用要求放置在合理的位置，白葡萄酒、起泡酒、碳酸饮料、瓶装或听装果汁以及啤酒应按酒吧规定的数量配制标准提前放入冷藏柜冰镇。补充酒水时一定要遵循"先进先出"的原则，即先领用的酒水先销售，先存放于冷藏柜中的酒水先销售，以免酒水存放过期而造成不必要的浪费，特别是对果汁、碳酸饮料和一些水果类食品更应注意。

2）酒、酒杯的摆设

酒、酒杯的摆设要美观大方、方便取用、搭配合理、富有吸引力，并且具有一定的专业水准。

3）辅助性原材料准备

在酒吧正式营业前，将所需要的辅助性原材料提前准备妥当，并按照要求整齐地摆放在工作台上。这样可以有效提高服务效率，缩短客人等候时间，增加客人满意程度。酒吧酒水供应所需要的辅助性原材料包括装饰性配料、调味类配料、冰块等。

（1）装饰性配料。

酒吧供应酒水时的装饰性配料主要指柠檬、鲜橙、菠萝、车厘子（樱桃）、小甜瓜、罐装橄榄等水果原料以及部分小型花朵等。不同的水果原材料可打造不同形状的装饰物，在使用过程中要注意，使用的水果无论从色泽与口味上均应与酒液保持一致，给人以赏心悦目的艺术享受。柠檬片和柠檬角应预先切好排放在餐碟里，用保鲜纸封好备用；将红（或绿）车厘子从包装罐中取出后用凉开水冲洗，然后放入杯中备用；橙角和甜瓜片也应预先切好摆放在餐碟里，用保鲜纸封好备用。总之，凡是酒吧在营业期间所要使用的水果装饰物，均应按照标准要求在营业前做好初期加工准备，以免影响正常对客服务时的工作效率。

（2）调味类配料。

酒吧供应酒水时所需要的调味类配料主要有豆蔻、精盐、砂糖、辣酱油、丁香及各种糖浆等。在营业前，应将上述配料按酒吧酒水供应配套要求准备充足，以备营业期间使用。在选择调味类配料时应注意选择质量较好的。比如，丁香应注意其完整性，保证装饰美观。

（3）冰块。

如酒吧没有冰块池，可以将取出的冰块放入有盖子的保温冰桶之中以备营业期间使用。无论放入冰块池还是冰桶内，在整个营业期间都应留意冰块的数量，保证用量充足，不影响酒水的正常供应。

(二) 营业中的工作程序

营业中的工作程序包括酒水供应程序、酒水调配程序、客人结账程序、酒杯的清洗与补充、清理台面与处理垃圾、服务的礼貌礼仪等。

1. 酒水供应程序

客人点单→调酒师或服务员开单→收款员建立账单→调酒师配制酒水→服务员上酒品。

（1）客人点单时，调酒师要耐心等待、仔细聆听。有时客人会询问酒水品种的产地和鸡尾酒的配方，调酒师要简明扼要地介绍，切忌表现出不耐烦的神态。还有些客人喜欢让调酒师介绍品种，调酒师在介绍时应首先询问客人喜欢的口味，再介绍酒水种类。如果一张台有若干个客人，服务员要对每一个客人点的酒水进行标记，以便准确送上客人点的酒水。

（2）调酒师或服务员开单。调酒师或服务员在开单时要再次确认客人所点的酒水名称和数量。酒水供应单一式三联，填写时要清楚地写上日期、经手人、酒水品种、数量、客人的位置或特征，以及客人所提出的特别要求。填好后交给收款员。

（3）收款员拿到供应单时必须建立账单。将第一联供应单与账单钉在一起，第二联盖章后交还调酒师(当日收吧后送交成本会计)，第三联由调酒师自己保存备查。

（4）调酒师凭收款员盖章后的第二联供应单配制酒水。如果因在调制过程中发生浪费现象则需填写损耗单，列明项目、规格、数量后送交酒吧经理签名认可，再送成本会计处核实入账。

2. 酒水调配程序

酒吧在经营过程中常会因某些特别的情况售空某些品种的酒水，需要及时从同类酒吧调配所需酒水品种，以免影响酒吧的正常营业。调配酒水需要填写一式三联的酒水调配单，上面写明调配酒水的品种、数量、从什么酒吧配到什么酒吧，经手人与领取人签名后交酒吧经理签名。调配单第一联送成本会计处，第二联由发酒水的酒吧保存备查，第三联由接受调配酒水的酒吧调酒师留底，从而确保酒吧正常营业和成本核算。

3. 客人结账程序

客人要求结账→调酒师或服务员检查账单→收现金或刷信用卡或签账→收款员打结账单。

客人呼唤结账时，调酒师或服务员应立即应答。调酒师或服务员需仔细核查一遍账单，核对酒水消费的数量品种有无遗漏。仔细核对后，将账单拿给客人，客人认可后，结账。如果客人是签账单，那么签账的客人要正楷签名；信用卡结账要查看信用卡的额度和有效期，辨别信用卡的真伪。结账后将账单的副本和零钱或信用卡交还客人。

4. 酒杯的清洗与补充

在营业过程中要及时收集客人使用过的空杯，立即送清洗处清洗消毒。绝不能等一群客人一起喝完后再收杯。清洗消毒后的酒杯要马上取回以备用。在操作中，要有专人不停地运送、补充酒杯。

5. 清理台面与处理垃圾

调酒师要经常清理台面，吧台上客人用过的吸管、空杯、杯垫要及时撤走。一次性吸管、杯垫扔到垃圾桶中,空杯送去清洗,保持台面洁净。台面要经常用湿毛巾擦拭,不能留有脏水痕迹。将回收的空瓶放回箱中,其他的空罐与垃圾要放进垃圾桶内,并及时送去垃圾间,以免产生异味。烟灰缸要经常更换,清洗干净。

6.服务人员的礼貌礼仪

营业中调酒师要两腿分开站立,不能靠墙、靠吧台或坐下,要主动与客人交谈,同时要多注意观察易损耗品是否用完,并注意及时补充;检查酒杯是否干净、够用,一旦发现杯子洗得不干净,则需要及时更换。

(三)营业后的工作程序

营业后的工作程序包括整理酒吧、写每日工作报告、清点酒水、检查火灾隐患、关闭电器开关、锁好所有门窗并及时提交相关材料等。

1.整理酒吧

营业结束,等客人全部离开后,服务员开始清洁整理酒吧。先把脏的酒杯全部收好一起送清洗间,必须等清洗消毒后再全部取回,然后摆放整齐,不能到处乱放。要将垃圾桶内的垃圾全部倒空,将垃圾桶清洗干净,否则第二天早上酒吧就会因垃圾发酵而充满异味。把所有陈列的酒水小心取下放入柜中,散卖和调酒用过的酒要用湿毛巾将瓶口擦干净再放入柜中。水果装饰物要放回冰箱保存并用保鲜纸封好。凡是开了罐的汽水、啤酒和其他易拉罐饮料(果汁除外)要全部处理掉,不能放到第二天再用。酒水收拾好后,酒水存放柜要上锁,防止失窃。吧台、工作台要用湿毛巾擦拭,水池用洗洁精洗干净。所有单据表格夹好后放入柜中。

2.写每日工作报告

每日工作报告包括当日营业额、客人数量、消费金额、特别事件和客人投诉及处理情况,主要供上级领导掌握酒吧营业的服务情况和其他情况。

3.清点酒水

把当天销售出的酒水及酒吧现存的酒水实数填写到酒水记录簿上。这项工作要细心,不准弄虚作假,不然的话会带来很大的麻烦。

4.检查火灾隐患

全部清理、清点工作完成后要将整个酒吧检查一遍,看有没有可能引起火灾的隐患,特别是掉落在地毯上的烟头,检查、消除火灾隐患是一项非常重要的工作,每个员工都要担负起安全责任。

5.关闭电器开关

除冰箱等外,所有的电器开关都要关闭。如照明设备、咖啡机、咖啡炉、生啤酒机、电动搅拌机、空调和音响等。

6.锁好所有门窗,及时提交相关材料

锁好酒吧的所有门窗,再将当日的相关单据与工作报告等交至相应人员手中。

任务二　酒水服务技能与酒会服务知识

　　吧台服务员在进行酒水服务时,要积极灵活,态度亲切,一定要做到"五心",即有爱心、有耐心、有信心、有细心、有恒心。

一、酒水服务技能

(一) 取酒水

1. 取用饮料必须使用托盘

　　托盘按质地可分为木制托盘、塑料托盘、不锈钢托盘、铝制托盘和镀银托盘;按用途可分为大、中、小圆盘和大、中、小方托盘六种不同规格;托盘按动作可分为轻托和重托两种。轻托的操作要领有以下五点:

　　(1) 左手托盘,左臂弯曲(前臂与后臂呈 90°),掌心向上,五指稍弯曲分开,掌心呈凹状。

　　(2) 用力托住托盘底部中心位置。重心压在大拇指根部,使重心点和左手五指的指端形成"六个力点",利用五指的弹性掌控盘面的平稳。

　　(3) 平托于胸前,低于胸部,盘面要保持平衡,利用左手腕灵活转向。

　　(4) 行走时头应正,肩应平,上身应直,两眼平视前方而不可眼看盘面,脚步轻盈自如,托盘随着步伐在胸前平稳前进。

　　(5) 应尽可能右侧行走,以免碰撞。为防止发生意外,可用右手在托盘前迎挡一下。

　　托盘的具体操作程序有如下五个步骤:

　　(1) 理盘。使用前选择好托盘,检查盘面是否凹凸,并擦洗干净。

　　(2) 装盘。将不同类的物品,根据其使用的先后顺序在盘中合理装上。一般应将重物、高物放于身体的一侧,这样易于掌握托盘重心。随后将轻物、低物或先使用的物品装在盘的外侧,使盘内物品分布得当,方便服务工作,这样既稳妥又可避免盘面过多转动或右手在交叉取物时与身体发生碰撞。

　　(3) 起托。盘内完成装盘后,开始托起行走。注意托盘从桌面起托的正确姿势。注意手脚身体的配合。先将左脚向前一步,上身向左前倾斜,使左手与托盘相平,用右手将托盘拉出桌面 1/3,然后将左手轻轻伸进盘底,左手托起托盘,右手可帮助一下,待左手托盘平稳后,右手应放开。

　　(4) 行走。服务员托起托盘走动时应注意行走动作。头应正,肩应平,上身应直,行走自如。还应特别注意在为客人服务的过程中应使托着托盘的左手离上身有一定间距,千万不能紧贴上身。因为人在走动时会有轻微的摇动,如果托盘随步伐左右摇动就会使托盘中的物品产生滑动或撞击,而且会让人感到托盘姿势不优美。

　　(5) 落托。在落托盘时一要慢、二要稳、三要平。左手掌落托盘时,要用右手协助。待盘面与台面平齐时,再将托盘向前推进。

2. 配备杯垫等服务用品

出品酒品时应注意配备杯垫等服务用品。

3. 出品的酒品应符合标准

出品的酒品应符合行业标准要求。

(二)提供酒水服务

1. 斟酒的基本要求

1)检查

在斟酒之前,必须严格检查酒水质量,要将酒瓶的瓶身、瓶口擦干净,检查酒是否过期、变质,是否是客人所需的酒,酒瓶有没有破裂。如果发现瓶子破裂或有瑕疵,则应及时更换。

2)顺序

斟酒从主人右边的第一位客人倒起,然后沿逆时针方向逐个斟酒,主人的酒放在最后斟。

3)姿势

(1)桌斟。斟酒时,左手将托盘托稳,右手从托盘中取下客人所需要的酒品,将手放在酒瓶中下端的位置,食指略指向瓶口,与大拇指约呈 60°,中指、无名指、小指基本排成一排。斟酒时站在客人右后侧,既不可紧贴客人,也不可离客人太远。给客人斟酒时,酒瓶商标朝向客人,不能将酒瓶口正对着客人。斟酒过程中,瓶口不能碰到客人的杯口,以保持 1 厘米距离为宜,同时也不能拿起杯子给客人斟酒。斟完一杯酒后,将握有瓶子的手顺时针旋转45°,与此同时收回酒瓶,这样可以使最后一滴酒均匀分布在瓶口处,用口布擦净,不要滴在台布上。给下一位客人倒酒前,要用干净布在瓶口擦拭一下,然后再倒。

(2)捧斟。手握酒瓶的基本姿势与桌斟一样。所不同的是,捧斟是一手握酒瓶,一手将酒杯拿在手中,斟酒的动作应在台面以外的地方进行。右手握住酒瓶中下部,从客人右侧斟酒,切忌反手倒酒。酒瓶要慢慢抬起,瓶口徐徐向上移动(在抬起酒瓶时左手腕慢慢向内旋转)。斟酒时瓶口不要碰到杯口,以相距 2 厘米为宜,以防止碰碎、碰翻杯子,但也不要拿得太高,过高则酒水容易溅到杯外。如不慎将杯子碰碎或碰翻,应及时向客人道歉,并立即更换杯子,迅速补上口布,将溢出的酒水擦干。如客人将酒杯碰翻,也应该如此操作。满瓶酒和半瓶酒,斟酒时酒液出口的速度不同,瓶内酒越少,出口速度就越快,倒酒时酒液容易冲出杯外,所以要掌握好酒瓶的倾斜度。

4)分量

(1)斟白酒时,一般不超过酒杯的 3/4①,这样客人在小呷一口之前能有机会端着酒杯欣赏一下酒的色泽,闻一下酒的醇香。

(2)斟啤酒时,要顺着杯壁将酒缓缓倒入杯中,避免一下子倒满,泡沫溢出酒杯。啤酒斟酒量宜 80%酒、20%泡沫。

---

① 此为体积比,后同。

（3）斟红酒时，以倒至杯的 1/3 或一半为宜，因为红酒杯都比较大，不宜一次斟满。

（4）斟香槟酒时，应分两次斟。第一次先斟上 1/3 杯，待泡沫平息后，再将酒斟至 2/3 或 3/4 杯。调鸡尾酒时，酒液入杯至 3/4 即可，以便客人观赏和方便客人端拿。

（5）斟白兰地时，一般只斟到白兰地酒杯的 1/8，即常说的 1 盎司。

（6）如果客人要求啤酒与汽水混合饮用，则应先斟啤酒，再加入汽水。

2. 斟酒的注意事项

（1）斟酒时不能站在客人的左侧，不准左右开弓，不准隔位斟，禁止反手斟。

（2）斟酒时不宜太急，要注意控制酒流出的速度。

（3）斟啤酒时，一要速度慢；二要酒瓶倾斜，瓶口留有空隙；三要尽可能减少晃动，让酒沿着杯内壁徐徐倒入，避免泡沫溢出杯外。

（4）若碰翻酒杯，则应及时用毛巾将酒擦干，同时更换酒杯。如污染面较大，可用餐巾盖上弄脏的台布。

（5）开启酒瓶塞或易拉罐时，不要面对着客人，避免喷溅到客人。

（6）大型酒会，宾主（宾客和主人）致辞讲话时，负责主桌的服务员要事先将讲话者和与会来宾的酒水准备好，待主要人物讲话结束后及时送上，供祝酒用。

（7）宾主（宾客和主人）讲话时，服务员要停止一切操作，站在适当的位置，待主要人物讲话结束后重新开始工作。

（8）不同种类的酒，斟、放程序不尽相同。

（9）服务中要始终保持微笑，微笑是服务人员最好的名片。

（10）取杯具时手指不能碰触杯口，握在杯具 2/3 以下或杯脚部分。

（11）提供饮料时应报酒名，并提供杯垫、餐巾纸或口布。

（三）值台服务

（1）询问客人是否满意或有无其他要求。

（2）当客人的饮料还剩 1/3 时，询问客人是否添加。

（3）如发现客人饮酒已过量，就不要再向其提供含酒精饮料。

（4）发现问题应及时汇报给领班。

（四）送客人

当客人买单后准备离座时，服务员应主动上前拉开椅子，并按标准姿势向客人行礼，表示感谢，同时目送客人。客人离开后应立即进行桌面的整理工作。

二、酒会服务知识

（一）酒会的起源

酒会，是一种经济便捷又轻松活泼的招待形式。它起源于欧美，沿用至今，并在人们社交活动中占有重要地位，常用于社会团体或个人举行纪念和庆祝活动，用来联络和增进感情。酒会是便宴的一种形式，会上不设正餐，只是略备酒水、点心、菜肴等，而且多以冷菜为主。大型酒会一般不设座席，备有汤、烤物、炸物、生鱼片、煮物的餐台，这些食品都放在木制小船模型、柳条编的器物或其他艺术性造型的器物内。有的食品还用牙签串好，摆得整整齐齐,琳琅满目,丰富多彩,有的还配上松枝、绿叶、鲜花,别具一格,给人以愉悦与美好的享受。

(二) 酒会类型

酒会按举行时间的不同可分为两种类别:正餐之前的酒会和正餐之后的酒会。一般习惯将正餐之前的酒会称为鸡尾酒会;正餐之后的酒会,在请帖中则常以聚会或家庭招待会代替。

1. 鸡尾酒会

鸡尾酒会是较流行的社交、聚会的宴请方式。举办鸡尾酒会简单而实用,热闹且适合多种场合。它不需要豪华设备,可以在任何时候举行,与会者不分高低贵贱,气氛热烈。从酒会主题来看,多是欢聚、庆祝、纪念、告别、开业典礼等。鸡尾酒会以供应各种酒水为主,也提供简单的点心等。鸡尾酒会一般不设座席,只准备临时吧台、餐台,在餐厅四周设小圆桌,桌上放置餐巾纸、烟灰缸、牙签等物品。

鸡尾酒会一般下午 6 时或 6 时 30 分开始,持续约 2 个小时;通常不备正餐,只备有酒水和点心等。这类酒会有明确的时间限制,一般应在请帖中写明。鸡尾酒会上的饮料分为两类,即含酒精的饮料和不含酒精的饮料。

2. 餐后酒会

正餐之后的酒会通常在晚上 9 时左右开始,一般不严格限定时间,客人可以根据自身情况决定告辞时间。正餐之后的酒会一般规模较大,常常配有音乐,并有场地供来宾跳舞。因为宾客是在用完正餐之后参加酒会,所以餐后酒会也可以不供应食品。但若为大型或正式的酒会,则可能会安排夜宵。

(三) 酒会特点

1. 不必准时

尽管鸡尾酒会和餐后酒会都会在请帖上约定时间,但实际上,何时到场一般可由宾客自己掌握,不一定非要准时到场。

2. 不限衣着

一般参加酒会,不必像正式宴请那样穿着正式,只要做到端庄大方、干净整洁即可。

3. 自选菜肴

酒会就餐采用自选方式,宾客可根据自己的口味偏好去吧台和餐台选择自己需要的点心、菜肴和酒水。

4. 不排席次

酒会上,用餐者一般为站立,没有固定的席位和座次。主人最好设置一些座位,供年长者及疲惫者稍作休息。

5. 自由交际

由于不设座位,酒会具有较强的流动性,宾客之间可自由组合,随意交谈。

(四) 酒会的服务程序

1. 准备工作

根据宴请通知单的具体要求摆放台型、桌椅,准备所需设备,如立式麦克风、横幅等。

（1）吧台。酒吧服务员负责在酒会前根据通知单上的"酒水需要"栏，准备各种规定的酒水、冰块、调酒用具和足够数量的玻璃杯具等。

（2）餐台。将足够数量（一般是到席人数的 3 倍的量）的甜品盘、小叉、小勺放在食品台的一端或两端，中间陈列小吃、菜肴。高级鸡尾酒会还需要准备肉车，为宾客切割牛肉、火腿等。

（3）小桌、椅子。小桌摆放在餐厅四周，桌上置花瓶、餐巾纸、烟灰缸、牙签盅等物品；少量椅子靠墙放置。

（4）酒会前分工。宴会厅主管根据酒会规模配备服务人员，一般以一人服务 10～15 位宾客的比例配员。有专人负责托送酒水、托送菜点及调配鸡尾酒等。

2. 服务工作

鸡尾酒会开始后，每个岗位的服务员都应尽自己所能为宾客提供尽善尽美的服务。

（1）负责托送酒水的服务员，用托盘托送斟好酒水的酒杯，在宾客中巡回，由宾客自己选择托盘上的酒水或另点鸡尾酒。服务员负责收回宾客放在小桌上的空杯、空盘等，送至洗涤间；重新布置小桌。

（2）负责菜点的服务员要保证有足够数量的盘碟、小勺、小叉；帮助老年宾客取食；添加点心、菜肴，必要时用托盘托送特色点心；负责回收小桌上的空盘、空杯等并送往洗涤间。

（3）吧台服务员负责斟倒酒水和调配宾客所点鸡尾酒。

3. 结束工作

宾客离去后，服务员负责撤掉所有的物品。余下的酒品收回酒吧存放，用过的餐具送洗涤间，干净餐具送工作间进行重新消毒，然后备用。撤下台布，收起桌裙，为下一餐做好准备。

（五）酒会酒水服务

在酒会上，不管选用哪一种饮料，数量务必充足。订购酒会酒水时要超过实际所需之数。在计算酒的需要量时，一瓶雪利酒大约可斟 12 杯；一瓶威士忌大约可斟 20 杯；一瓶标准容量（0.7 升）的葡萄酒大约可斟 6 杯；1 升瓶的葡萄酒大约可斟 9 杯。如果只供应一种酒精饮料，例如在一个雪利酒会上，正确且实用的做法是，先把酒斟入一批酒杯中，然后放在托盘里端给各位来宾。如果可供选择的酒很多，那么有一个吧台就便利得多了。这种吧台只需用一张普通的桌子，铺上毡垫和厚亚麻布。但不管是什么样的吧台，都应该放在大多数人可以拿得到的地方。一个好的酒会必须供应若干不含酒精的饮料，如果汁、矿泉水等，酒会也需要用它们来调酒，所以供应要充足。同样，冰块的供应也要充足。

（六）酒会食品服务

酒会必须提供样式美观、口感好的食品，如果没有提供，宾客可能会挨饿，而且还会因空腹喝酒而感到身体不适。然而，在正餐之后的酒会上食品不应上得太早，因为宾客大多刚用过晚餐。食品应该便于食用，而且尽可能选择美观又开胃的。

适合鸡尾酒会的食品有各种果仁、鸡尾软饼、鸡尾薄脆、鸡尾泡菜（如洋葱、小黄瓜、橄榄等）、长面包、三明治、奶酪条和热香肠。这些食品都可以用手拿着或用牙签挑着吃。果仁和软饼之类的食品应盛入碗内。另外，食品也可以装在盘子里端上来，或放置在自助餐具中，由酒会宾客自己拿取。

（七）酒会礼仪服务

接待人员在参加酒会时，既要了解酒会形式松散的特点，又要认真对待参加酒会所必须有的礼仪，了解酒会的餐序、取食规则和各种禁忌，这样才能体现出自身的良好素质，实现社交目的。

1. 掌握餐序

酒会一般以酒水为主，食品从简，餐序不像正式宴会那么烦琐。但用餐时，建议依照合理顺序进行。鸡尾酒可以在餐前或吃完甜品后喝。酒会上用餐，切忌大吃大喝，要做到合理搭配、取食有度。

2. 排队取食

在酒会上用餐，无论是去餐台取菜、去酒吧添酒，还是从侍者的托盘中取酒，都应做到礼貌谦让、遵守秩序，排队要按顺时针方向拿取。取食时切忌急不可耐、吆五喝六，或者插队、哄抢，不顾及他人感受，这既影响他人进餐，又使自己的形象大打折扣。

3. 多次少取

有些酒会采用自助形式，由宾客自己取食，因此，宾客取食时的表现成为其礼仪素养水平的重要表现。取食时，"多次少取"是取食礼仪的关键，即选取菜肴时，对自己喜爱的食品或其他尚未品尝过的食品，每次只取一点，不够可以下次再取。取回的食品必须全部吃完。切忌过分贪婪，吃相不雅。大取特取，或是铺张浪费，都会给人留下不好的印象。

4. 禁止外带

酒会上一般酒水和食品供应充足，宾客可按自己需要享用，但这只限于在酒会之上，绝对不可打包外带，将食物和酒水等带走是非常失礼的行为。

（八）酒会交际方式

从某种意义上说，酒会的交际意义远远大于饮食意义。展示个人魅力，促进社交成功，是酒会的主要目的之一。因此，酒会上交际时也要讲究适当的礼仪，以免事与愿违。酒会交际应注意以下几个方面。

1. 主动攀谈

酒会是交流信息的重要场合，因此参加酒会时不可矜持不发声或故作深沉，而要抓住时机，积极主动地选择自己感兴趣的对象进行交谈。这样才能达到沟通信息、联络感情、结交新朋友的目的。对于旧友，主动打一声招呼往往使自己显得亲切、友善，有利于双方关系的进一步发展。对于想要结识的新朋友，则要积极自我介绍，适度自荐，让交际局面迅速打开。

2. 善待他人

同他人攀谈，若话不投机，千万不要显出不耐烦的神色，或急于脱身，造成他人的不愉快。谈话时，也不要心不在焉，掠过对方的肩膀扫视别人或左顾右盼。这样的行为很容易让人理解为敷衍了事，是对对方不尊重的一种表现。最好的办法是，交谈时给对方留出随意离开的机会，或提议两人一起去见同一位双方都熟识的人，或是加入附近的群体。

3. 照顾女宾

虽然酒会上宾客应"独善其身"，但男士照顾女士的原则依然适用，这也是男士体现自身

修养的重要方式。如果女士酒杯空了,男士应主动上前添满,或为其叫来侍者斟满酒水。如果女士形单影只,没有人与之攀谈,男士则应主动上前,与其谈话,免其尴尬,或邀请其加入别的群体。

4. 饮酒有度

酒会上虽然备有各种美味酒水,但切记:参加酒会要饮酒有度,不要开怀畅饮,也不应猜拳行令,大呼小叫,或对别人劝酒。同时,一定要知道自己的酒量,适度饮酒,切不可贪恋杯盏,以免醉酒。

5. 适时告辞

酒会并不严格限定时间,但宾客也应体贴主人,适时离开。一来使得主人有充足的时间休息,二来不妨碍主人的其他社交安排,如晚宴、约会等。

一般情况下,鸡尾酒会会持续两个小时左右,在晚上 8 时左右结束,而正餐之后的酒会则在晚上 11 时或 12 时结束,周末可以更晚些。如果有事需提前离开,不应过于引人注目,以免破坏酒会气氛。离开前最好向主人当面致谢。

6. 不忘致谢

尽管离开酒会时,宾客已向主人表示谢意,但如果能在酒会的第二天给主人打个电话,再次表达自己的谢意,则是有教养和有礼貌的表现。这样既可以表达出对主人操劳的感激,又可以消除主人对酒会效果的担忧。

任务三　酒吧推销与服务技巧

一、推销的定义

关于推销的定义,众说纷纭。美国学者认为,推销学是研究引导商品和劳务从生产者到达消费者手中所实施的企业活动的学科。澳大利亚学者认为,推销是一种具有发现和说服作用的工具,即发现人们的需要和欲望,说服他们采用推销人员推销的商品和劳务。在总结各国学者观点的基础上,我们认为,推销是指企业或推销人员在一定的经营环境中,针对其销售对象,采用人员和非人员的推销方法,发现和适应消费者的需求,并说服和诱导潜在顾客购买某种商品或劳务,从而满足顾客需求并实现企业营销目标的行为过程。

二、酒吧推销的方法

1. 外部推销

外部推销是为了进一步树立酒吧的良好形象,扩大和提高知名度。主要的推销形式有访问推销、电话推销和广告推销等。

1）访问推销

访问推销是推销人员拜访客人，当面向客人介绍推销内容的一种推销形式，这种推销形式要求推销人员有较高的语言水平和推销艺术。此种形式有利于推销人员与客人建立良好的人际关系，并赢得客人的信赖。因此，访问推销虽然成本费用较高，但成功的机会很大。

2）电话推销

电话推销是指销售人员用电话与客人联系和销售，或者客人主动打电话时销售人员通过电话进行推销。电话推销要求销售人员语言诚恳、礼貌，表述简洁清楚。推销产品和服务时应力求精确，重点突出。

3）广告推销

广告推销是销售活动的主要推销形式，它通过报纸、杂志、广播、电视等宣传媒介把有关推销信息传递给顾客，是直接或间接地促进产品和服务的销售。选择不同的广告媒介，对推销活动的成败至关重要。广告推销的主要形式有报纸广告、电台广告、电视广告等。

（1）报纸广告。

报纸广告是传统酒吧推销活动中较常用的一种销售形式。因为报纸的时效性强，消息传递迅速，便于保存，特别是凭广告享受优惠消费，最易被客人采用，而且报纸广告费用较低。

（2）电台广告。

电台广告主要是选择地方性电台，针对本地消费者进行宣传推广。电台广告虽可读性不够，但可以针对不同的消费者，在不同档次的节目中频繁播出，加深客人的印象，激发客人的消费欲。此外，电台广告可以采用主持者采访或对话的形式，将推销活动娓娓道来，令人倍感亲切。

（3）电视广告。

电视广告具有传播范围广、表现手法丰富多彩、吸引力强等特点，融画面、声音、文字于一体，生动活泼。但其宣传费用较高且无法长时间保留。

随着时代的发展，新媒体技术的不断进步，广告推销的方式越来越多，主要是借助微信公众号、手机 App 等实现。

4）其他外部推销

除了上述几种形式外，还有户外广告牌、橱窗、公共用具等推销形式。户外广告牌推销主要适用于长期的推销活动，在车站、机场、风景点等地以醒目的广告牌向客人传递销售信息，以达到吸引客人的目的。橱窗推销是指利用展窗、展柜等向客人展示所推销的产品，通过酒品迷人的色彩，引起客人的消费欲望。公共用具是指酒吧推销活动期间使用的一些杯具、杯垫等，印上明显的销售标志或特别制作一些类似的宣传品，印上酒吧的名称、联系方式等，让客人带走，以达到广告宣传的目的。

2. 内部推销

内部推销是为了使光顾的客人满意，从而吸引他们再次光顾。内部推销包括酒吧环境、酒吧服务等几个方面。

首先，推销期间，酒吧必须给客人提供一个十分清洁舒适的内外环境。酒吧的布置必须主题突出、有条不紊，做到环境幽雅、气氛和谐，各种摆设井然有序，切不可杂乱无章。

其次,服务员必须端正服务态度,增强服务意识,对所推销酒品有充分了解,并热情地向客人介绍、推荐。酒吧推销要注意以下几点:服务员、调酒师应当准确地知道酒吧的酒水品种;服务员、调酒师应熟悉酒吧所提供的酒水的特点、口味,并能向客人进行推销;服务员必须知道各式菜肴搭配什么酒水;酒品出售后,服务员应当知道如何向客人展示、开瓶和服务;服务员、调酒师应根据客人的喜好准确地向客人推销酒品,而不应强制推销。

3. 推销活动

酒吧酒水推销活动多种多样,除适当配合餐厅菜肴推销外,还可以经常举办一些酒水推销活动。常见的有专题活动推销、调酒示范表演、优惠价格推销等。

1)专题活动推销

酒吧可以结合各种活动、节日等做一些专题推销活动,如专场服装表演会、音乐会、舞会等,在活动期间加强酒水的销售。此外,酒吧可以配合各种食品节进行酒水推销,如根据食品节的内容和特点推销独具特色的鸡尾酒,在西餐、烧烤、海鲜等食品节上可以推销各式葡萄酒。

2)调酒示范表演

酒吧研制出新品鸡尾酒时,可以举行调酒示范表演会,由调酒师现场操作表演。举行调酒示范表演一方面可以锻炼调酒师的能力,提高调酒师的业务水平;另一方面可以通过表演,提升酒吧知名度,吸引更多的客人。

3)优惠价格推销

酒吧可以通过价格的变化来吸引客人,例如,利用淡季客人少的特点,以优惠价格举行酒水推销活动,还可以设定在每日的固定时间,用优惠价格吸引客人。此外,还可以根据酒店客源及所处城市特点,以优惠价格向经常光顾酒吧的俱乐部成员等提供优惠,以吸引更多的客人光顾酒吧。

三、酒吧推销技巧

在服务过程中,服务员不仅仅是一名接单者,同时也是一名兼职的推销员。这里的推销是指有建议性的推销。合理的推销和盲目的推销之间有很大的差别,后者会使客人生厌,有被愚弄的感觉,或者被认为是急于脱手某些不实际或名不副实的东西。酒吧服务人员要根据客人的喜恶引导客人的消费。

(一) 介绍

(1)可根据客人类型等先推介高价位酒水,再推介中、低价位酒水;

(2)针对男士,推荐洋酒、红酒或啤酒;针对女士,推荐饮料、冰激凌等。

(二) 语言技巧

1)初次落单前推销

如"先生/女士,晚上好! 请问您需要喝点什么? 是喝洋酒还是红酒?"假设客人选择洋酒,那么接着询问:"您是喜欢喝白兰地还是威士忌?"观察客人的反应,若客人反应明确,就征询所需数量;若客人犹豫不定,则可帮客人拿主意,主动引导客人。酒水确定后,需进一步推销,介绍一些小食,可用征询的语气说:"先生/女士,需不需要来一点佐酒小食?""××味道不错,是我们酒吧的特色小食。"

2)中途推销

及时做好台面卫生,收走空酒樽、扎壶等,在酒水所剩不多时(不要等到喝完),再一次询问客人:"先生/女士,需不需要再来一支××酒或多拿半打(一打)××啤酒?"留意女士的饮料是否喝完,若差不多喝完,同样可进行第二次推销。对于特殊客人,应进行特殊介绍,例如,针对醉酒或饮酒过量的客人,推荐参茶、柠檬蜜、热鲜奶,对患感冒的客人推荐姜汁可乐等。

（三）身体语言的配合

与客人交流时,目光要注视客人,以示尊重;尽量靠近客人讲话,不要距离太远。客人讲话时,随时点头附和,以示听清,若没有听清,说声:"对不起,麻烦您再说一遍。"

（四）推销实用技巧

（1）熟记客人姓名和喜好,以便日后再光临时增强客人的消费信心。

（2）熟悉酒吧内酒水情况,明白所推销的食品、饮品的品质及口味。

（3）客人不能做决定时,为客人提供建议;介绍各价位的多款饮品,让客人去选择;按客人身份不同推销不同饮品。

（4）当杯中酒水所剩不多时,为客人斟酒。

（5）收空杯、空盘时,应礼貌地询问客人还需要加点什么。

（6）对男士应多推销各种酒类,对女士则应推销饮料等,对小孩应推销适合他们的各种食品、饮料。

（7）根据不同类型的客人进行各种方式的推销,大致分为家庭聚会、朋友聚会、庆贺活动、业务招待、公司聚会、情侣约会。

（8）根据客人所用的酒水推销相匹配的小食。

（9）根据客人的民族、所在区域等的饮食特点加以推销。

四、酒吧服务技巧

（一）给客人点烟的技巧

（1）每位员工必须携带打火机,并将火焰大小调到中火程度。

（2）当客人拿烟时,必须做到"烟起火机到",让客人有被尊重的感觉,享受一流的服务。

（3）对烟瘾大的客人,要把握时机拿起客人桌上的香烟,轻轻弹出一支,双手呈给客人,示意客人享用;当客人抽出烟时,立即为客人点上火。

（4）点烟时,右手拿打火机,打出火焰,左手五指并拢,手指自然微弯,护住火焰的外部,双手送上给客人点烟。

（二）各类餐具的拿放技巧

（1）准备干净无异物的服务托盘。

（2）为客人服务的任何餐具,都要放入干净的服务托盘中,用左手托盘送到客人桌前为客人服务。

（3）无论摆台、撤台还是对客人服务时,如要拿玻璃杯,只允许手拿底部,避免用手接触杯口;放玻璃杯时可用小拇指垫在杯底,轻轻放于台面上,这样可以避免玻璃杯与台面发生碰撞。

(4)拿盘子时,要用手指捏住盘子的边缘。

(5)取冰时,要用冰铲或冰夹,严禁用玻璃器皿直接在制冰机内取冰。

(6)为客人提供食品服务时,不得用手直接接触食品。

(7)拿叉、勺等餐具时,应用大拇指和食指拿其把柄处。

(三)更换烟灰缸技巧

(1)准备好干净、消毒过、无破损的烟灰缸放入托盘中。

(2)站在客人的右侧示意客人,说:"对不起,打扰一下。"

(3)如当更换烟灰缸时,看到还有半截正在燃烧的烟头,必须征询客人的意见,是否可以撤换。

(4)不得用手去拾掉落的烟头,如必须拾起,则应立即洗手。

(5)及时更换烟灰缸,客人桌上烟灰缸内不得超过3个烟头。

(6)左手托住托盘,右手从托盘中取出一个干净的烟灰缸,盖住台面上的烟灰缸,用手指压住上面的烟灰缸,再用大拇指和中指夹住下面的用过的烟灰缸拿起来放入托盘中,再将干净的烟灰缸放在桌上。

(四)托盘的使用方法和技巧

1)托盘的准备

(1)托盘必须干净无破损。

(2)服务时垫有干净口布或专用方巾,以免打滑。

2)正确使用托盘技巧

(1)左手五指张开,手心空出。

(2)手臂呈90°弯曲,肘与腰保持一拳距离。

(3)挺胸抬头,目视前方,面带微笑。

(4)行走时,左手五指与掌根保持平衡,右臂自然摆动。

3)放物品的技巧

(1)高的物品放内侧,低的物品放外侧。

(2)重的物品放中间,轻的物品放两边。

4)行走时注意事项

(1)行走时要轻而缓,右手摆动幅度不宜太大。

(2)不与客人抢道,与客人相遇时侧身让道。

(3)发生意外时,如托盘内酒水滑落,不可惊叫,应冷静处理;马上叫同事看护现场,尽快清理干净。

(4)右手用于协助开门或替客人服务。

(5)当用托盘把物品送到客人面前时,托盘不能放在桌面上,应与桌面保持约30厘米距离。

(6)当把空托盘拿回时,用右手或左手拿住托盘边以竖立方式靠近裤边行走(托盘底在外)切忌拿空托盘玩耍。

（五）擦拭玻璃杯技巧

（1）准备工作：准备一桶开水、一块干净的杯布、一个干净的圆托盘，将清洗过的水杯从洗碗间取出。

（2）擦拭：①用左手拿住杯布一角，将杯脚包住，放在开水上方熏蒸一下，使杯壁有水汽产生；②用右手拿住杯布，塞入杯内，两手协调将杯子转动起来，擦拭杯角、杯壁和杯口；③擦拭时不宜用力过猛，以防弄破杯子；④擦拭完毕，将杯子对着灯光检查，保证无破损、无污渍、无水迹。

（3）存放：①依然用手拿住杯脚；②将杯口向上，重新放于托盘上，如暂时不用，则需将杯口向下放好。

（六）热毛巾的服务技巧

营业前把准备好的毛巾洗干净、消毒。将毛巾卷成圆柱形，放进毛巾柜内。当客人需要用热毛巾时，采用半跪式，左手提着毛巾篮，右手用毛巾夹，为客人递上毛巾。注意递给过程中，毛巾卷不能散开。当客人使用后，采用半跪式，左手提着毛巾篮，右手用毛巾夹，夹住用过的毛巾放回毛巾篮，将使用过的毛巾送到指定部门统一清洗和消毒。

本项目分为"酒吧服务概述""酒水服务技能与酒会服务知识""酒吧推销与服务技巧"，通过学习，理解酒吧服务特别是酒吧优质服务的内涵，掌握酒吧服务的全套程序与工作内容，熟练掌握酒吧酒水服务的技能、饮用规范以及酒会服务技能。

知识训练

一、复习题

1. 优质服务的内容是什么？

2. 营业前的准备工作有哪些？

3. 斟酒的基本要求有哪些？

二、思考题

1. 如何组织一场完美的鸡尾酒会？

2. 什么样的员工才能提供优质的酒吧服务？

能力训练

1. 分小组，撰写一份用来欢迎大一新生的鸡尾酒会策划书。

2. 每个同学完成一段2～5分钟的调酒示范表演。

项目十
酒吧采购与成本控制

项目目标

职业知识目标：

1. 了解酒吧采购员应具备的能力，掌握酒吧原料采购的程序。
2. 了解酒吧验收的种类和基本原则，熟悉验收程序和过程。
3. 了解酒吧设备与用具成本控制的价值，掌握酒吧设备成本控制的方法。

职业能力目标：

1. 能熟练地运用酒吧原料采购的各种方法。
2. 能独立地开展酒品、水果及小吃的验收工作。
3. 能熟练地开展酒吧成本控制工作。

职业素质目标：

培养学生强健的体魄和良好的劳动纪律，能适应一线岗位的工作需要。

项目核心

采购；验收；库存；领发；成本控制

项目导入：酒吧是一个提供休闲与消费的服务性场所。酒吧的生产和销售，需要经过采购、验收、储存、发放等程序。为使酒吧所需酒水、饮料、用具等符合使用需求，且价格合理、质量良好，必须进行有效的采购、验收、库存管理。这一环节的工作虽然主要由相关店员完成，但管理者的有效指导和监督同样非常必要。做精、做细，是针对这些工作具体操作的一致要求。

任务一　酒吧原料的采购

酒吧原料的采购任务是采购店内所需的一切原料。原料的质量直接影响到酒吧产品的质量,价格又直接关系到酒吧的经济效益。因此,采购之前应明确原料采购的要求,有助于酒吧以最合理的价格去购买品质优良的原料,并达到及时供应的要求。

一、酒吧采购员应具备的能力

根据工作内容,酒吧采购员应具备以下六种能力。

(1)了解酒水及辅助食品制作的要领及吧台和厨房的业务。采购员虽然不必都是调酒师、厨师,但应懂得原料的用途及品质标准要求,尤其是在还没有制定采购原料品质标准时,更应具备这一素质,以确保能采购到所需的原料。

(2)熟悉原料的采购渠道。采购员应该知道什么原料在什么地方采购,哪里的品质好,哪里的原料价格实惠。任何酒吧都有多种采购渠道,这样才能保证供应。采购渠道的维持是建立在互相信任、互相帮助的基础上,也涉及采购员的人际关系。

(3)了解采购市场和餐饮市场。采购员应了解原料市场的供应情况以及客人对酒水、食品的偏好,做到心中有数,确保准确无误地完成采购任务。

(4)了解进价与售价的核算方法。采购员应了解酒单上每一个品种的名称、售价和分量,知道酒吧近期的毛利率和理想的毛利率。这样在采购时才能知道某种原料的价格是否可以接受,或是否可以选择替代品。

(5)参加市场采购技术培训。在采购过程中,采购员的经验至关重要。因此,采购员必须经常参加采购技术培训。

(6)熟悉原料的规格及品质。采购员应对市场上各种原料的规格和品质有一定的了解,有鉴别好坏的能力。比如酒品的产地、出产年份等都会影响酒水的品质。

二、酒吧原料的采购程序

(一)仓管人员填写请购单

酒吧仓管人员根据原料存货情况填写请购单,经核准后交采购员。请购单一式两联,第一联送采购员,采购员须在采购之前请管理人员确认、批准并在请购单上签名;第二联由酒吧仓管人员留存。

(二)采购员填写订购单

采购时,采购员须填写订购单。订购单一式四联,第一联送供应商;第二联送酒吧仓管人员,证明已经订货;第三联送验收员以核对发来的货品是否正确无误;第四联则由采购员保留。并不是所有酒吧都采用这套采购手续,但每个酒吧都应保存书面进货记录,最好是用订购单作为书面记录保存,以便到货核对。书面记录可防止在订货品牌、数量、报价和交货日期等方面出现误差。

(三)采购活动控制

采购员根据请购单所列的品种、规格、数量进行购买。采购员落实采购计划后,须将供货商、供货时间、货品品种、货品数量、货品单价等情况告知仓管人员。验收手续按收货细则办理,收货人员应及时将验收情况通知采购员,以便出现问题能及时处理。

三、酒吧原料的采购原则与任务

(一)寻找合格商品

要提供质量优良的商品,就必须使用质量优良的原料。制定商品原料采购标准,是保证商品质量的有效措施。采购标准是根据酒吧的需要,对所要采购的各种原料做出详细具体的规定,如原料产地、等级、性能、色泽、包装要求等。

建立采购标准能帮助采购员在众多货品中挑选出最合适的一种。除文字叙述外,必要时也可以用图片辅助。供应商在"按图索骥"的情况下,错误供货的概率会大幅降低。

(二)得到最好的价格

在兼顾商品品质的前提下,若想得到最优惠的价格,势必要运用一些小技巧。"货比三家"是首要步骤,另外也可选择向大盘商进货,签订互惠契约,以现金支付,自行运送,在季节性短缺时采用替代品等方法,以有效降低货款,节省成本。

(三)得到最佳的品质

酒吧采购最担心的是原料的品质,尤其是生鲜原料,如果一时无法使用而积存,很容易使原料腐败而造成浪费。因此,在决定采购量之前,要先考虑贮存能力和特殊应急情况。

(四)找到最佳供应商

选择供应商应考虑以下五个基本要素。

1. 供应商的地点

选择本地厂商或邻近地的厂商,更容易与其维持良好的公共关系,降低采购成本。

2. 供应商的设备

具有健全设备的供应商更能确保食物的品质,同时也会降低运送过程中的难度。

3. 供应商的专业知识

具有丰富专业知识的供应商能够提供更有价值的服务。

4. 供应商的财务状况

可提前了解供应商的财务背景、进出货资料、来往客户情况等,以免上当受骗。

5. 供应商的诚信记录

只有遵守诚实、互惠原则的供应商,才是值得合作的供应商。

(五)在最适当的时间进货

所谓"在最适当的时间进货",是指物品来得正是时候,让采购员有足够的时间核对数量是否正确,质量是否达标;而运送延迟缓慢,会导致采购员的工作压力增大。另外,"在最适当的时间进货"这个目标涉及采购员对存货的管理,也涉及供应商送货的效率。

四、酒吧原料的采购方法

因酒品原料的不同,酒吧原料的采购方法也会有所差异。一般而言,酒品原料可分为两大类:鲜货类原料和干货类原料。鲜货类原料指不能长期保存的各类原料,如新鲜水果、乳制品、鸡蛋、新鲜啤酒等,这些原料必须当天采购、当天消耗或者必须在短暂的有效保质期内消耗掉。干货类原料指可以久藏的原料,如可长期保存的酒类、食盐、糖及各种调味品等,这些往往是箱装、袋装、瓶装、罐装,可以在常温下贮藏数月或经数年而不变质,因此可以大量进货。

酒吧常见的采购方式有以下四种。

1. 合约方式

与供应商签订合约,合约的内容包括一般情形的需求和特殊状况的需求,规格表也可置于其中。

2. 直接从市场采购

中、小型酒吧的经营者喜欢直接到市场交易,此法虽然未必能获得价格较优惠的商品,但可将库存量降至最低。

3. 由供应商报价

将每日需要的原料和每周需要的原料用量填单,交由供应商报价,从中选择最佳的厂商来供应。供应商报价时也须自行清点存货,以便有效地出货。

4. 直接从产地进货

一些消耗量大的红葡萄酒、啤酒等酒品,可以直接从产地进货。

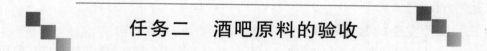

任务二　酒吧原料的验收

所谓验收,是指检查后,认为合格而收受货品。检查合格与否,须以制定的验收标准及验收方法为依据,严格判定。

一、验收的种类

酒吧原料验收,大致可分为下列四类。

(一)以权责来区分

1. 自行检验

由买方自行负责检验工作,大部分酒吧采用此方式。

2. 委托检验

由于距离太远或本身欠缺此项专业知识,而委托公证机构或某专门检验机构进行,国外采购或特殊采购适用此种检验方法。

3. 工厂检验合格证明

由制造工厂出具检验合格证明书。

(二) 以地区来区分

1. 产地检验

在原料制造或生产场地就地检验。

2. 交货地检验

分买方使用地点与指定卖方交货地点两种,依合约规定而定。

(三) 以数量来区分

1. 全部检验

一般对较特殊的贵重产品进行全部检验,此法又称百分之百检验法。

2. 抽样检验

从每批产品中挑选具有代表性的少数产品作为样品来检验。

二、酒吧原料验收的基本原则

(一) 制定标准化规格

在制定标准化规格时,要考虑到供应商的供应能力,以及交货后是否可以检验,否则,一切文字上的约束都只是流于形式;标准不能定得过宽,如果有劣质品冒充则会影响使用。

(二) 合约条款应确切

规格虽属技术范畴,但审查合同时要注意规格是双方买卖的基础,涉及品质优劣与价格高低的内容,不得有丝毫含糊。因此,在合同单上须做详细明确的规定,必要时可附详细说明,以免供方误解。

(三) 设计完整的验收制度

设计一套完整的采购验收制度,同时对专业验收人员施以培训,使其具有良好的职业操守和丰富的知识,然后严格监督考核,以发挥验收应有的作用。

(四) 明确职责

酒吧的直接采购员不得主持验收工作。为发挥内部牵制作用,对验收人员与收料人员的职能,也要加以划分。一般原料品质与性能由验收人员负责,其形状、数量及可以目视检查的,则由收料人员负责。

(五) 讲求效率

验收工作应快速高效,尽量不要给供方增加不必要的麻烦。

三、酒品验收

（一）核对到货数量和订购单、发货单上的数量

验收人员应根据订购单核对发货单上的数量、品牌和价格，必须认真仔细地清点瓶数、桶数或箱数。如果按箱进货，验收员应开箱检查里面的数量是否正确；如果验收人员了解整箱酒品的重量，也可通过称重来检查；如果瓶子密封，验收员还应抽查是否有启封的瓶子。如果有不一致之处，验收人员应根据要求做好记录。一旦出现问题，验收人员应报告主管，请其协助解决。

（二）检查品质

验收人员应通过检查烈酒的酒精度、葡萄酒酿造的年份、小桶啤酒的颜色、碳酸饮料的保存期限等，检查酒品的品质是否符合要求。

（三）处理差误

如果在验收之前，瓶子已经破碎，或运来的酒水不是酒吧订购的品牌，或货品数量不足等，验收人员应填写货物误差通知单。如果没有发货单，验收人员应根据实际货物数量和订购单上的单价，填写无发货清单收货单。验收之后，验收人员应立即将合格酒品分类并运到贮藏室贮藏。

（四）填列验收日报表

验收之后，验收员应根据发货单填写验收日报表，然后送财务部门，以便在进货日入账。由于各个酒吧的财务繁简程度不同，验收日报表的具体内容也有所不同。一般情况下，各个酒吧应根据自己的情况和需要编制验收日报表。

（五）退货、换货和报损

酒吧仓管人员应根据验收明细表严格验收进仓原料。例如，发现规格、品质、数量等出现问题，应拒绝收货；也可直接通知采购人员与供货商联系，办理退货、换货手续。若确属运输过程中造成的损坏，可填写物品报损单，然后由主管确认批准。

四、水果及小吃验收

（一）水果的验收

（1）无论是国产还是进口的新鲜水果，一般以九成熟为最佳。熟透的水果难以雕切成型，太生的水果在颜色、口味上都难以使客人满意。

（2）水果应无病虫、无农药等污染。

（3）水果采购数量要依据订购单来确认。

（4）罐装水果应查看厂家地址、出厂日期、保存期限等，防止购进腐败变质、过期的罐装水果。

（二）小吃的验收

在验收小吃时，应注意以下事项：①检查购进的小吃品牌是否与采购计划一致；②小吃保存期限都较短，应仔细检查生产日期和保质期限；③检查购进数量与可贮存量是否匹配。

任务三　酒吧原料的库存与领发

原料验收完毕后,就必须进行妥善的保存。验收完直接投入使用的原料可以省掉这一环节,但一般情况下,从节约成本的角度考虑,酒吧采购的原料都是批量的,所以酒吧经营者也应掌握原料的库存保管知识,以及制定相应的原料发放制度。

一、酒吧原料的贮存方法

（一）酒品的贮存

酒水仓库是酒水贮存的重要场所,其内部设施要求不高,一般包括下列用具:木质或金属结构的酒架,架子不要太深太高,以方便拿取为准,每层都要有格架,把酒架纵向隔成若干小格,以便按品种存放酒品;梯子,用于存货和取货时使用;推车,用于搬运货物。

酒品贮藏室应靠近酒吧大厅,可减少分发酒品的时间。此外,酒品贮藏室常设在容易进出、便于看到的地方,以便发料,并减少安全保卫方面的问题。酒品贮藏室的设计和安排应讲究科学性。理想的酒品贮藏室应符合以下八个基本条件。

1. 有足够的贮存和活动空间

酒品贮藏室的贮存空间应与酒吧的规模相适应,地方过小,会影响到酒品贮存的品种和数量。长存酒品和暂存酒品应分别存放,贮存空间也要与之相应。酒水仓库的活动空间应宽敞,这样可减轻运送、拿取的劳动强度,避免事故发生,有利于通风换气,以及货物进出和挪动等。

2. 通风良好

通风换气的目的在于保持酒品贮藏室中空气良好,避免酒精挥发而使空气流通不畅,从而使易燃气体聚集,发生危险。流通性好的空气还有利于保持酒水仓库的干燥。

3. 保持干燥

酒水仓库保持一定的干燥,可以防止软木塞霉变和腐烂,也可防止酒瓶商标脱落和酒水变质。但是,过于干燥会引起酒塞干裂,从而造成酒液过量挥发。为保持干燥,地面铺盖材料应以吸水、渗水性好的材料为宜。

4. 隔绝自然采光照明

自然光线,尤其是直射日光容易引起酒品变质,造成酒味寡淡、酒液浑浊、酒液变色等现象。酒品最好采用人工光源照明,并适当控制强度。

5. 防震动和干扰

震动容易导致酒品早熟。受过震动的酒风格会发生很大的变化。有许多"娇贵"的酒在长期受震后(如运输震动),需要"休息"两个星期,才能恢复原来的风格。

6. 贮藏室卫生

酒品贮藏室的内部应保持清洁卫生,不能有碎玻璃。箱子打开后,各类酒品应及时取出,存放在适当的架子上,空箱子应立即搬走。

7. 贮藏室温度

酒品贮藏室应保持适当的温度。用软木瓶塞的葡萄酒酒瓶应横放,防止瓶塞干燥而引起酒水变质。

8. 贮藏室内排列

贮藏区域的排列方法非常重要,同类饮料应存放在一起。例如,所有杜松子酒应存放在一号空间;黑麦威士忌酒应存放在二号空间;苏格兰威士忌则应存放在三号空间。再在贮藏室的门上贴一张平面布置图,以便相关人员迅速取得所需酒水。

酒水仓库并不一定要设在地下。不过,地下酒水仓库在恒温、避光、防震等方面具有得天独厚的优势。设在地面上的酒水仓库应采取一定的保护措施,使酒品贮存安全到位。

（二）小吃的贮存

小吃要放在阴凉干燥的通风处,并远离水管及化学药剂。应防止虫、鼠的接触,以免传播细菌、遭受污染。应在规定货架贮存,保持干净卫生。

小吃的保质期短,所以要注明进货日期,按先存先取原则存放。面包通常用来做法式烤面包、面包布丁或三明治,因其很容易失去水分而变干,所以密封后应放在冰箱里贮存。

（三）水果的贮存

水果是酒吧中水果拼盘的原料。酒吧中用的水果主要是新鲜水果,也有部分是罐装水果。

新鲜水果应保存在冷藏箱内,使用前要彻底清洗干净。

罐装水果未开盖时可在常温下贮存,开盖后容易变质,应将未用的部分密封后放在冷藏箱或冰箱里储存,一般不要超过 3 天。

（四）鸡尾酒辅助用品的储存

蛋、奶等是调制鸡尾酒最常用的辅助用品,这些用品容易腐败变质,应储存在 0～7 ℃的环境中,禁止与其他有异味的食品贮存在一起。

二、酒吧原料贮存卫生

在酒吧购进新鲜卫生的原料之后,下一步就是保证酒吧原料的贮存卫生。一般而言,有下列八条储存管理标准。

（1）应有足够容量的普通仓库和冷藏库及相应器材供贮藏各类原料用。

（2）验货后应当马上贮存,并将原料盖起来,否则像水果、小吃等易吸收异味;贮存柜上方也有可能落下碎物到未加盖的物品中,造成污染。

（3）健全原料出入库制度、保管制度,强化岗位责任。由专职保管员负责保管、出入库查验和出入库记录。

（4）原料必须验收合格后方可入库贮藏。对于质量或卫生不合格、包装不符合入库要求的原料,不准入库。

（5）仓库应有防蝇、防虫、防鼠、防尘措施，以及良好的通风和充足的光源。

（6）酒吧原料要存放在远离墙面和下水管道的地方。上架时应注意离墙面5厘米以上，离地面15厘米以上，以确保空气流通。同时，货架应干净整齐，不要在货架上铺垫纸张或其他东西，因为这些东西会阻碍空气流通。

（7）非保管员不准入库，原料存放区不得存放其他杂物。

（8）对水果、饮料、酒等物品实行分类分库保管。对同类库要按品种、品目、规格定位，摆放整齐。货位卡要记录出入库日期，做到先进先出。

三、酒吧原料的收发控制

（一）饮品领（发）的控制程序

（1）下班之前，调酒师要将空瓶放在吧台上。

（2）调酒师要填写饮品领料单。

（3）饮品主管根据饮品领用单核对吧台上的空瓶数和品牌。如果两者相符，则在"审批人"一栏上签名，表示同意领料。

（4）调酒师或饮品主管将空瓶和饮品领用单送至贮藏室，酒吧仓管人员根据空瓶核对领料单上的数据，并用新酒逐瓶替换空瓶，然后在"发料人"一栏签名。同时，调酒师或饮品主管在"领料人"一栏签名。

（5）为了防止员工用退回的空瓶再次领料，酒吧仓管人员应按相关规定处理空瓶。

（二）酒品领发的注意事项

在发料之前，酒瓶上应做好标记。通常，酒瓶标记是一种背面有胶的标签，或是不易擦去的油墨标记。标记上有不易仿制的标志、代号或符号。酒瓶标记有以下三个重要作用。

（1）根据酒瓶上的标记，做好领（发）料工作。

（2）在酒瓶上记录发料日期，便于随时了解该酒的流转情况。

（3）调酒师用空酒瓶换酒时，酒吧仓管人员应先检查空瓶上的标记，防止调酒师自带空瓶到贮藏室换取瓶酒。

任务四　酒吧设备与用具成本控制

设备、用具的保管和使用非常重要，都关系着酒吧的成本。有些经营者认为酒吧成本控制只要加强饮品的控制就可以了，根本不需要重视全面的成本控制，总觉得没有必要在这方面浪费人力、物力和财力。这种错误观念会导致用具、设备丢失或损坏的事情屡屡发生，会使酒吧蒙受较大的经济损失。

一、酒吧设备成本控制

酒吧设备又大又重、身价不菲，一台榨汁机就价值几千元，有些高档酒吧的一台咖啡机甚至要十几万元。然而普通员工根本不知情，因此工作中不爱惜设备，胡乱使用导致设备加速了老化，直至使其无法正常工作。因此，正确使用设备、用具，杜绝人为损坏，是控制成本的重要途径。

（一）全面了解各种酒吧设备、用具

一名合格的酒吧管理人员，不但要精通各种酒水知识、服务技巧、管理经营方法，还要对各种酒吧设备、用具了如指掌。哪些冰箱需要下水口，哪些咖啡机需要上水管，冰箱、冰柜哪一个是铜管制冷哪一个是风扇制冷……酒吧设备、用具是酒吧的重要组成部分，在酒吧的经营过程中起着举足轻重的作用，不可小视。了解的途径是使用说明书以及听供货商的讲解说明，只有全面了解后方能将其功效发挥全面，以应付长时间高强度的工作，为高效、便利的工作提供保障。

（二）给予员工充足的培训

许多专业知识和窍门可以在工作中慢慢摸索、寻找规律，但这需要一定的时间。在这个过程中很可能造成一定的成本浪费，使工作效率不高。为避免这种情况的发生，管理人员应给员工提供充足的培训。在培训过程中，员工的专业知识不断积累。在许多酒吧的培训中，管理者只着重讲解酒水知识，而忽略了设备和用具方面的知识。因为培训不足而导致工作中设备、用具的损坏，要比酒水的跑、冒、滴、漏更为严重，而且责任难以划分，所以酒吧设备、用具的正确使用也应纳入培训课程。

（三）加强工作中的监督力度

对员工进行培训后还要在工作中进行监督，确保员工将培训内容运用到工作中去。培训是一方面，更重要的是实践。只有保证两者相结合，才能合理运用设备为酒吧服务。有时，员工因情绪、性格等原因，故意破坏设备，发现这种情况，管理者应立即予以制止，并了解员工的内心活动，帮助员工消除困惑，赶走负面情绪。

二、酒吧用具的成本控制

（一）酒吧用具的分类

1. 调酒用具

此类用具以不锈钢为主，为调酒专用，故不易发生丢失现象，如何避免非正常使用所造成的破损是关注的重点。

2. 杯具瓷器

包括各种玻璃杯具、瓷制用具和其他用来盛装饮品的特殊用具，杯具的破损主要发生在擦拭和放置时。酒吧的杯具只可在为客人提供服务时使用，酒吧员工不能使用，也不能给餐厅里的厨师使用，否则会增加杯具的破损和丢失的可能性。

3. 服务用具

烟灰缸、结账夹、托盘、饮料单，甚至擦桌子的抹布，都属于服务用品。它们出现在客人

面前的频率较高,所以干净、整洁、无破损是对这一类用品的统一要求。这类用具遗失的情况较为常见,经常是随手放在某处而忘记取回,导致服务用具在盘点时一下子缺少很多,给酒吧造成很大的浪费。

4.低值易耗品

这类物品是酒吧成本控制中最不易引起注意的。因为,它们多是一些酒水单、餐巾纸、火柴、酒水领货单等物品,有的员工甚至根本没把这些物品算在成本中,没想过要节约和控制。

（二）酒吧用具的封存保管

酒吧用具的封存保管在保管过程中,并不是简单地将用具封存在库房里,保证用具不会丢失就万事大吉了。在封存前、封存中和封存后都应关注,不然在保存过程中,由于保存方法不当很容易造成用具老化,这也是成本消耗。因此,在封存用具时要注意以下事项。

（1）擦拭需存放的用具,确保无水迹、无油渍,清点数量并检查用具完好程度。

（2）将存放物品的相关事项逐一仔细记录,记在登记卡上。登记卡的项目包括名称、数量、编号、收存时间、完好度等,或在门后贴一张存放平面图,便于日后查找。

（3）将所要入库存放的用具用塑料袋、皮筋、纸箱、塑料筐等进行简单的包裹和盛装处理。

（4）充分使用库房空间,最大限度地加以利用,将所有准备收存的用具等合理地分区码放。

（5）将刀、叉及其他电镀金属器物用保鲜纸逐一包好,防止放置时间过长发生氧化,破坏电镀层。

（6）将成本较低、数量较多、使用频率高、不易损坏的物品放在贮物架的中下层,如服务托盘、各类印刷品等;将成本较高、数量较少、使用频率低、易损坏的物品放在贮物架的中上层,如榨汁机、奶昔机等。

（7）库房内要有良好的通风设备,定期开展防虫、防蚁、防鼠等工作,避免对存放物品造成损坏。

（8）库房内不可过于潮湿,以免对印刷品、纸制品、金属制品等造成损坏。

知识链接：酒吧采购员岗位职责

项目小结

本项目分为"酒吧原料的采购""酒吧原料的验收""酒吧原料的库存与领发""酒吧设备与用具成本控制"四个任务。通过学习,学习者掌握采购员需要具备的能力,了解原料采购的程序,理解采购的原则和任务,掌握原料的验收、库存方法,以及设备和工具的成本控制方法。

项目训练

知识训练

一、复习题

1. 酒吧常见的采购方式有哪些?

2. 酒吧验收的基本原则有哪些?

3. 酒吧的水果应如何贮存?

二、思考题

1. 如何有效地开展酒吧采购工作?

2. 如何让员工真正把降低成本落到实处?

能力训练

1. 制定一份酒吧开业的物品采购清单。

2. 分小组,参观一家酒吧的库房,了解该库房的物品贮存情况。

项目十一
酒吧营销与安全管理

项目目标

职业知识目标：

1. 了解酒吧内部营销的内容，掌握广告促销的技巧。

2. 了解酒吧人员推销，掌握人员推销的内容和要求，熟悉人员推销的程序。

3. 了解酒吧营业推广的含义、目标，熟悉营业推广的主要形式。

职业能力目标：

1. 熟练运用酒吧人员推销技巧，开展酒吧人员推销活动。

2. 运用酒吧促销和渠道的相关知识，设计产品发布会和酒吧庆典活动。

职业素质目标：

培养正确的价值观，树立坚定的人生信念，积极投身于市场经济活动中。

项目核心

内部营销；广告；人员推销；营业推广；促销与渠道

项目导入：酒吧营销可以分为内部营销和外部营销。内部营销是使员工热爱公司的品牌，然后再让他们去说服客户热爱这一品牌。而外部营销是通过销售组合，直接对客户进行销售。其中，酒吧内部营销是让酒吧所有员工自觉地、有意识地去说服消费者在酒吧消费，而酒吧外部营销是酒吧通过促销组合帮助酒吧在短时间内提高销售额，同时提升酒吧在消费者心中的市场形象。

任务一　酒吧内部营销

酒吧内部营销主要包括内部标记和印刷的重要通告、酒单、推销产品介绍；员工的个人推销、口头宣传；装饰和照明；服务员的情绪和酒吧的气氛；酒水和食物的色、香、味等。内部营销工作从客人一进门便开始，服务员秀丽的外表、真诚的笑容、亲切的问候、主动热情的服务，对留住客人是至关重要的。同时，酒吧的环境和气氛也左右着客人的去留。客人坐下来后，行之有效的营销手段及富有导向性的语言宣传是客人消费多少的关键。当客人离座时，服务员赠给客人一份缩样酒单、一块小手帕、一个打火机或一盒火柴，当然这上面都印有本酒吧的地址和电话，请客人留个纪念，欢迎其下次光顾或转送给朋友。

1. 酒单推销

1）酒单上的酒应该分类，以便客人查阅与选择

考虑到大多数客人对酒不太熟悉，在每一类或每一小类之前附上说明，可以帮助客人选择他们需要的酒。

2）准备几种不同的酒单

具有多种酒类存货的餐厅，通常有两种不同的酒单：一种为一般的酒单，另一种为贵宾酒单。前者放在每一张桌子上。而后者只有当客人要求或客人无法在一般酒单上找到想喝的酒时才展示出来。

2. 论杯计价

提供2～6种不同价位的酒以杯为单位进行销售，这已是广受欢迎的销售方式之一。

3. 每日一酒或每周一酒

越来越多的酒吧供应每日或每周特价酒。这些特价酒和以杯计价的酒一样，能够吸引客人尝试酒单上的新酒，也可以促销一些原来销路并不理想的好酒。

4. 员工推销

每一个员工都是推销员，他们的仪表、服务和工作态度都是对酒吧产品的无形推销。酒吧的良好气氛也有利于酒水的推销。如果调酒师仪表不端庄的话，一切努力都是枉费。所以，酒吧调酒师要注意个人仪表。

5. 酒瓶挂牌推销

对光临的客人，酒吧可以在其品味过或饮剩的酒瓶上挂上写有其名字或代号的牌子，然后将酒瓶陈列在酒柜里。当客人再次光顾时，很可能与朋友结伴而"故地重游""旧瓶再饮"。这是充分利用客人的心理来达到推销目的的较好方式。

6. 免费品尝

酒吧为了让客人对新推出的品种有更多的了解，有效的方法之一便是免费赠送给客人

品尝。客人在不花钱的情况下品尝产品,一定会十分乐意寻找产品的优点,也会非常乐意无偿宣传产品。

7. 有奖销售

用奖励的办法来促进酒吧销售。客人一方面可寄希望于运气;另一方面,即使不得奖,客人也会觉得这是一种娱乐。

8. 赠送小礼品

有的酒吧采取向客人赠送小礼品的方式来联络感情。一张餐巾、一根搅棒、一支圆珠笔,以及印上酒吧地址和电话的火柴盒、打火机、小手帕等都可以作为小礼品赠送给客人。

9. 折扣赠送

酒吧向客人赠送优惠卡,客人凭卡可享受优惠价。这实际上也是一种让利赠送的办法。客人的心理得到了满足,他很可能会再来,而且带更多的朋友来。

10. 宣传小册子

设计制作宣传小册子的主要目的是向客人提供有关酒吧设施和酒品服务方面的信息。宣传小册子一般应包括以下内容:①酒吧名称和相关标识符号;②酒吧简介;③酒吧地址;④酒吧交通路线图;⑤酒吧电话号码;⑥酒吧联系人。

任务二　酒 吧 广 告

广告的重点在于知名度,酒吧可根据自身的规模、经济状况选择广告途径。广告宣传对于一个成功的酒吧来说是必不可少的,途径也是多种多样的。

一、广告宣传

广告宣传可分为开业前期的宣传和开业后期的宣传。

1. 开业前期的宣传

酒吧从装修到开业一般要 2~6 个月的时间。很多经营者忽略了装修期间的广告宣传。酒吧在前期筹备时就应该开始做广告宣传,这样才能为开业奠定基础。杭州的 SOS 酒吧在筹备、装修时就开始大规模宣传,前期的广告宣传投资就占总投资的 5%,开业后,酒吧的生意特别火爆,这和它前期的宣传是分不开的。

2. 开业之后的宣传

人际传播和口碑传播对酒吧而言是最实际有效的宣传方式。把各项工作做到位,给客人留下美好的第一印象,客人自然就会给酒吧打广告。当然,提升知名度,形成品牌意识离不开宣传。

二、广告策划

最好的广告就是以自然的形式达到宣传的效果。例如,一些报纸会在饮食栏目推介一些市场上的新酒水,顺便介绍在哪里可以品尝到这种新酒水。这样,无形之中就为这个酒吧做了广告,还介绍了酒吧的特色饮品。对于读者来说,这种形式比较容易接受,感觉也自然一点。

三、广告促销

酒吧广告是一种鲜活、立体、直观、易于为大众所接受的促销形式,是为了达到促销酒吧产品的目的而做的宣传广告,是通过通知、公告等促销形式,向公众传递关于酒吧产品信息的一种促销活动。

（一）摆放位置

酒吧为扩大知名度,增加销售额,常制作一些样式精美、玲珑剔透的广告宣传品置于桌上、柜台上或店内外的墙上。广告制品除精美的色彩及图案外,还可配以优美的散文、诗句或有文化意蕴的祝福语等。

（二）广告内容

1. 饮品

饮品要突出特色饮品和主要饮品,让客人一目了然,心中有数。

2. 价格

价格应适中和优惠。尤其是酒吧提供的团队或个体折扣价、优惠券或各种赠品,或者特大节假日价格、黄金周特色价格,这些价格要能吸引大批不同类型的客源。

3. 赠送

客人在酒吧消费时,可免费赠送新的饮品或小食品以刺激客人消费;或为鼓励客人多消费,对酒水消费量大的客人,免费赠送一杯酒水,以刺激其他客人消费。免费赠送是一种象征性促销手段,通常赠送的酒水价格不会太高。

4. 娱乐演出活动

酒吧常邀请著名的歌星、影星、体育明星、乐队到酒吧演出,以吸引这些明星和乐队的崇拜者;或者以特色的歌舞、比赛、表演、抽奖等娱乐活动吸引客人来酒吧消费。

5. 促销时间

促销时间多选择周末和特定的其他时间。为刺激客人做出更迅速、更强烈的反应,可采取一系列限时促销活动。

（三）促销原则

（1）广告能引起大众客人及潜在消费人群的兴趣。

（2）酒吧要以时尚、具有现代感与文艺魅力的活动来吸引客人。

（3）酒吧娱乐活动的举办应尽可能地吸引更多客人参与,增强客人的兴趣,提升酒吧的品位。

（4）节日活动要以节日文化和历史内涵为背景，突出节日的气氛，满足更多客人对节日喜庆、祥和、热闹的心理需求。

（5）广告促销活动要限定在一定时期内，否则会给客人一种变相降价的印象。

（四）注意事项

（1）酒吧刺激的消费对象即使不是全部客人，也应是其中大部分客人，只有这样才能说明广告促销是成功的。

（2）促销的期限如果过短，很多潜在客人可能在期限内不会重复购买；如果促销的期限过长，可能会给客人造成变相降价的印象，没有"物有所值"的感觉。

（3）促销时间的安排一般是根据酒吧内部情况来确定的。

任务三　酒吧人员推销

随着人们生活节奏的加快、社会压力的增大，越来越多的人会选择酒吧这种兼具休闲和娱乐的场所来放松身心，缓解疲劳和压力。酒吧人员促销成功与否直接影响着酒吧的经济效益的好坏。对于一名优秀的酒吧推销人员来说，不仅要知道推销的内容和要求，更应掌握酒吧产品销售的程序和技巧。

一、人员推销内容

（一）酒吧的地理位置

酒吧的地理位置是影响客人消费的一个重要因素。一般酒吧选址应尽量避免与其他酒吧对门，尽量选择人流量大的地方经营，这样可以确保有一定的知名度及销售收入。同时，酒吧的地理位置应该选择距商业中心、购物中心、文化中心、交通终点、旅游景点等较近的地点。另外，在同一地区有时候几家酒吧凑在一起，这意味着该地区有更大的消费吸引力，这一地区的所有酒吧生意因大量客人的光顾而更加兴隆。所以酒吧销售人员应充分利用现有的地理位置积极向客人推销。

（二）酒吧的设计和氛围

酒吧的设计和氛围是客人对酒吧的一种情感体验，也是客人产生第一印象的主体。酒吧空间设计是酒吧设计的核心内容，设计结构和材料构成空间，灯光和色彩展示空间主题。在经营管理中，以空间容纳人，以空间的布置感染人，酒吧销售人员应努力销售其独具特色的设计和氛围，使客人有高品位的享受。

（三）酒吧的产品种类和特色

酒吧销售的核心是酒吧产品，酒吧产品的多样性及产品自身的特色都是推销人员应重点推销的部分。

（四）酒吧的无形服务

酒吧提供的无形服务包括服务人员的仪容仪表、礼节礼貌、职业道德、服务态度、服务技能、服务程序、服务效率等。

二、人员推销要求

（一）掌握酒吧基本情况

掌握酒吧基本情况是做好推销工作的首要前提，是做好销售工作的先决条件。酒吧的基本情况包括酒吧的设计和装饰风格、酒吧的定位和水准、酒吧的服务项目、酒吧产品的价格和相关规定等。

（二）业务技能

销售人员要详细了解酒吧酒水的原料成分、调制方法、基本口味、适应场合等，了解每天的特饮以及酒水的存货情况。熟悉酒吧酒水情况是成功推销的关键因素。

（三）熟悉竞争对手的产品情况

客人面对的是一大批与本酒吧档次、价格、产品、特色类似的酒吧，要想在酒吧产品销售中取得胜利，就要找出自己对比对手酒吧的特色和优势，并着重对这些特色和优势加以宣传和介绍，这样才能引起客人的兴趣。所以，销售人员在掌握本酒吧产品基本情况的基础上，必须了解竞争对手的产品情况。

（四）职业道德

客人刚到酒吧，往往不了解酒吧产品，他们对酒吧产品质量的判断主要来自服务人员的仪容仪表和言谈举止。因此，酒吧员工，特别是酒吧销售人员应该乐于为客人服务，忠实履行职责，时刻体现自己良好的职业道德和修养。

（五）素质准备

穿戴酒吧制服，并保持整洁；恰当修饰仪容，做到协调、大方、得体；精神饱满，情绪高昂；带好相关宣传册、促销品。

三、人员推销艺术

酒吧销售人员要做到腿勤、手勤、嘴勤。腿勤但绝不走弯路，要有计划性；手勤只是解决问题，绝不添麻烦；嘴勤但绝不说不负责任的话、无用的话，尽可能尊重客人的个性，不争执，不怯懦，更不简单应付、沉默寡言或表情冷漠。

销售人员要善于观察消费决策者的优点和缺点，沟通期间方式要灵活，态度不要太生硬，对方提出苛刻要求时，即使无法做到也不要当场拒绝，说话要留有余地。不论沟通结果如何，都要保持礼貌和大度。

任务四　酒吧营业推广

　　酒吧营业推广又称销售促进或市场推广,是指酒吧除人员推销、广告和公共关系外,在一个较大的目标市场中,为了刺激需求而采取的一系列促销措施。营业推广多用于一定时期、一定任务的短期特别推销。营业推广一般很少单独使用,常作为广告和人员推销的补充手段,具有针对性强、非连续性、短期效益明显、灵活多样的特点。

一、营业推广目标

　　许多营业推广方式是特定时期的特别活动,具有强烈的吸引力。营业促销的具体目标会因目标市场类型的不同而不同,针对消费者的营业促销目标是刺激购买,包括鼓励老顾客继续光临,拉动新顾客消费并鼓励其在淡季光临酒吧。

二、营业推广方式

　　1. 赠送

　　客人在酒吧消费时,免费赠送新的饮品或小食品以刺激客人消费,或者为鼓励客人多消费,对酒水消费量大的客人,免费赠送一杯酒水,以刺激其他客人消费。

　　2. 优惠券或贵宾卡

　　酒吧在举行特定活动或新产品促销时,事先通过一定方式将优惠券或贵宾卡发到客人手中,持券及持卡消费时,可以得到一定的优惠。这种方式应把客人限定在特定的范围之内,对光顾酒吧的常客,都赠其一张优惠券或贵宾卡。只要客人光顾酒吧出示此卡就可享受到卡中所给予的折扣优惠,以吸引客人多次光顾。

　　3. 折扣

　　折扣是指在特定时间按原价进行打折。折扣优惠主要吸引客人在营业淡季来消费,或者鼓励达到一定消费额度或消费次数的客人来消费。

　　4. 有奖销售

　　这是利用抽奖等方式进行的一种促销活动。通过设立不同程度的奖励,刺激客人的短期购买行为,有奖销售比赠券更加有效。

　　5. 现场表演

　　在酒吧进行现场表演,展示酒品特色,吸引客人,增加消费。现场表演给客人一种动态的真实感,效果比较显著。

　　6. 门票中含酒水

　　很多酒吧为吸引客人光顾,往往在门票中包含一份免费酒水。

7. 配套销售

如有的酒吧在酒水价格中包含卡拉 OK 或在某些娱乐项目中包含酒水。

8. 时段促销

绝大多数酒吧在经营上受到时间限制。酒吧为提升非主要营业时间的设备利用率和增加收入,往往在酒水价格、场地费用及包厢最低消费额等方面使用折扣价。

三、营业推广形式

营业推广可分为对消费者的营业推广、对推广商的营业推广和对销售人员的营业推广三类形式。

(一)对消费者的营业推广

1. 赠送酒水产品

比如赠送新开发的酒吧产品,让客人品尝并发表评论。

2. 有奖销售

比如通过抽奖方式来推广酒水产品。

3. 产品陈列促销

客人通过所陈列实物的颜色、外观和造型来进行消费选择。

4. 折扣和减价

对消费超过一定金额的客人给予现金折扣优惠。

5. 附赠小礼品

在销售酒水产品时,附赠一些廉价小产品,以刺激客人的需求和欲望。比如购买啤酒,附赠一些佐酒小吃等。

(二)对推广商的营业推广

1. 订货会

吸引推广商参加订货会可以使购销双方更有效沟通,并借机招揽客人。

2. 批量进货优惠

当推广商推广酒吧产品达到一定数量时,酒吧可给予推广商各种优惠,如实行批量折扣、提供免费赠品或奖励等。

3. 推广津贴

酒吧可以给推广商提供广告津贴,或为推广商设计推广海报,以提升推广商的积极性。

4. 协助推广

为推广商提供产品知识介绍、培训销售人员、举办推广商研讨会等,协助推广商提升经营管理水平,增强推销效果。

5. 销售竞赛或年终返利等

采用现金奖励、旅游奖励、物品奖励及精神奖励等方法,鼓励推广商推销本酒吧产品。

(三)对销售人员的营业推广

针对销售人员进行的营业推广是以本酒吧销售员工为对象,鼓励他们积极推销新产品,

开拓新市场。具体方法有推广竞赛、工资奖金与销售挂钩,以及精神奖励等。

任务五   酒吧促销与渠道

酒吧促销并不是推销某个具体的产品,而是利用公共关系,对内协调各部门的关系,对外密切企业与公众的关系,提升酒吧的知名度、信誉度、美誉度。通过酒吧促销为酒吧营造一个和谐、亲善、友好的营销环境,从而更好地推进产品销售。

一、促销的目的

(一) 吸引客人

酒吧可以通过促销活动吸引客人。例如,经营者可以用某一酒水的低价吸引客人到店,使其顺便购买其他正常价格的商品,从而打开销售的大门。

(二) 提升企业形象

酒吧可以用有特色的广告或酒水展示来针对特定的酒水进行促销。虽然只是促销某种类型的酒水,但客人被活动吸引到店后,会全面地认识与感知店面的设计、清洁状况及服务等,从而影响客人对整个酒吧的印象。

(三) 降低库存

酒吧经常面临存货积压的状况,可以通过促销来降低库存,及时回收资金,加速资金周转。为了减少库存,通常会进行计划外的促销活动,如降价清仓,但有时也有必要开展除降价外的其他促销活动。

(四) 对抗竞争对手

在酒吧的经营中,由于酒吧数量的不断增加,竞争也日趋激烈,众多经营者都加入到以促销来争取客人的行列中。一个新奇、实惠、有效的促销活动,会使客人对该酒吧酒水的购买欲望增强,从而打败竞争对手。

二、促销方式

1. 内部刊物

内部刊物是酒吧内部促销的主要方式。酒吧的内部刊物,是管理者和员工的舆论阵地,是沟通信息、凝聚人心的重要工具。

2. 发布新闻

由销售人员将酒吧的重大活动、重要决策,以及各种新奇、创新的产品写成新闻稿,借助媒体或其他宣传渠道传播出去,帮助酒吧树立良好形象。

3. 举办记者招待会

邀请新闻记者，发布酒吧信息。

4. 设计公众活动

通过各类捐赠、赞助活动，努力展示酒吧的社会责任感，树立酒吧良好的形象。比如为部分大学生安排勤工俭学的岗位等。

5. 酒吧庆典活动

通过酒吧庆典活动营造热烈、祥和的气氛，展现酒吧蒸蒸日上的风貌，树立公众对酒吧的信心。

6. 制造新闻事件

制造新闻事件能产生轰动效应，常常会引起社会公众的强烈反响。

7. 发放宣传材料

在适当的时机，向公众发放设计师为酒吧设计的精美的宣传册等材料，可以增强公众对酒吧的认知，扩大酒吧的影响力。

三、促销步骤

（一）市场调查研究

进行市场调查研究是做好促销工作的基础。酒吧促销要做到有的放矢，就应先了解与酒吧实施的决策有关的公众意见。销售人员要把酒吧的意图告诉公众，也要把公众的意见和要求反映到酒吧管理层。因此，销售人员必须收集、整理、提供信息交流所必需的各种材料。

（二）确定促销目标

在调查分析的基础上，根据酒吧总目标的要求和各方面的情况，确定具体的促销目标。一般来说，酒吧促销的直接目标是促成酒吧与公众的相互理解，影响并改变公众的消费态度和行为。改变公众对酒吧的态度，是唤起需求、引起购买行为的关键。

（三）信息交流

促销工作是以有说服力的信息去影响公众。酒吧面对社会公众，必须学会运用大众传播媒介与社会公众展开广泛的交流和互动。

（四）促销效果评估

促销效果评估是酒吧对促销活动是否实现了既定目标而进行的评价。促销工作的成效可从定性和定量两个方面来评价。促销效果评估的目的在于为今后酒吧的促销工作提供研究资料和积累经验。

本项目分为"酒吧内部营销""酒吧广告""酒吧人员推销""酒吧营业推广""酒吧促销与渠道"五个任务。通过任务的学习,使学生了解什么是酒吧内部营销,了解广告促销的原则和内容,掌握酒吧人员促销的内容与技巧,能完成酒吧营业推广和促销工作,能设计和组织酒吧产品发布会、酒吧庆典活动等。

知识训练

一、复习题

1. 酒吧促销的目的是什么?

2. 营业推广的常见形式有哪些?

3. 酒吧人员推销的要求有哪些?

二、思考题

1. 如何才能成为一名优秀的酒吧销售人员?

2. 谈谈你对酒吧产品创新的看法。

能力训练

1. 制定一份酒吧周末促销方案,通过PPT的形式,分小组进行路演。

2. 考察一家市内酒吧,了解该酒吧对销售人员的能力要求。

项目十二
酒吧创业管理

项目目标

职业知识目标:

1. 了解资金筹措方式,熟悉酒吧运营方案的主要内容。
2. 了解注册登记的意义,熟悉酒吧开办程序和各种必备的申办材料。
3. 了解市场定位,掌握酒吧选址的重要性、原则和技巧。

职业能力目标:

1. 申办一家酒吧,能熟练地准备各项申办材料。
2. 掌握酒吧选址的技巧,并能灵活使用。
3. 能熟练地撰写酒吧运营方案。

职业素质目标:

培养学生良好的劳动素质、遵纪守法的职业素养和不断创新的创业精神。

项目核心

市场定位;酒吧选址;经营模式;设计;小酒吧

项目导入:赚钱难,创业难,但其实好的创业点子往往就在你身边,抓住它,你就有可能走向成功。创业项目的选择是一个很难但必须要面对的问题。选择一个好的创业项目等于有了一个好的开始,毕竟成功创业靠的就是好的项目。泡吧是年轻人喜爱的一种休闲娱乐方式,尤其是生活压力大的都市年轻人。因此,选择开一家酒吧是一项不错的选择。

任务一　资金筹措与运营方案

一、资金筹措

酒吧创业,遇到的最大问题恐怕就是资金问题了。谁都知道,创业必须要有足够的资金。可是,当你拿出全部积蓄还不够,向亲友借钱亲友没有多余的钱,向银行贷款又没有抵押物品的时候,你该怎么办呢? 办法总比困难多,只要开动脑筋,善于学习,广开思路,你就会找到许多巧妙而有效的筹资方法,实现自己的创业梦想。

(一) 靠良好的信用说服别人

良好的信用和经营信誉是创业者的无价之宝,凭着它,可以说服别人为你的创业提供各种方便。1924 年,康拉德·希尔顿打算建造第一座挂"希尔顿"品牌的饭店。他买了一块地皮,但动工不久便遇上了资金困难,于是他想到了自己的信用。在此之前,希尔顿在经营中非常注重信用,他的信用已被人们传颂。希尔顿先请地皮卖家的法律顾问在主人面前宣传自己讲信用、善经营的优点,然后上门约见了地皮卖家。希尔顿详细叙述了自己要建造一座豪华饭店的计划,引起了对方的共鸣。希尔顿看到对方已经被自己打动了,于是提出自己在资金上的困难,想改买地皮为租地皮,租期 99 年,分期付款。地皮卖家认为这也是一个好办法,自己既可保留土地的所有权,又可在希尔顿不能按期付款时收回土地,同时也收回了饭店。地皮卖家相信了希尔顿的信用和能力,于是他答应了下来,希尔顿饭店得以建立起来。

(二) 加盟大公司的连锁经营

俗话说,背靠大树好乘凉。许多大公司为了扩大市场份额,选择通过连锁经营的方式来扩大规模。为了有效快速地扩大连锁经营的覆盖面,它们广泛吸收个体业主加盟经营。为此,它们推出一系列优惠待遇给加盟者,包括免收费用、赠送设备等,虽然不是直接的资金扶持,但对缺乏资金的创业者来说,等于获得了一笔难得的资金。吴先生下岗后一直想开一个小店赚钱养家。经过一段时间的观察,他发现有一家卤味店生意非常红火,便打算开卤味店。但是,要开一家自制自卖的卤味店不仅投资大,还要顾及采购、加工、销售等方面,而且自己又不懂卤味熟食的制作技术。于是他通过朋友介绍,以加盟的方式开了一家"不老神鸡"的连锁店。因为加盟连锁经营实行的是货物配给制度,所以吴先生不仅省下了制作卤味的 5 万多元设备费用,也省下了数千元的成本周转资金,公司考虑到他是下岗人员,还免去了近万元的加盟费用,实际上,吴先生等于获得了 6 万多元的资金扶持。于是他花了大约 18000 元开起了一家别人要投资七八万元才能开起来的卤味店。

(三) 接手变现亏损企业

市场上经常会出现一些亏损企业,这些亏损企业你可以接手过来,然后把企业作为抵押物向银行贷款变现而获得创业资金。当然,这种筹资方法风险比较大,获得创业资金的代价是要承担一大笔债务。但是,创业本来就是风险和机遇并存的,如果你有足够的胆识和能力,那么,这种融资方法将能帮助你更快地走向成功。

(四)寻找风险投资

如今有很多大公司、大集团甚至个人手中掌握了大量的闲置资金,他们十分希望能找到一个可靠的投资对象。因此,假如你有好的项目,不妨找找风险投资。如何寻找风险投资呢?可以通过亲朋好友的介绍,也可以委托专门的风险投资公司代理,还可以适当做点寻资广告或者上网发布寻资信息。张庆华是某粮油食品商店的职工,近年来该商店连年亏损,上级公司决定将该商店拍卖。张庆华认为商店地理位置十分理想,亏损的主要原因是经营管理不当,只要对商店的品种结构做一番调整,再加强内部管理,就可以赢利。但是,要将商店拍到手,起码得有 60 万元的资金,凭自己的存款是不可能的。于是,张庆华想到了昔日的同学仇英。仇英如今已是某集团公司的董事,他了解了张庆华的来意后说,动用集团的资金必须经过董事会讨论,而外借资金一般是很难通过董事会的。如果以合资的方式参与合作竞拍倒是可以的。一个月后,张庆华在该集团 100 万元风险投资的支持下,一举拍得了粮油食品商店,实现了自己当老板的愿望。

(五)先做贸易,积累资金

没有资金创业,可以先做贸易,待积累了一定的资金和经验后再去创业。很多成功人士都是从一开始就一心要做产业,做贸易只是权宜之计,但是,通过做贸易,积累了创业资金,还学会了做生意、搞营销,终于成就了"霸业"。

(六)争取免费创业场所

创业离不开理想的场所,而创业之初的很大一笔资金就是用来支付房租的。因此,只要能转换一下脑筋,想办法获得一处免费的创业场所,那就相当于得到了一笔可观的创业资金。某校园艺系的毕业生小钱在一家专业不对口的公司干得并不开心,所以他很想辞职开一家自己的花店。开花店最大的投资就是店面租金,需要 2 万多元,但是,工作还不到 1 年的小钱哪来这 2 万多元呢? 2000 年 10 月,他在报纸上看到南京一家花鸟市场的招商广告,广告上承诺第一批进场设摊者可享受免收半年租金的优惠。这真是天大的喜讯!小钱毫不犹豫地申请了一个摊位,像模像样地办起了一家观赏植物批零兼营店。由于不少同学在花卉生产单位工作,所以他的资源充足,加上自己的商品质量上乘,所以生意红火。

(七)争取创业贷款

一般人认为,要向银行贷款,就必须自己提供担保或者抵押,其实并不都是如此。现在有的银行为了拓展信贷业务,充分考虑了创业者寻找担保的实际困难,为有意创业的人提供免担保贷款。黄某大学毕业后回到上海,一直没有找到称心的工作,他看到自己居住的小区内有一家小型超市生意非常红火,黄某心想:不如开个超市自己干。但是一打听,办个小超市需要六七万元,只好作罢。2000 年 8 月,上海浦东发展银行与联华便利签约,推出面向创业者的"投资 7 万元,做个小老板"的特许免担保贷款业务。由于联华便利为创业者提供了

集体担保,上海浦东发展银行可向通过资格审查的申请者提供 7 万元的创业贷款。黄某获悉后立即递交了申请。两个月后,他顺利地从上海浦东发展银行领到了贷款,如愿地开起了自己的小超市。

(八) 争取政策性扶持资金

作为调节产业导向的有效手段,各地政府部门每年都会拿出一些扶持资金。例如,杭州市曾提出建设"天堂硅谷",把发展高科技作为重点工程来抓,与之相配套的措施是杭州市及各区县均建立了孵化基地,为有发展前途的高科技人才提供免费的创业基地,并拨出数目相当可观的扶持资金。假如你是高科技人才,不妨争取这样的政策性扶持资金,一旦成功,资金问题就会迎刃而解。李教授任教于无锡某工业大学计算机系,但他并不甘于仅做教学,他十分希望办个软件公司,发挥自己的才能。无奈工资微薄,没有资金创业。1997 年,他得知杭州市将创办高科技企业孵化基地,对于通过资格审查的企业提供免 3 年租金的办公场所,并给予一定的创业扶持资金。这无疑是一个难得的创业机会,李教授立即带领几个成绩优秀的学生创办了一家软件公司,不仅成功地进驻了位于杭州黄金地段的一处 100 多平方米的办公场所,而且还得到了 10 万元的创业扶持资金。

二、酒吧的运营方案

酒吧的运营方案主要包括以下几个方面。

(一) 资金投入

资金投入关系到酒吧的面积、装修和运作。前期的投入占全资的 60%,包括场地装修、设施购买和灯光、音响,以及酒吧所需的一切器具。其余的 40% 作为后备资金用于酒吧的运作。

(二) 所需的经营手续

以正常的手续通过消防、文旅、工商、卫生、公安、税务等部门拿到相关许可证和营业执照等,让酒吧正常运作。

(三) 市场定位及市场调查

根据市场调查完成酒吧的市场定位工作,根据酒吧所面向的消费群体开展产品设计与开发。

(四) 选址

酒吧的面积和地段是关系到酒吧后期营业的重要方面。选择地段要对周边的人流量和居民区开展相关的调查,对地段的繁华程度、周边的影响因素、周围的建筑和设施情况等做出详细的分析报告。

(五) 装修

引进专业设计公司或是邀请有特色的设计师针对酒吧做详细的装修设计书,然后综合考虑,选出最佳的方案。

（六）组织结构、员工招聘和员工培训

构建酒吧的组织结构，根据组织结构开展员工招聘和员工培训工作。

（七）酒吧所需的物品采购和酒水单的设计

根据酒吧运营计划书开展酒吧物品的采购工作；根据酒吧定位，开展酒水单的设计和酒品的定价工作。

（八）员工守则

酒吧员工守则是指酒吧内部的员工在日常工作中必须遵守的行为规则，是依法制定的公司员工行为规范，它对员工在酒吧的从业行为做出最基本的规定和要求。违反酒吧员工守则者将按规定受到相应处分。

任务二　经营手续的办理

一、注册登记的意义

酒吧进行注册登记之后，才能确定自己的合法权利和承担的义务。从事商业经营活动，必须在符合国家规定的基础上，经过法定程序，得到工商部门的核准登记，取得合法经营凭证或法人资格，才能在核准登记的范围内开始企业的经营活动。经过工商部门核准登记的企业，其财产所有权、生产经营决策权、分配权、企业名称专用权、注册商标专用权等，均受国家法律保护，任何部门、单位、个人都不能侵犯。

注册登记，有利于国家加强监督和管理。工商部门对酒吧进行行政监督和管理，查处违法经营的酒吧，保护合法经营者的利益。酒吧只有自觉遵守国家法律、法规和政策，在核准的范围内从事生产经营活动，公平竞争，才能得以迅速发展和壮大。

二、申请开办程序

注册一家酒吧，应到工商部门领取营业执照，但事先必须获得食品安全许可证和排污许可证，到消防部门领取建筑消防审批证明。如果开办的是演艺类酒吧，还要到文旅部门提交演出备案。开办酒吧应向本地区相关部门提出注册申请，具体步骤如下。

（一）到本地工商部门进行名称审核，领取酒吧名称审核单

所需资料：营业场所产权证明复印件。如果营业场所属于租赁所得，还必须出具租赁合同、租赁双方的身份证复印件、酒吧业主的一寸彩照一张。

（二）向本地市场监管部门申请食品安全许可证

所需资料：本地工商部门颁发的名称审核单和经营场所的产权证明、平面图。经营者必

须制定一套切实可行的卫生制度，譬如该酒吧配备一些消毒药水，保持食物的清洁，消灭蟑螂、蚊子等害虫；酒吧的工作人员，包括经营者在内，都必须通过医院的体检。当然，市场监管部门颁发许可证之前，还会有专人到经营场所进行现场勘察。

（三）到本地环保部门办理排污许可证

所需资料：酒吧名称审核单、营业场所的产权证明、内部平面图、周边环境平面图（手工绘制也行，能清楚描绘酒吧所在地理位置即可）、酒吧业主的身份证复印件。注意：在居民区住房里开酒吧，是不被允许的。

（四）到本地消防部门申请建筑消防审批证明

所需资料：营业场所的产权证明或租赁合同、业主身份证明、装修施工平面图、酒吧的水电路图。与以往不同的是，开办酒吧，已经不需要获得公安部门的治安许可证明。

（五）到本地工商部门申请工商营业执照

所需资料：本地环保部门颁发的排污许可证。一般来说，只要拿到证明，就可以很顺利地领取营业执照。

注意不要忘记到税务部门办理税务登记。

三、申请开办要准备的材料

（一）申请开办需要具备的条件

（1）与生产经营或者服务规模相适应的资金和从业人员；

（2）固定的经营场所和必要的设施；

（3）符合国家规定的名称。

（二）申请开办需提交的文件和证件

（1）主管部门或申请批准机关的批准文件；

（2）章程；

（3）资金信用证明、验资证明或者资金担保；

（4）主要负责人的身份证明；

（5）住所和经营场所使用证明；

（6）其他有关文件、证件和企业法人申请开业登记注册书。

（三）申请开办需明确的内容

（1）名称。名称指酒吧名字和字号。酒吧名称应反映其所属的行业，并具有专用性和排他性。因为名称一经核准登记，在规定的范围内享有专用权，受国家法律保护，其他单位或个人不得与之混同或者假冒其名。而且，已经核准登记的名称，在同行业内，其他企业不得再使用这个名称。

（2）负责人姓名。按照规定，独资经营的负责人即投资者本人；合伙经营的负责人则由全体股东成员推举。

（3）经营地址。经营地址指企业固定的或者主要的生产经营场所所在的市、县（区）、乡

（镇）、村及街道的门牌地址。酒吧经营场地一经核准登记后,就是合法的经营场所,任何单位和个人不得随意侵占,酒吧也不得随意改变经营地址。

（4）经营种类。经营种类指独资经营、合伙经营或有限责任公司几种类型。独资经营是指个人投资经营,它对企业的债务负无限责任,即要承担全部债务,并不以出资额为限。合伙经营指两人以上按照协议投资,共同经营、共负盈亏,合伙人对企业债务共同承担责任。有限责任公司是指投资者以其出资对公司负责,公司以其全部资产对公司债务承担责任。

（5）注册资金。注册资金指酒吧自有的固定资金和流动资金的总额。它是酒吧财产的货币表现,同时反映了经营者的经营能力和规模。注册资金可根据实际需要来确定。

（6）经营范围。经营范围指生产经营的商品类别和服务项目。根据生产经营的商品类别和服务项目所占的比重大小,经营范围被分为主营项目和兼营项目。经工商部门核准登记的经营范围就是法定经营范围。

任务三 市场定位与酒吧选址

酒吧在开业之初,就要做好市场定位。市场定位一旦确定,就不能轻易更改,否则酒吧将无法维持经营。

一、市场定位

市场定位即确定酒吧将来是针对什么层次的客人。市场定位十分重要,它与酒吧装修风格、用料、酒水牌的制定、餐牌的制定、员工的培训、进货、经营策略等紧密联系在一起。

（一）市场定位与装修风格、用料的关系

酒吧的装修风格、用料与市场定位的关系十分密切。例如,当酒吧市场定位是大众市场时,如果酒吧的装修十分精致而且高档,那么一定会给日后的经营带来麻烦,其原因有以下几点。

（1）客人会认为酒吧装修这么高档,一定是高消费,因而不敢光顾;

（2）会因为高档装修而比别人多花保养费用,导致酒吧不得不提高商品的销售价格,从而影响营销目标;

（3）员工会因为害怕客人损坏精致而高档的装修设备,而向客人提出多种建议,希望客人能配合酒吧保护好装修,从而令客人觉得酒吧服务水准不够而不再光顾。

有这样一个案例,张先生是新进入酒吧行业的,他的酒吧选址在一间学校的对面,周围不远处有几栋写字楼,定位是白领一族。但由于他是新入行,对自己没有信心,担心没有客人光顾,所以装修按白领一族的品位要求,商品价格则定低一些,目的就是尽可能吸引更多的客源。结果,消费者大部分是学生,白领一族到来后见全是学生来消费,心中已把这个酒

吧定位为学生消费场所,来了一次就不再来了。他见到场面热闹开始还十分高兴,觉得自己市场定位定得好,但经过一两个月,问题浮现出来了,他发现酒吧和他当初想象的完全不一样,到酒吧消费的全是学生,白领一族全不见踪影。月底统计,虽然生意场面气氛好,但总的来说是亏本经营,而且由于是学生消费,场地的装修损耗特别快,很快就需要翻新了。于是他提高定价,希望把这个酒吧重新定位为白领一族的酒吧。结果学生又因消费不起而离去,白领一族也因为之前的认知而确定这家酒吧是学生消费场所而不来光顾,一时之间,酒吧的生意比以前更差了。

这个案例告诉我们,市场定位是一个需要谨慎抉择的过程。酒吧一旦选好了定位就相当于有了一个明确的目标,接下来要做的就是向着这一目标奋进直至成功。

(二) 市场定位与制定酒水牌、餐牌的关系

酒水牌、餐牌的制定与市场定位有着非常密切的关系,主要表现在以下几个方面。

(1)决定好酒吧消费对象后,酒水牌、餐牌的价格需要根据市场定位来确定。如果酒水牌、餐牌的价格以四星级、五星级酒店为参考,那么你的市场定位一定是以这一层次的客人为消费对象,因为其他人即使来消费也只是慕名而来,一两次不足以支持你的长期经营;如果酒水牌、餐牌的价格以平民化消费为主,商务人士同样不会到你的酒吧来消费。

(2)酒水牌、餐牌的制定同样需要根据市场定位来确定,因为这涉及进什么货、需要什么用具等。如果你的市场定位是大众化的,而在酒水牌中写了多种进口名酒,如白兰地、XO等,那么你一定要有这些酒的存货,这样会造成资金积压。但若你不备货,真有客人点单时,你没有货提供给客人,这同样会让人觉得服务不够,印象大打折扣。

(3)市场定位同样会影响酒水牌、餐牌的制作成本,包括用什么材料、设计什么样式、规格如何,以及折旧、内页的设计是否需要加入照片,这都会影响制作和印刷费用;餐位的多少同样会影响印制酒水牌、餐牌的数量,这也是需要考虑的成本之一。

(三) 市场定位与员工培训的关系

每一个酒吧的培训都会有酒水牌、餐牌这一项目,同时根据酒水牌、餐牌的内容设计一整套操作程序,并配合市场定位制定出完善的服务规范去培训员工,使员工能按照要求做好自己范围内的事情。

1. 服务规范的培训

越高档的酒吧,服务规范的培训就越严格,要求就越高,但学到的东西也越多。因为到高档场所消费的客人都有一个共同点,就是希望得到最优质的服务。

2. 酒水知识的培训

越高档的酒吧在酒水知识方面的培训越丰富,因为越高档的酒吧所存的酒就越多,需要掌握的酒水知识也越多。低档的酒吧可能只提供一些汽水、啤酒类的酒品。但当你经营的酒吧是中档时,就需要员工懂得调配一些简单鸡尾酒。最高档的酒吧还需要服务员具有丰富的葡萄酒方面的知识。

3. 财务知识的培训

酒吧财务需要各出品部的员工和楼面部员工的配合。出品部员工要按公司的要求做好

盘点工作,清晰地填写好领货单、调拨单;楼面部员工要学习如何正确填写出品单,如何做好改单工作,如何采用不同的结算方式,如信用卡结账、挂账、现金结账等。

4. 饮食卫生知识的培训

员工要重视饮食卫生,客人只有对酒吧的卫生情况有信心,才会再来。酒吧发生饮食卫生危机,将是一件非常严重的事情,严重到可能导致酒吧停业整顿,因此,遵守饮食卫生制度是非常重要的,它直接影响到酒吧的生存。

5. 消防知识的培训

酒吧客人喝醉后,有时会将烟头随便丢充,所以酒吧的防火难度非常大,更需要员工做到认真细致,不能有半点马虎。培训的内容包括:检查火种,收烟灰缸时注意检查烟头是否熄灭,收档时必须关闭电器开关,学会使用消防设备等。

(四)市场定位与经营策略的关系

酒吧制定的经营策略都必须为其市场定位服务。因为不同的市场定位需要不同的经营策略配合才能达到目的。

二、酒吧选址

(一)酒吧选址的重要性

1. 选址的资金投入大

酒吧的店址一旦确定,便要进行装修和缴纳租金,这需要投入大量的资金。如果选址失误,生意冷清的话,就要考虑搬迁,这将带来不小的损失。

2. 选址影响经济收入

选址正确,加上酒吧经营规模、经营策略、管理及服务等得当,必会带来滚滚财源。

3. 选址关系到客人的可进入性

地址选择恰当,会广纳八方来客。如果地址比较偏僻、交通不便,就会影响客人入店率,生意就会大受影响。

(二)酒吧位置确定的原则

(1)酒吧应尽量避免与其他酒吧门对门经营,这会对销售造成不利影响。

(2)酒吧应尽量选择人群聚集的地方经营,这样可保证一定的知名度及销售收入。

(3)在可能的情况下,酒吧店址要选择距商业中心、购物中心、娱乐中心、文化中心、交通终点、旅游景点等较近的地点。

(4)在同一地区并非不能同时并存几家酒吧,有时候几家酒吧凑在一起,由于客人们认为有较多的选择,反而会使整个地区的酒吧经营更加火热。

(三)选址的基本条件

酒吧选址极其重要,要满足以下五项基本要求。

1. 最短时间要求

酒吧的服务对象是人,所以酒吧应位于人流量大的地区最为理想。

2. 易达性要求

易达性要求,是酒吧应分布在交通便捷的地理位置,如酒吧的客人乘公交车或地铁可以在 20 分钟内到达。

3. 接近购买力要求

酒吧利润是建立在客人购买力基础上的,而客人的消费水平取决于其经济收入和消费倾向。因此,酒吧选址应尽量选在高收入、高消费地区。

4. 满足消费需求

酒吧选址应满足客人的消费心理,首先要了解客人的消费需求和期望;其次要考虑竞争对手(包括直接的、潜在的竞争对手)的状况;最后要做广泛深入的市场调查,根据市场分析选择目标市场,在特色、格调、服务等方面投其所好,尽可能满足客人需求。

5. 商业要求

旺地不怕租金贵,酒吧能够赚钱一半要靠好地段,做酒吧生意就要舍得在好地段上投资。商业中心有扩延效应,一旦一个商业中心形成,在其附近布局的酒吧便"有利可图"。

(四) 酒吧选址需要考虑的因素

1. 地区经济

要注意收集和评估近几年所在地区商业发展的数据及影响因素。

2. 城市规划

城市规划往往涉及建筑的拆迁或重建,如果未经分析,酒吧就盲目投资,在成本收回之前可能遇到拆迁,这家酒吧无疑会蒙受损失,或者失去原有的地理优势,所以,在确定酒吧位置之前,一定要调查清楚城市规划。

3. 竞争情况

竞争情况是直接影响酒吧经营的因素,需要认真调查研究,对于竞争的评估可以从以下两个方面考虑:一方面是开一间相同的酒吧进行直接竞争;另一方面是开一间提供不同饮品和不同服务的酒吧,进行非直接竞争。

4. 规模和外观

酒吧的潜在容量要大到可以容纳足够的空间建筑物、停车场和其他必要设施。酒吧位置的地面形状以长方形为佳,圆形亦可,三角形或多边形一般不可取。在对地点的规模和外观进行评估时也要考虑到未来消费的可能。

5. 能源供应情况

能源主要是指水、电、天然气等经营必须具备的基本条件。此外,水质也应考虑,因为水质的好坏直接关系到冰块及酒品调制的效果。

6. 流动人员

流动人员主要考虑过路人的数量、客人的种类等。对流动人员要仔细分析,综合其特点,选择适当的位置和要开设酒吧的类型。

7. 地点特征

地点特征显示人们外出活动或聚集的位置。要考虑与购物中心、商业中心、娱乐中心的距离等,这些地点由于人群聚集,对酒吧的推销产生直接影响。另外还应考虑交通目的地,有些地方看似交通流量很大,但由于附近没有可以使客人停留的因素,也是不可取的。

8. 交通状况

这里的交通状况是指车的通行状况和行人的数量。通常,在选择酒吧位置时,应获得本地区车辆流动的数据及行人流动的资料,以保证酒吧开业后,有相当数量的客源。当你打算依托该地区良好的交通情况来开设一间酒吧时,首先要仔细分析现有交通情况是否会在将来发生变化,有很多原本生意兴隆的酒吧由于交通路线改变而被迫停业。

9. 酒吧可见度

酒吧可见度是指酒吧的显眼程度,即无论客人从哪个角度看,都可以发现酒吧。酒吧可见度可从驾车方向或徒步进入酒吧的方位来评估。酒吧可见度往往会影响酒吧的吸引力。

10. 公共服务

酒吧必须使用一系列公共设施,但其中有许多并不是现成的。在现实中,有很多因当地有关部门公共设施方面的规划发生变化而使酒吧开业计划落空的例子。因此,酒吧开设应该事先调查选址附近是否有公共设施,包括消防、垃圾废物处理和其他所需的服务等,以及是否会有改建计划。

11. 停车设施

酒吧必须要有足够的停车位,如果附近有公共停车场也可以。

(五)酒吧选址的优劣分析

1. 城市中心区

城市中心区有可能被分为几个不同的小区域,如金融街、政府办公区和商业区。这些地方白天和傍晚比较热闹,但再晚一点人气就一般了。另外,由于人流量比较大,白天往往会出现停车难的问题。在这里经营酒吧一定要供应午餐或快餐以满足白领的需要。

2. 一般商业区

虽然一般商业区不属于黄金地段,但是房屋租金会比较便宜,交通也相当方便,弥补了地段上的不足。一些鸡尾酒酒吧或啤酒屋可以选择在一般商业区经营,以吸引附近社区居民前来消费。

3. 大型购物中心

在大型购物中心开设酒吧十有八九能成功。这类地区历来是商家必争之地,可谓寸土寸金。此类地区商业活动频繁,客流量相当大,生意好做。但是唯一的不足是租金高,既增加了经营成本,也在一定程度上增加了经营风险。

4. 社区购物中心

在社区购物中心开设的酒吧主要是服务于附近居民。

5. 演出场所

演出场所往往是综合性很强的地方(如音乐厅等)。在演出场所经营的酒吧要有相应的主题,客人大多是有品位和追求时尚的。

6. 科技园区

科技园区的顾客群有很强的消费能力和前卫的消费观念。开在科技园区的酒吧要比较高档,同时提供午餐或晚餐。

7. 体育场馆

在体育场馆内部或附近的区域经营一间酒吧也是很好的选择。体育场馆本身就是聚散的中心,常年举办各种运动比赛,所以以运动为主题的酒吧可以很好地融合进来。例如,足球酒吧在体育场馆附近选址就是不错的选择。

8. 大学城

大学城聚集了多所大学和研究院。大学生是最具浪漫情怀的一族,其消费品位也在不断上升,酒吧开设在高校旁边也是很好的选择。对于前卫的年轻学子而言,啤酒、咖啡和葡萄酒是很好的消费选择。但要注意,酒吧的经营规模和经营策略应符合学生消费标准。

9. 交通枢纽

在机场、火车站、港口等交通枢纽,酒吧也是必不可少的。旅途劳累的乘客在陌生的城市需要安全感和归属感,在有限的停留时间里,酒吧的作用是不可替代的。

10. 会议中心

与会者为酒吧提供了商机,尤其是举办商务酒会更能为酒吧带来丰厚的利润。

11. 度假村和旅游景点

不管是度假村还是旅游景点,餐饮设施都是必要的。因此,在度假村和旅游景点经营酒吧,可以保证一定的顾客群和经营利润。

12. 工业开发区

在工业开发区设置酒吧,白天一般能有比较好的生意,但到了晚上会比较萧条。因此,在工业开发区经营酒吧要谨慎。

三、酒吧经营模式的选择

(一) 酒吧餐厅

酒吧餐厅有着双重的身份。午餐和晚餐时分,它的角色是西餐厅,以经营正规的西餐为主。为了迎合消费者的口味,也会增加一些中式或东南亚的菜品。当然,可在客人用餐之时推销酒水。因为在不知不觉中,客人的酒水消费可能比餐费还多,这种形式叫以餐带饮。过了用餐时间,酒吧就以销售酒水为主,一般以清吧的形式经营。除了提供酒,还可提供一些小食,供客人佐酒,以便销售更多的酒水。

酒吧餐厅经营模式的成功案例是露丝酒吧餐厅。露丝酒吧餐厅位于美丽的沙面岛,邻近著名的白天鹅宾馆。它的客源是白天鹅宾馆的住客和外国旅游者。白天鹅宾馆的住客经过尝试和比较以后,觉得露丝酒吧餐厅的出品跟宾馆的差距不大,但价格更实惠,所以很多客人的吃喝就固定在这个酒吧餐厅里。还有喜欢清静的年轻白领也会选择在这里会友、聊天、休闲。

（二）清吧

清吧不仅经营酒水，还提供食物，但可供选择的品种不多。客人一般不会选择在这里用餐，除非一些忠实消费者。清吧一般把吧台造得比较大，做成英式吧台，呈 U 形、方形或圆形。凳子都围绕着吧台，而吧台既是调酒师的表演舞台，又是酒吧的中心。其余的地方根据需要安放桌椅。清吧的经营时间一般是晚上，而客流高峰是晚上 8 点到凌晨 1 点。

清吧最适合比较活跃又没带同伴的客人。因为他们无聊的时候可以欣赏调酒师调酒。而调酒师有空的时候又可以跟他们聊聊天，甚至玩一些简单的游戏。清吧有浓浓的人文感受，客人往往很容易跟调酒师成为朋友，使酒吧拥有一批固定的客源。

清吧这种经营模式的成功案例是中国大酒店里的安乐吧。这是一个建于 20 世纪 80 年代的酒店里的英式酒吧。安乐吧的面积不大，只有十几张吧凳，在酒吧的通道放了 6 张可供两人面对面坐的桌子。安乐吧的日营业额平均为 2 万多元，最高的时候达到 5 万元。这在现在来说，是一个规模不小的餐厅一天的营业额。酒吧经常水泄不通，客人有位就坐，没位就算站着也要挤在酒吧内消磨时间。这主要是因为安乐吧的气氛很好，加上调酒师精湛的调酒技术，抛瓶、摇酒，举手投足潇洒而不花哨，深深地吸引着客人的目光。

（三）表演酒吧

表演酒吧一般采取以表演为主的经营模式。来光顾的客人着重于欣赏表演，客人的消费也是以"劈酒"（客人通过游戏竞饮）为主。因为环境比较嘈杂，不适合聊天交谈，适合喝酒和欣赏表演。这种酒吧一般设一个小舞台，供乐队唱歌表演。现时流行的 Bar Show 也适合在这种场所进行。热闹的气氛、强劲的音乐容易激起客人的情绪，可以制造一个又一个的高潮，同时吸引更多喜欢热闹的客人。

最典型的表演酒吧是位于广州花园酒店旁边的 Bar City。Bar City 坐落于酒店、写字楼、酒吧林立的环市东路，在花园酒店的旁边，因为酒店有 2000 间客房，客源方面就占了优势。Bar City 面积很大，分为三个部分，一部分是纯粹休闲聊天的空间，另外两部分是观看表演的空间，每个空间独立而成，客人可以自由选择。由于酒吧有足够的空间，所以可以容纳不同喜好的消费人群。

（四）雪茄吧

雪茄吧是以雪茄为卖点的酒吧，抽雪茄一定要配美酒。因为雪茄的价格比较高，所以雪茄吧也比较高档。

雪茄跟葡萄酒一样，有着自己的文化和历史。雪茄的产地有古巴、多米尼加、牙买加、洪都拉斯、尼加拉瓜、菲律宾等，制作雪茄的国家有古巴、巴西、荷兰、德国、瑞士、西班牙、美国等。雪茄分为手工制作和机器制造，一般来说手工制作比机器制造的价格要高，因为手工制作更费时费力。

雪茄吧的环境比较幽雅，通常吸引的是商务人士和比较有地位的客人，因此定位的档次比较高。

任务四　设计酒吧

一、酒吧的取名

店名是酒吧的第一个广告。一个好的店名,作为酒吧的形象和标志,其价值往往超出名字本身,具有巨大的促销作用。在给酒吧取名时,要结合自身的情况,先从取名方式着手,掌握几种常用的取名方式,再在一定原则的指导下,利用具体的取名技巧,为自己的酒吧选择一个充满吸引力的好名字。

(一) 酒吧取名的方法

酒吧的名字如同人的名字一样,不仅是代号,而且代表了酒吧的形象与品位。酒吧取名的方法有很多种,以下列举其中几种。

1. 品牌取名法

品牌取名法是经营者利用其他行业品牌或者根据目标顾客的喜好来取名的方法。如"蓝莓之夜"是根据电影名命名的。

2. 真实取名法

真实取名法是经营者根据酒吧的实际情况、经营目标和内容取名的方法,使人们看到名字后能对小酒吧有所了解。如名典酒吧、啤酒酒吧等。

3. 本行取名法

"三句话不离本行",酒吧取名也应如此。酒吧是为人们提供休闲娱乐的场所,可根据这一行业的特点取名。如休闲酒吧、逍遥酒吧等。

4. 滑稽取名法

有的酒吧的名字看了让人忍不住发笑,禁不住要走进去喝上一杯。这类名字让人过目不忘,能够勾起人们兴趣,是比较独特的取名方法。

5. "志同道合"取名法

酒吧的名字要和设定的目标人群相吻合,最好能取在目标人群思想、文化的交叉点上,这样能吸引更多的目标人群来酒吧聚会、交流,从而形成酒吧自己的文化内涵。比如"足球之夜酒吧"就是针对爱好足球的顾客取的名字。

(二) 酒吧取名的原则

1. 个性、特色原则

在为酒吧取名时,要具有个性和特色。可以依据自己经营的特色,也可以追逐时尚。总之,要让店名成为一个亮点。例如,单眼皮酒吧、棉花糖酒吧。

2. 单纯、简洁原则

酒吧的名字不能过于烦琐累赘，一定要力求单纯简洁，使顾客便于朗读和记忆，这样才能发挥酒吧名字的识别和传播功能，具有促销作用。例如，"这里酒吧"。

3. 新颖、猎奇原则

现在人们普遍有一种猎奇心理，如果小酒吧的名字能取得新颖，一定会吸引更多顾客的注意。例如，"禁地酒吧"。

4. 响亮、悦耳原则

有些酒吧的名字虽然简单，但是非常响亮、朗朗上口，给人一种轻松愉快的感觉。例如，"月亮酒吧"。

5. 外文、音译原则

可以引用外文或者音译一些比较优美、有意思的英文，直接作为酒吧的名字。例如，"Bull 酒吧""Pop 酒吧"。

6. 时代鲜明原则

酒吧名称的选择要富有时代感，符合现代潮流，才能迅速为大众所接受。例如，"芝华士飞来吧"。

二、酒吧的外观设计

（一）外观设计总体原则

1. 与周围环境相协调

酒吧外观应与周围环境和谐统一、融为一体，形成舒适协调、相得益彰的建筑氛围。如酒吧处在一个已有一定风格的商业街中，就应注意保持与街道景观的整体统一性与和谐美。例如，有的酒吧采用大型蓝色玻璃幕墙，恰似湛蓝色海水的映射，给人无限遐思。

2. 与酒吧档次一致

酒吧的档次与等级应明确体现在外观设计上，这样可以使顾客通过直观感受获得正确的信息。只有酒吧的外观与档次一致，顾客对酒吧的饮品与服务质量才能够形成正确的期望。

3. 符合酒吧的经营内容与形式

酒吧可以以经营内容及相关的事物为其外观设计取材的来源。经营特色酒品的酒吧在外观设计上应注意采用相应的建筑形式与符号，如利用巨型酒桶或酒瓶招揽顾客。

4. 富有特色与时代感

酒吧设计必须注重地区特色、民族特色，同时也应富有时代感。对于一些具有独特风味、民族特色的酒吧而言，应尽量把民族风格、地区特色与时代特征结合起来。例如，云南有很多表演当地少数民族特色歌舞的酒吧。

5. 富有灵活性与动感

酒吧通过增强门面动感，使外观富有灵活性和变化性。例如，将大门做凹进空间设计，并形成可让行人驻足观望的空间,从而吸引行人的注意力。

(二) 标志设计

酒吧标志是用来标明企业经营性质、招徕生意的招牌或标记,是酒吧重要的无形财富。

1. 酒吧标志的种类

(1) 文字标志。文字标志是一种名称性标志,即直接把企业的名称用独特的字体表现出来。这种标志以文字为主题,通过字体的变化、材质的不同而变换形式,制作成本低,简单明了。文字标志通常将名称的第一个字母艺术性地放大,使其突出、醒目。

(2) 文图型标志。文图型标志是以一定的图案来解释名称的标志,也是企业经营理念的一种图形表达,它抽象简洁、寓意深刻,具有较强的艺术性。文字和图案相结合,使整个标志更具吸引力,而且对酒吧经营内容也有较好的诠释,是广为利用的招牌形式。

(3) 形象标志。可以利用独特且令人喜爱的人物形象作为标志,这在国外酒吧中较为常见。人物形象标志给酒吧增添了浓厚的人情味。还可以用某种特定的造型或物品作为酒吧的代言物,从而体现酒吧不拘一格的经营特色。

2. 酒吧标志设计考虑因素

酒吧在正式进行标志设计之前要对以下内容做进一步的考虑:一是经营理念和对未来的预期;二是经营特色、经营内容和服务性质;三是经营规模和市场占有率;四是酒吧知名度;五是酒吧经营者的期待和员工的共识。

(三) 招牌设计

招牌是酒吧十分重要的宣传工具,是酒吧店标、店名及其他广告宣传的载体。招牌以文字、图形或立面造型显示酒吧名称、经营范围、经营宗旨、营业时间等重要信息,是酒吧外观极具代表性的装饰部分,能起到画龙点睛的作用。

1. 招牌的选材

招牌可选用薄片大理石、花岗岩、金属不锈钢板、薄型涂色铝合金板等材料。石材显得厚实、稳重、高贵、庄严;金属材料显得明亮、轻快、富有时代感。材料应依具体情况而定。

2. 招牌的文字设计

在文字设计上应注意:一是招牌的字形、大小、凹凸、色彩应协调统一,美观大方;二是文字内容必须与酒吧经营风格相符;三是美术字和书写字要注意大众化,美术字的变形不宜太过花哨;四是文字要精简,内容立意要深,要易于辨认和记忆。

3. 招牌的种类

(1) 悬挂式招牌。悬挂式招牌较为常见,通常悬挂在酒吧门口。

(2) 直立式招牌。直立式招牌是在酒吧门口或门前竖立的带有酒吧名字的招牌。一般这种招牌比悬挂在门口或粘贴在门前的挂牌更具吸引力。

(3) 霓虹灯、灯箱招牌。在夜间,霓虹灯和灯箱招牌能使酒吧更为明亮醒目,营造出热闹和欢快的氛围。霓虹灯与灯箱设计要新颖独特,可采用多种形状及颜色。

(4) 人物、动物造型招牌。人物、动物造型招牌具有很强的趣味性,使酒吧更具有亲和力及人情味。人物及动物的造型要明显地反映酒吧的经营风格,并且要生动有趣。

(5)壁式招牌。壁式招牌因为贴在墙上,其可见度不如其他类型的招牌。所以,要设法使其从周围的墙面上凸出来。

(6)外挑式招牌。外挑式招牌距酒吧建筑表面有一定距离,比较醒目、易于识别。例如,某酒吧为突出特色,在门面上方设计了一个具有传统中式风格的挑檐,上书"湘情"两个大字,檐下两边挂有大红灯笼。

4.招牌的位置

招牌的主要作用是传递信息,放置的位置以突出、明显、易于认读为原则。招牌可以单独设置,可在离店面一段距离的位置设置,或在路口拐角处指示方向;也可以设置在酒吧入口上方或墙面等重点部位。一般酒吧为了让各个方向的行人和过往车辆都注意到自己,会分别设置高、中、低三个位置的招牌。例如,"状元酒馆"以店门外的匾额、从高处挂下的红色灯笼、放在地面上的大酒坛作为酒吧的招牌,既提升了酒吧的认知度,又营造了独特的氛围。

(四)入口设计

酒吧入口设计的目的是吸引人们的视线,激发人们的好奇心。

1.入口形式

(1)封闭式。封闭式店面入口较小,面向人行道的门面用橱窗或有色玻璃、门帘等将店内情景遮掩起来,入口尽可能小。这种入口可以隔离噪声,阻挡冷热气流和灰尘,但是这种店门不易进出,可能无法让客人产生亲切感。

(2)半封闭式。半封闭式入口比封闭式店门大,其玻璃明亮通透,客人从大街上可以看清店内的情景。这种门面既能吸引客人,又利于保持酒吧内环境的适当私密性。例如,某酒吧门面全部采用大玻璃窗,这使入口空间有橱窗般的感觉,并且在入口设置了童话世界中的城堡与仙女雕像,通过灯光使仙女飞天的形象投射到墙面上,创造出一幅"人间天堂"的景象,吸引着年轻人,特别是年轻女性顾客。

(3)敞开式。敞开式店面的入口全部向外界敞开,客人出入店门没有障碍,这使公众对酒吧内的一切一目了然,有利于充分展现酒吧内部环境,吸引客人进入。

2.入口设计的其他考虑因素

(1)经营规模。可以根据其经营特色选择入口形式。大型酒吧由于店面宽、客流量大,采用半开放式店门更为适宜。

(2)外界环境及气候条件。外界环境包括采光条件、噪声影响、风沙大小及阳光照射方位等。一般来说,气候温和的南方更宜采用偏开放型的店门,而四季分明的北方则更适于采用偏封闭型的店门。

(3)引导性。入口应具有引导性,既能吸引过往的客人,也能使店门与店内通道紧密衔接,使客人进入后能自由合理地流动,起到很好的引导作用。某个设在郊外的酒吧,为了突出入口,在灯光处理上用了统一的冷色调;同时将雨罩拉出,形成突出式门廊;地面连续采用的碎石铺路,引导客人直至酒吧内部。

3. 入口设计的装饰性

入口空间是客人的视觉重点,设计独到、装饰性强的入口会具有强烈的吸引力。

三、酒吧的空间布置

(一) 酒吧门厅设计

最规范的酒吧门厅应该这样设计:从主入口起就直接延伸,一进门就能马上看到吧台、操作台。门厅本身具备宣传作用,因此从外观上门厅应设计得非常吸引人。

门厅有交通、服务和休息三种功能。门厅是酒吧必须重点装饰、陈设的场所,是顾客对酒吧产生第一印象的重要空间,而且是多功能的共享空间,也是形成酒吧格调的地方。在灯光方面,无论是何种格调的门厅,都适宜采用明亮、舒适的灯光,以产生一种凝聚的心理效果。

门厅中的家具主要是沙发,根据需要在休息区域内排列组合,可以是固定布置于某一区域,也可以是根据柱子的位置设置沙发,但其形式和大小要以不妨碍交通为前提,并要与门厅的大空间相协调。

酒吧门厅是接待客人的场所,其布置风格必须温暖、热烈、深情,要求美观又不过于复杂,还要根据酒吧的大小、格调、墙壁、装饰色彩,添加合适的植物和陈设装饰。门厅是重要的"交通枢纽",人流量大,不宜让客人过久停留。所以,厅内陈设宜采用观赏性的艺术陈设,精雕细刻、内容丰富而又需要细加欣赏的艺术品不宜在此处陈设。

(二) 酒吧空间设计的基本要求

酒吧空间的设计多种多样,各酒吧可根据自身实际情况进行设计。总体来说,酒吧工作区应当简洁明了,设计时应考虑在短时间内能够容纳各种材料,必须对用具的放置有具体要求。影响调酒师工作效率的一个重要因素是酒吧空间设计是否给他们的工作带来便利,因此,做好酒吧空间设计,必须要考虑以下因素。

(1) 调酒师应能在固定地方完成相关工作。如水果装饰应在特定的地方清洗、准备和贮藏。

(2) 有足够的空间制作客人所点的酒水饮料。

(3) 有调酒师完成每项工作的活动环境。

(4) 提供足够的灯光和适当高度的工作台。

(5) 如有条件,应提供单独的地方放置贵重和占空间的设备。

(6) 工作空间应该适合工作。例如,酒吧服务人员不仅需要有地方放单据,还需要有地方存放服务用品,如餐巾、牙签、烟灰缸等。

(三) 酒吧的空间形式

不同空间能产生不同的精神感受。在考虑和选择空间时,要把空间的功能、使用要求和精神感受统一起来。在酒吧的空间设计中经常采用一些有效的方法,以达到改变室内空间的效果。比如一个过高的空间可通过镜面的安装、吊灯的使用,使空间在感觉上变得低且亲切;一个低矮的空间,可以通过线条的运用,使人在视觉上感觉舒适、开阔,无压抑感。

不同的空间形式具有不同的风格和氛围。方、圆、八角等严谨规整的几何形式空间会营造端庄、平稳、庄重的氛围;不规则的空间形式会营造随意、自然、流畅、无拘无束的氛围;敞开式空间会营造自由、流通的氛围;高耸的空间使人感到崇高、肃穆、神秘;低矮的空间使人感到温暖、亲切,富有人情味。

(四)酒吧吧台设计

如果酒吧吧台的设计合理,调酒师的工作效率就会得到明显提高。真正考验一个酒吧吧台设计的是:傍晚客人开始汇集,酒吧里客满,而且门外还有几个人在等待,此时合理设计的吧台,能够让调酒师的工作不会因人满为患而受到影响,酒吧服务会正常进行。

1. 吧台组成

吧台由前吧、操作台(中心吧)及后吧三部分组成。吧台高度为 100~120 厘米,但这个高度并非绝对的,应按调酒师的平均身高而定。一般吧台的宽度为 20~30 厘米,厚度为4~5 厘米。吧台的外沿可用厚实的皮革或铜管装饰,吧台的内侧操作台最好选用不锈钢材质,以便于清洗消毒。

前吧下方的操作台高度一般为 76 厘米,宽度为 70 厘米左右,但也应随调酒师身高而定。一般操作台的高度应在调酒师自然站立时的手腕处,这样比较省力。操作台通常包括下列设备:三格洗涤槽(具有初洗、刷洗、消毒功能)或自动洗杯机、水池、拧水槽、酒瓶架、杯架等。

后吧高度通常为 1.75 米以上,但顶部不可高于调酒师伸手可及处,下层一般为 1.10 米左右,或与吧台(前吧)等高。后吧主要用来贮藏、陈列,后吧上层的橱柜通常用来陈列酒具、酒杯及各种酒瓶,一般多为配制混合饮料的烈酒;下层橱柜存放红葡萄酒及其他酒吧用品。安装在下层的冷藏柜则冷藏白葡萄酒、啤酒以及水。

2. 吧台设计类型

(1)直线形吧台。直线形吧台的长度没有固定尺寸。一般认为,一个服务人员能有效控制的吧台长度是 3 米。如果吧台太长,就要增加服务人员。

(2)U 形吧台。伸入室内的吧台一般称为 U 形吧台或马蹄形吧台,这种吧台一般安排三个或更多的操作点,两端抵住墙壁,在 U 形吧台的中间可以设置一个岛形贮藏室用来存放用品和放置冰箱。

(3)环形吧台或中空的方形吧台。环形吧台或中空的方形吧台的中部应设计一个"中岛"以供陈列酒类和贮存物品。这种吧台的好处是能够充分展示酒类,也能为客人提供较大的空间,但它会使服务难度增大。若只有一个服务人员,那他必须照看四个区域,这样就不能有效地为客人提供服务。

四、酒吧的经营

酒吧的经营以盈利为主,这必然要求酒吧的经营者想方设法提高经营业绩,做好酒吧业绩评估,加速酒吧资金周转,以达到利润的最大化。

（一）提高酒吧经营业绩的途径

酒吧行业的竞争，其实就是客源的竞争。如何留住客源，价格非常重要。对于酒吧经营者来说，对常客要在价格上给予优惠，同时经营者请客的酒水费用也要计入成本。

另外，经营者的人际关系要好。酒吧经营者，首先应该是一个好的销售员，能接触到大量的目标人群。利用经营者自身的人缘宣传、推广酒吧，吸引优质的目标人群成为酒吧的消费者和常客。

组织内容不同的派对，是酒吧宣传和促销的好形式。派对有不同主题和内容，如经典电影回顾、烧烤、假日出游讨论会等。酒吧通过娱乐活动，创造出特殊的环境和氛围，吸引志同道合者到酒吧娱乐、消遣、放松，以达到精神和情感上的满足。

酒吧的经济效益主要是通过客人在酒吧的餐饮、娱乐等方面的支出来实现的。从客人的消费结构来分析，餐饮属于基本消费，酒吧如果想增加这方面的收入，必须不断地增加投资。而娱乐支出则是非基本消费，属于无限消费，有很大的弹性。所以，增加客人在娱乐方面的支出，是提高酒吧经济效益的重要途径。

（二）决定酒吧业绩的评估指标

酒吧业绩情况唯有通过业绩评估才能获知。通过业绩评估，能发现酒吧经营中的问题。酒吧的业绩评估是通过设定以下指标来完成的。

1. 安全性指标

安全性指标包括资本结构的健全性、资产构成的流动性、支付能力的检查等。资本结构健全性指流动负债构成率、应付款项构成率、短期借款构成率、长期资本构成率等比率；支付能力的检查指流动比率、变现比率、固定比率等。

2. 收益性指标

收益性指标包括营运资产回转率、销售酒水收入对营业利润率、自有资本净利率等。其中营运资产回转率是指应收款项回转率、酒水回转率、固定资产回转率、应付款项回转率等比率；销售酒水收入对营业利润率是指销售酒水毛利率、销售酒水净利率、销售酒水收入对营业费用率、销售酒水收入对人事费用率、销售酒水收入对广告费用率、销售酒水收入对支付利息率等比率；自有资本净利率是指税后净利对自有资本的比率。

3. 成长性指标

成长性指标包括量的成长与质的强化。一般来说，量的成长较容易被重视，而质的强化则较易被忽略。但是，对于整个酒吧的运营而言，无论是量的成长或质的强化都非常重要。其中，量的成长方面指销售量增加率、销量总收益增加率、营业利润增加率、总资本增加率、自有资本增加率、人员增加率、人事费用增加率、存货资产增加率、酒吧面积增加率等比率；质的强化则指销量增加率与总资本增加率的比较、营业利润增加率与总资本增加率的比较、自有资本增加率与总资本增加率的比较、销量增加率与人员增加率的比较、销量增加率与面积增加率的比较、销量总利润增加率与人事费用增加率的比较等。

4. 生产性销售指标

生产性销售指标指人均营业额、人均销量总利润、人均营业利润、人均费用、人均经常费用等项。而生产性其他指标则指总资产回转数、流动资产回转数、自有资产回转率、总资本获利率等项。各项经营指标的计算公式可参考会计学,下述评估标准可作为经营的参考。

(1)营业利润对营业额的比率是否在上年酒吧业的平均水平以上;

(2)固定资产构成率是否在 40% 以上;

(3)营业总利润额增加率是否在 10% 以上;

(4)自有资本比率是否在 40% 以上;

(5)人均营业额成长率是否大于年度成长率;

(6)每平方米面积营业额成长率是否大于年度成长率。

(三)有效掌握毛利率

获得利润是开店的目的,毛利率的高低是影响利润多寡的绝对因素,因此提高酒吧的毛利率是酒吧经营中的一项重点。在实际经营中,很多因素会影响毛利率的升降。如优化酒水采购渠道,使酒水的成本降低。

内部管理方面,有效调节酒水存量,防止酒水损耗,也是确保毛利率的重点。酒水的毛利率控制与价格调节,要在酒吧经营时间和季节上灵活把握,以使酒水在最合理和最有利的情况下,以最适当的售价顺利地销售出去,从而确保毛利率。

采购酒水的时候,若进价是 50 元,定价为 70 元,一般情况下,该酒水的毛利率为 40%。但实际情况是酒吧并不能保证这批酒可以维持 40% 的毛利率,酒吧难免会因失窃、损坏等使毛利率下降。而季节性的啤酒、流行性的葡萄酒、容易变质的饮料等常常要折价销售或降价销售,这都会影响酒水的毛利率。所以,我们在说某些酒水的毛利率时,应该把降价、折价、损耗等因素扣除。我们可以把上述例子中的 40% 称为"粗利润率",而在降低折扣率、损耗率之后,才能得到酒水真正的毛利率。

五、开业庆典的设计

开业庆典常常会吸引许多客人,因为开业意味着可能会有优惠折扣。所以,开业庆典是酒吧宣传推广的绝佳时机,常常会给客人留下深刻的印象。

(一)宣传工作

即使开业庆典规划得天衣无缝,但是如果宣传不到位,人们不知道,那么难免会"竹篮打水一场空"。所以,开业庆典之前的广告宣传是非常必要的。除了一些常规的宣传方法外,还要注意其他途径:拜访附近的企业、商店等;向附近企业或商店的员工提供打折优惠,鼓励他们介绍更多的客人;向目标市场区域内的企业寄送酒吧的酒单、服务时间等信息,一定要在信封的显著位置标明店名、电话和地址,这样即使其没有阅读信件,至少会知道酒吧的名称和地址;向酒吧所在社区的旅游服务中心提供有关酒吧的信息,并请其把酒吧的宣传资料放到宣传架上,以供旅游者查阅等。

(二)具体实施

在宣传工作之后就是要做好具体的实施工作了,举办一个成功的开业庆典通常要做好以下几点。

（1）仔细规划，做好开业前的准备工作，确保在所选的开业日能够正常开业。所有事宜没有准备妥当前，绝不能开业。

（2）开业前对员工进行全面的培训。

（3）确保所有设备安装正确，保持干净卫生，并通过测试。这些都应提前完成，并预留一定时间，以便出现问题后维修人员能够及时修理。

（4）在宣布开业日期前，确保各种执照已经办理妥当。常常有因为执照没有办好而推迟开业的情况。

（5）定期与供应商联系，确保订购的货物能够按时、按量、按质送到。

（6）在正式开业前，应计划一次试营业，进行实战演习。

知识链接：中国式鸡尾酒

本项目分为"资金筹措与运营方案""经营手续的办理""市场定位与酒吧选址""设计酒吧"四个任务。通过本项目的学习，学习者掌握酒吧的资金来源渠道，学会撰写和制定酒吧的运营方案，掌握酒吧选址和市场定位的方法，学会酒吧的设计方法。

知识训练

一、复习题

1. 决定酒吧业绩的评估指标有哪些？

2. 酒吧入口有哪几种设计形式？

3. 酒吧外观设计的总体原则有哪些？

二、思考题

1. 如何给酒吧取名字？

2. 在酒吧资金筹措方面，你有什么创新思路或方法？

能力训练

1. 分小组，5～6人为一组，给自己小组的酒吧取名，并设计酒吧店标。

2. 分小组，5～6人为一组，撰写一份酒吧创业策划书。

附　　录

附录 A:30 款鸡尾酒配方

附录 B:酒吧基础用语

推荐阅读 Recommended

1.《酒水知识与调酒技术》(费寅、韦玉芳编著,机械工业出版社,2010年出版)

本书是国内为数不多的明确为培养高星级酒店调酒师而编制的教材。教材以项目为载体,以任务为驱动,以能力为本位,以"知识、能力、态度"3个篇章为轴心贯穿全程。根据岗位任务与工作过程设置了酒水知识、酒吧服务、调酒技术与从业素质4大单元,是一本非常值得推荐的参考书,其中有关学生活动的设计很有新意,值得重点阅读。

2.《调酒与酒吧管理》(匡家庆主编,中国旅游出版社,2012年出版)

本书从酒吧经营与管理的角度,阐述了酒吧服务、经营、管理的相关内容,为调酒师职业生涯的规划和发展奠定了基础。本书分"调酒篇"和"酒吧管理篇"两部分,既有技能的展示,也有知识的积累,有利于调酒爱好者循序渐进、系统地学习调酒艺术和酒吧经营管理艺术。特别是对想开酒吧的创业者很有帮助,值得阅读。

3.《酒水知识与酒吧管理》(殷开明、田怡主编,广西师范大学出版社,2014年出版)

本书以"可教、可学、可做"为原则,共分11个模块,每一个模块又分解为若干任务。同时在体例上,每一模块都安排了模块导读、学习目标、核心概念、自我测试等栏目。全书融理论性、实践性于一体,其中的酒水知识部分是目前同类书籍中内容最齐、实用性最强的,对酒店专业的学生和业界人士系统了解酒水知识和酒吧管理经验大有裨益。

4.《百变鸡尾酒》(马哲锋、刘帝宏、郑鑫主编,中原农民出版社,2006年出版)

鸡尾酒是西洋酒文化中颇具代表性的酒品,如今早已为国人所接受并发扬光大了。本书着重介绍了最具时尚特色的鸡尾酒,从鸡尾酒的起源与文化特点,到调制鸡尾酒的各种基酒、辅料、杯具和调制方法都逐一向读者详细说明。该书是对鸡尾酒文化的一次比较全面的总结和回顾,值得推荐。

5.《酒水服务与酒吧管理》(傅生生主编,东北财经大学出版社,2014年出版)

从酒水知识、酒水服务、酒吧管理三个酒吧经营的关键点切入,系统介绍了发酵酒、蒸馏酒、配制酒和鸡尾酒的制作、储存、分类和调制等知识。同时针对不同的知识点,还链接了一

些小资料,大大丰富了全书的内容。编者还精心制作了图文并茂的多媒体演示光盘,对实操过程进行了全面展示,值得推荐。

6.《我有故事与酒》——1000 次与鸡尾酒相伴的时光(金·戴维斯著,北京联合出版公司,2016 年出版)

本书通过创意独特的设计,将全书内容分切为可随意翻动的三部分,分别列举了不同的基酒、调味品和装饰物。非常值得鸡尾酒 DIY 爱好者阅读。

7.《葡萄酒鉴赏》(殷开明主编,北京理工大学出版社,2016 年出版)

本书是国内高校第一部葡萄酒鉴赏类教材,主要面对的是葡萄酒初学者,内容包括酒品分类与葡萄酒定义、葡萄酒的起源和发展现状、酿酒葡萄和葡萄酒的分类、葡萄酒的酿造、葡萄酒的酒杯、酒标解读以及白葡萄酒、桃红葡萄酒、红葡萄酒、起泡酒、冰酒的相关知识及葡萄酒礼仪。本书作为葡萄酒文化的入门级教材,值得向致力于提高人文素养的单位和个人推荐。

参考文献 References

[1]　缪佳作,倪晓波.酒水知识[M].北京:清华大学出版社,2016.

[2]　边昊,朱海燕.酒水知识与调酒技术[M].2版.北京:中国轻工业出版社,2016.

[3]　贺正柏,祝红文.酒水知识与酒吧管理[M].3版.北京:旅游教育出版社,2014.

[4]　林小文.调酒知识与酒水出品实训教程[M].北京:科学出版社,2014.

[5]　杨经洲,童忠东.红酒生产工艺与技术[M].北京:化学工业出版社,2014.

[6]　石春燕.中国酒文化[M].北京:外文出版社,2013.

[7]　日本枻出版社编辑部.完全咖啡知识手册[M].北京:中国轻工业出版社,2013.

[8]　佳图文化.名家室内设计:酒店、酒吧、俱乐部[M].广州:华南理工大学出版社,2013.

[9]　宁远.红酒:流经岁月的奢华诱惑[M].北京:电子工业出版社,2013.

[10]　赵春明,高海生.食品安全快速鉴别易学通[M].北京:化学工业出版社,2013.

[11]　何立萍,卢正茂.酒吧服务与管理[M].北京:中国人民大学出版社,2012.

[12]　徐明,韩昕葵,梁宗晖.酒水知识与酒吧管理[M].北京:中国经济出版社,2012.

[13]　王钰.酒水知识与服务技巧[M].北京:中国铁道出版社,2012.

[14]　盖艳秋,王金茹.酒水服务与管理[M].北京:中国铁道出版社,2012.

[15]　郝志阔.菜点与酒水知识[M].北京:科学出版社,2012.

[16]　费寅,韦玉芳.酒水知识与调酒技术[M].北京:机械工业出版社,2012.

[17]　王森.就想开间小小咖啡馆[M].北京:中信出版社,2012.

[18]　申琳琳.酒水服务与酒吧管理[M].北京:北京师范大学出版社,2011.

[19]　龚威威.调酒技艺[M].北京:清华大学出版社,2011.

[20]　陈玉伟.酒吧管理与产品制作[M].北京:中国物资出版社,2011.

[21]　单铭磊.酒水与酒文化[M].2版.北京:中国财富出版社,2015.

[22]　日本成美堂出版编辑部.洋酒品鉴大全[M].北京:中国民族摄影艺术出版社,2015.

[23]　陈绍宽.鉴茶、泡茶、品茶全书[M].北京:化学工业出版社,2010.

[24]　林德山.酒水知识与操作[M].2版.武汉:武汉理工大学出版社,2014.

[25]　王玲.中国茶文化[M].北京:九州出版社,2009.

[26]　周敏慧,周媛媛.酒水知识与调酒[M].北京:中国纺织出版社,2009.

教学支持说明

　　为了改善教学效果，提高教材的使用效率，满足高校授课教师的教学需求，本套教材备有与纸质教材配套的教学课件（PPT 电子教案）和拓展资源（案例库、习题库、视频等）。

　　为保证本教学课件及相关教学资料仅为教材使用者所得，我们将向使用本套教材的高校授课教师免费赠送教学课件或者相关教学资料，烦请授课教师通过邮件或加入酒店专家俱乐部 QQ 群等方式与我们联系，获取"电子资源申请表"文档并认真准确填写后发给我们，我们的联系方式如下：

　　E-mail：lyzjjlb@163.com

　　酒店专家俱乐部 QQ 群号：710568959

　　酒店专家俱乐部 QQ 群二维码：

群名称：酒店专家俱乐部
群　号：710568959

电子资源申请表

1. 以下内容请教师按实际情况写，★为必填项。
2. 相关内容可以酌情调整提交。

★姓名		★性别	□男 □女	出生年月		★职务	
						★职称	□教授 □副教授 □讲师 □助教
★学校				★院/系			
★教研室				★专业			
★办公电话		家庭电话			★移动电话		
★E-mail（请填写清晰）					★QQ号/微信号		
★联系地址					★邮编		

★现在主授课程情况	学生人数	教材所属出版社	教材满意度
课程一			□满意 □一般 □不满意
课程二			□满意 □一般 □不满意
课程三			□满意 □一般 □不满意
其　他			□满意 □一般 □不满意

教 材 出 版 信 息		
方向一		□准备写 □写作中 □已成稿 □已出版待修订 □有讲义
方向二		□准备写 □写作中 □已成稿 □已出版待修订 □有讲义
方向三		□准备写 □写作中 □已成稿 □已出版待修订 □有讲义

　　请教师认真填写表格下列内容，提供索取课件配套教材的相关信息，我社根据每位教师/学生填表信息的完整性、授课情况与索取课件的相关性，以及教材使用的情况赠送教材的配套课件及相关教学资源。

ISBN（书号）	书名	作者	索取课件简要说明	学生人数（如选作教材）
			□教学　□参考	
			□教学　□参考	
★您对与课件配套的纸质教材的意见和建议，希望提供哪些配套教学资源：				